則古昔齋算學

【下】

中國科技典籍選刊

第六輯

叢書主編：孫顯斌

内蒙古師範大學科學技術史研究院藏清同治六年金陵刻本

［清］李善蘭◇撰　本書整理組◇整理

ZEGUXIZHAI SUANXUE

湖南科學技術出版社　長沙

國家古籍整理出版專項經費資助項目

《中國科技典籍選刊》總序

我國有浩繁的科學技術文獻，整理這些文獻是科技史研究不可或缺的基礎工作。竺可楨、李儼、錢寶琮、劉仙洲、錢臨照等我國科技史事業開拓者就是從解讀和整理科技文獻開始的。二十世紀五十年代，科技史研究在我國開始建制化，相關文獻整理工作有了突破性進展，涌現出许多作品，如胡道静的力作《夢溪筆談校證》。

改革開放以來，科技文獻的整理再次受到學術界和出版界的重視，這方面的出版物呈現系列化趨勢。巴蜀書社出版《中華文化要籍導讀叢書》（簡稱《導讀叢書》），如聞人軍的《考工記導讀》、傅維康的《黄帝内經導讀》、繆啓愉的《齊民要術導讀》、胡道静的《夢溪筆談導讀》及潘吉星的《天工開物導讀》。上海古籍出版社與科技史專家合作，爲一些科技文獻作注釋并譯成白話文，刊出《中國古代科技名著譯注叢書》（簡稱《譯注叢書》），包括程貞一和聞人軍的《周髀算經譯注》、聞人軍的《考工記譯注》、郭書春的《九章算術譯注》、繆啓愉的《東魯王氏農書譯注》、陸敬嚴和錢學英的《新儀象法要譯注》、潘吉星的《天工開物譯注》、李迪的《康熙幾暇格物編譯注》等。

二十世紀九十年代，中國科學院自然科學史研究所組織上百位專家選擇并整理中國古代主要科技文獻，編成共約四千萬字的《中國科學技術典籍通彙》（簡稱《通彙》）。它共影印五百四十一種書，分爲綜合、數學、天文、物理、化學、地學、生物、農學、醫學、技術、索引等共十一卷（五十册），分别由林文照、郭書春、薄樹人、戴念祖、郭正誼、唐錫仁、苟翠華、范楚玉、余瀛鰲、華覺明等科技史專家主編。編者爲每種古文獻都撰寫了『提要』，概述文獻的作者、主要内容與版本等方面。自一九九三年起，《通彙》由河南教育出版社（今大象出版社）陸續出版，受到國内外中國科技史研究者的歡迎。近些年來，國家立項支持《中華大典》數學典、天文典、理化典、生物典、農業典等類書性質的系列科技文獻整理工作。類書體例容易割裂原著的語境，這對史學研究來説多少有些遺憾。

總的來看，我國學者的工作以校勘、注釋、白話翻譯爲主，也研究文獻的作者、版本和科技内容。例如，潘吉星將《天工開物校注及研究》分爲上篇（研究）和下篇（校注），其中上篇包括時代背景，作者事迹，書的内容、刊行、版本、歷史地位和國際影響等方面。

《導讀叢書》、《譯注叢書》和《通彙》等爲讀者提供了便于利用的經典文獻校注本和研究成果，也爲科技史知識的傳播做出了重要貢獻。不過，可能由於整理目標與出版成本等方面的限制，這些整理成果不同程度地留下了文獻版本方面的缺憾。《導讀叢書》、《譯注叢書》和其他校注本基本上不提供保持原著全貌的高清影印本，并且録文時將繁體字改爲簡體字，改變版式，還存在截圖、拼圖、換圖中漢字等現象。《通彙》的編者們儘量選用文獻的善本，但《通彙》的影印質量尚需提高。

歐美學者在整理和研究科技文獻方面起步早於我國。他們整理的經典文獻爲科技史的各種專題與綜合研究奠定了堅實的基礎。有些科技文獻整理工作被列爲國家工程。例如，萊布尼茲（G. W. Leibniz）的手稿與論著的整理工作於一九〇七年在普魯士科學院與法國科學院聯合支持下展開，文獻内容包括數學、自然科學、技術、醫學、人文與社會科學，萊布尼茲所用語言有拉丁語、法語和其他語種。該項目因第一次世界大戰而失去法國科學院的支持，但在普魯士科學院支持下繼續實施。第二次世界大戰後，項目得到東德政府和西德政府的資助。迄今，這個跨世紀工程已經完成了五十五卷文獻的整理和出版，預計到二〇五五年全部結束。

二十世紀八十年代以來，國際合作促進了中文科技文獻的整理與研究。我國科技史專家與國外同行發揮各自的優勢，合作整理與研究《九章算術》、《黄帝内經素問》等文獻，并嘗試了新的方法。郭書春分别與法國科研中心林力娜（Karine Chemla）、美國紐約市立大學道本周（Joseph W. Dauben）和徐義保合作，先後校注成中法對照本《九章算術》（*Les Neuf Chapters*，二〇〇四）和中英對照本《九章算術》（*Nine Chapters on the Art of Mathematics*，二〇一四）。中科院自然科學史研究所與馬普學會科學史研究所的學者合作校注《遠西奇器圖説録最》，在提供高清影印本的同時，還刊出了相關研究專著《傳播與會通》。

按照傳統的説法，誰占有資料，誰就有學問，我國許多圖書館和檔案館都重『收藏』輕『服務』。在全球化與信息化的時代，國際科技史學者們越來越重視建設文獻平臺，整理、研究、出版與共享寶貴的科技文獻資源。德國馬普學會（Max Planck Gesellschaft）的科技史專家們提出『開放獲取』經典科技文獻整理計劃，以『文獻研究+原始文獻』的模式整理出版重要典籍。編者盡力選擇稀見的手稿和經典文獻的善本，向讀者提供展現原著面貌的複製本和帶有校注的印刷體轉録本，甚至還有與原著對應編排的英語譯文。同時，編者爲每種典籍撰寫導言或獨立的學術專著，包含原著的内容分析、作者生平、成書與境及參考文獻等。

任何文獻校注都有不足，甚至引起對某些内容解讀的争議。真正的史學研究者不會全盤輕信已有的校注本，而是要親自解讀原始文獻，希望看到完整的文獻原貌，并試圖發掘任何細節的學術價值。與國際同行的精品工作相比，我國的科技文獻整理與出版工作還可以精益求精，比如從所選版本截取局部圖文，甚至對所截取的内容加以『改善』，這種做法使文獻整理與研究的質量打了折扣。

實際上，科技文獻的整理和研究是一項難度較大的基礎工作，對整理者的學術功底要求較高。他們須在文字解讀方面下足够的功夫，并且準確地辨析文本的科學技術内涵，瞭解文獻形成的歷史與境。顯然，文獻整理與學術研究相互支撑，研究决定着整理的質量。隨着研究的深入，整理的質量自然不斷完善。整理跨文化的文獻，最好藉助國際合作的優勢。如果翻譯成英文，還須解決語言轉換的難題，找到合適的以英語爲母語的合作者。

在我國，科技文獻整理、研究與出版明顯滯後於其他歷史文獻，這與我國古代悠久燦爛的科技文明傳統不相稱。相對龐大的傳統科技遺産而言，已經系統整理的科技文獻不過是冰山一角。比如《通彙》中的絶大部分文獻尚無校勘與注釋的整理成果，以往的校注工作集中在幾十種文獻，并且没有配套影印高清晰的原著善本，有些整理工作存在重複或雷同的現象。近年來，國家新聞出版廣电總局加大支持古籍整理和出版的力度，鼓勵科技文獻的整理工作。學者和出版家應該通力合作，借鑒國際上的經驗，高質量地推進科技文獻的整理與出版工作。

鑒於學術研究與文化傳承的需要，中科院自然科學史研究所策劃整理中國古代的經典科技文獻，并與湖南科學技術出版社合作出版，向學界奉獻《中國科技典籍選刊》。非常榮幸這一工作得到圖書館界同仁的支持和肯定，他們的慷慨支持使我們倍受鼓舞。國家圖書館、上海圖書館、清華大學圖書館、北京大學圖書館、日本國立公文書館、早稻田大學圖書館、韓國首爾大學奎章閣圖書館等都對『選刊』工作給予了鼎力支持，尤其是國家圖書館陳紅彦主任、上海圖書館黄顯功主任、清華大學圖書館馮立昇先生和劉薔女士以及北京大學圖書館李雲主任還慨允擔任本叢書學術委員會委員。我們有理由相信有科技史、古典文獻與圖書館學界的通力合作，《中國科技典籍選刊》一定能結出碩果。這項工作以科技史學術研究爲基礎，選擇存世善本進行高清影印和録文，加以標點、校勘和注釋，排版採用圖像與録文、校釋文字對照的方式，便於閲讀與研究。另外，在書前撰寫學術性導言，供研究者和讀者參考。受我們學識與客觀條件所限，《中國科技典籍選刊》還有諸多缺憾，甚至存在謬誤，敬請方家不吝賜教。

我們相信，隨着學術研究和文獻出版工作的不斷進步，一定會有更多高水平的科技文獻整理成果問世。

張柏春　孫顯斌

於中關村中國科學院基礎園區

二〇一四年十一月二十八日

目録

麟德術解卷一
則古昔齋算學六
海甯李善蘭學
元郭太史授時術中法號最密其平立定三差學秝者皆推爲剏獲不知麟德術盈朒遲速二法已暗寓平定二差於其中郭氏特踵事加密耳竊謂僅加立差猶未也必欲合天當再加三乘四乘諸差後世有好學深思之士試取我說而演之其密合當不在西人本輪均輪橢圓諸術下而李氏實開其端剏始之功又何可沒也暇日取史志盈朒遲速二法詳論之以質世之治中法者道光戊申仲秋善蘭識
麟德 一

麟德術解卷一

則古昔齋算學六

海寧李善蘭學

元郭太史《授時術[1]》，中法號最密，其平、立、定三差[2]，學曆者皆推爲剏獲。不知《麟德術》盈朒、遲速二法，已暗寓平、定二差於其中，郭氏特踵事加密耳。竊謂僅加立差猶未也，必欲合天，當再加三乘、四乘諸差。後世有好學深思之士，試取我説而演之，其密合當不在西人本輪、均輪、橢圓諸術下。而李氏實開其端，剏始之功又何可没也？暇日取史志盈朒、遲速二法詳論之，以質世之治中法者。道光戊申仲秋善蘭識。

1 術，當作"曆"，避乾隆"弘曆"諱改，後文"麟德術""戊寅術""大衍術"之"術"同。因書名作"麟德術解"，姑依底本仍舊作"術"，後文同。

2 平、立、定三差，古代曆法術語，用三次函數式求解日、月、五星不均匀運動改正的方法，首見於元代《授時曆》。

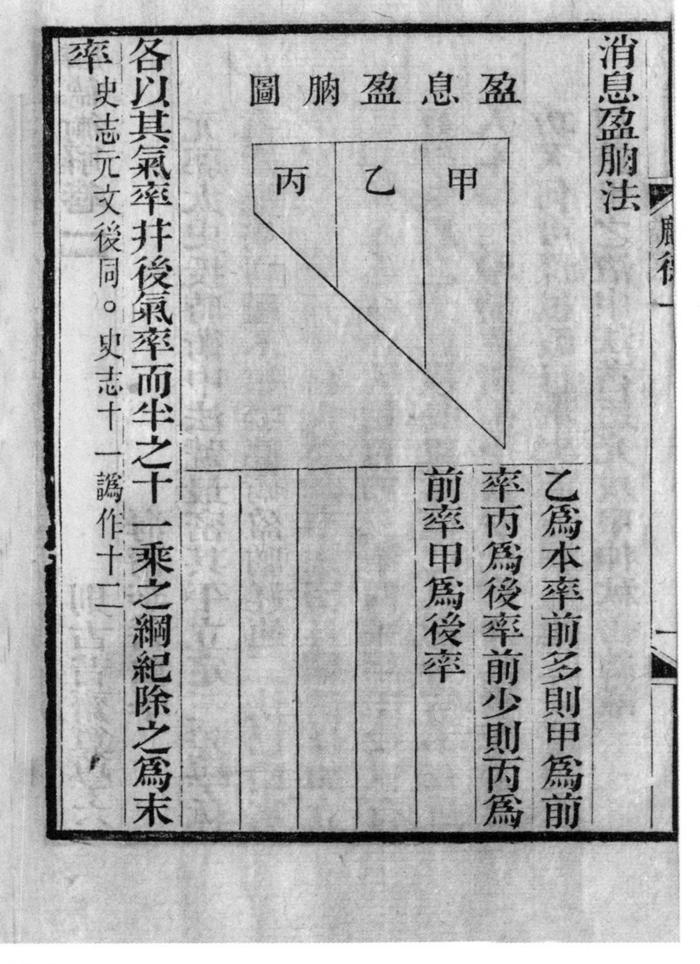
消息盈朒法

盈息盈朒圖

乙爲本率前多則甲爲前率丙爲後率前少則丙爲前率甲爲後率

各以其氣率并後氣率而半之十一乘之綱紀除之爲末率史志元文後同。史志十一譌作十二

消息盈朒法

盈息[1] 盈朒圖

乙爲本率[2]，前多則甲爲前率，丙爲後率；前少則丙爲前率，甲爲後率。

各以其氣率并後氣率而半之，十一乘之，綱紀除之，爲末率。 史志[3] 元文後同。◎史志“十一”譌作“十二”。

1 盈息，當作“消息”。

2 本率，這里指太陽躔差率，即本氣太陽實行度與平行度之差。

3 史志，指《新唐書·曆志二》。

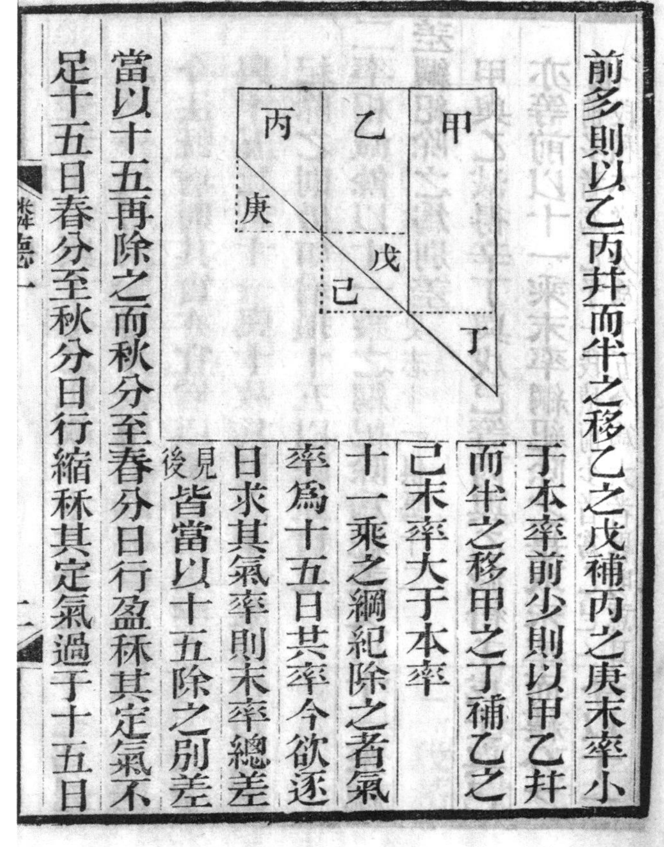

前多則以乙丙并而半之移乙之戊補丙之庚末率小于本率前少則以甲乙并而半之移甲之丁補乙之已末率大于本率

十一乘之綱紀除之者氣率爲十五日共率今欲逐日求其氣率則末率總差見後皆當以十五除之別差當以十五再除之而秋分至春分日行盈秝其定氣不足十五日春分至秋分日行縮秝其定氣過于十五日

前多則以乙、丙并而半之，移乙之戊補丙之庚，末率小于本率；前少則以甲、乙并而半之，移甲之丁補乙之已，末率大于本率。

十一乘之，綱紀[1]除之者，氣率爲十五日共率，今欲逐日求其氣率，則末率、總差[2]見後。皆當以十五除之，別差[3]當以十五再除之。而秋分至春分日行盈曆（秝）[4]，其定氣不足十五日；春分至秋分日行縮曆（秝）[5]，其定氣過于十五日。

1《麟德曆》取回歸年長度爲 $365\frac{328}{1340}$ 日，春分後12氣共長188.156日，秋分後12氣共長177.088日，二者有以下近似關係：

$$\frac{\text{秋分後12氣}}{\text{春分後12氣}}=\frac{16}{17}$$

因16+17=33，求得：$L=365\frac{328}{1340}/133=11.068\approx11$。若把春分後每氣長度視爲平均，則每氣長 $L=365\frac{328}{1340}/33\times\frac{17}{12}=\frac{11\times17}{12}=15\frac{7}{2}$ 日，同樣秋分後12氣視爲平均，則每氣長 $L=\frac{11\times16}{12}=14\frac{8}{12}$ 日。以上數據，16爲進綱，17爲退紀，11爲泛差，12爲總辰。（張培瑜等，《中國古代曆法》，中國科學技術出版社，2008，475頁）

2 總差，一氣太陽每日躔差改變量之和。

3 別差，一氣太陽每日躔差改變量。

4 盈曆，秋分至春分各節氣中，太陽實行度大於平行度，躔差率爲正，稱爲盈曆。

5 縮曆，春分至秋分各節氣中，太陽實行度小於平行度，躔差率爲負，稱爲縮曆。

麟德一

其差若十六與十七之比故以十六爲進綱十七爲退紀秋分後用綱除春分後用紀除也但本當以十五除今法既增則其實亦宜增以綱紀相加半之得十六半與十五比若十一與十故其實以十一乘降位乃以綱紀除之則仍如增損十五以除原實也

二率相減餘以十一乘之綱紀除爲總差又以十一乘總差綱紀除之爲別差史志十一俱譌十二

甲與乙減得辛丁與戊己等丙與乙減得壬戊壬與己亦等前以十一乘末率綱紀除之是取末率而縷分之也前多者爲乙子一段積前少者爲乙己一段積本當分爲十五今爲六者畧明意耳今以十一

其差若十六與十七之比，故以十六爲進綱，十七爲退紀，秋分後用綱除，春分後用紀除也。但本當以十五除，今法既增，則其實亦宜增。以綱紀相加，半之，得十六半。與十五比，若十一與十，故其實以十一乘降位，乃以綱紀除之，則仍如增損十五以除原實也[1]。

二率相減，餘以十一乘之，綱紀除，爲總差。又以十一乘總差，綱紀除之，爲別差。[2] 史志“十一”俱譌“十二”[3]。

甲與乙減，得辛、丁，與戊、己等。丙與乙減，得壬、戊，壬與己亦等。前以十一乘末率，綱紀除之，是取末率而縷分之也。前多者，爲乙子一段積；前少者，爲乙己一段積。本當分爲十五，今爲六者，畧明意耳。今以十一

1 $\frac{16+17}{2}=16\frac{1}{2}$爲綱紀平均數，15日爲節氣平均值，二者比例近似於11∶10。若把春秋分後相應12氣視爲平均，則有氣長$L=\frac{10\times綱紀}{11}$，即$\frac{1}{L}=\frac{11}{10\times綱紀}$。

2 設Δ_1與Δ_2爲本氣與後氣躔差率，則總差$=\frac{|\Delta_1-\Delta_2|}{L}$，別差$=\frac{|\Delta_1-\Delta_2|}{L^2}$。

3 錢寶琮《新唐書曆志校勘記》云：“李善蘭氏《麟德術解》謂三‘十二乘’皆當作‘十一乘’，其説支離難通。按史志作‘十二乘’實未誤。舊書作‘總辰乘’，總辰謂一日辰數十二也。考李氏所以致誤之由，在誤解綱紀二字。曆經云：‘進綱十六，退紀十七’，謂秋分後各氣與春分後各氣之長相比，猶十六與十七之比，不得直以綱爲十六，紀爲十七。此節綱紀二字乃進綱期内或在退紀期内一氣之辰數，以十二乘而綱紀除，猶以各氣之日數除也。”（《浙江省立圖書館館刊》第四卷第六期，1935年，1—15頁）

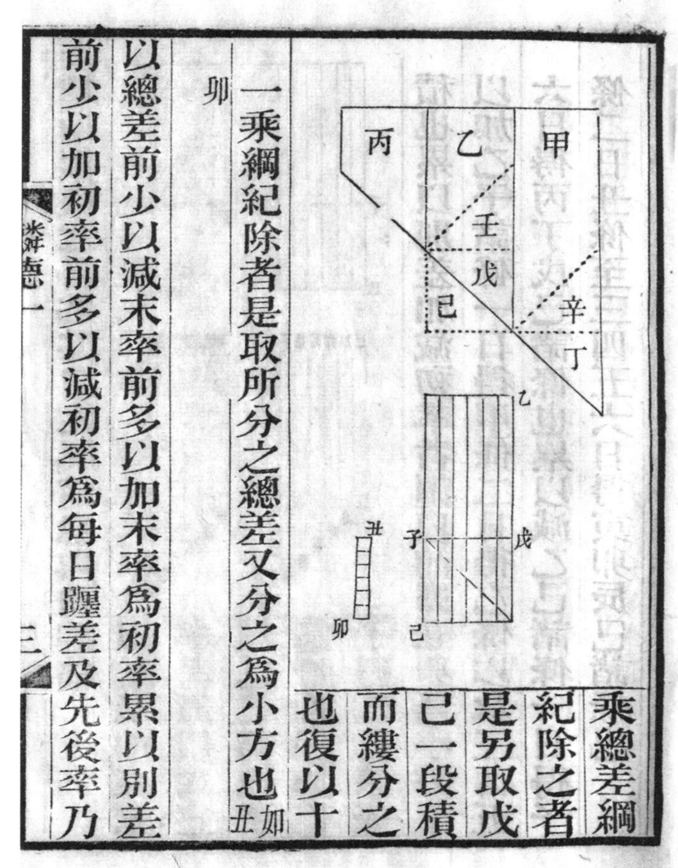
乘總差綱紀除之者是另取戊己一段積而縷分之也復以十一乘綱紀除者是取所分之總差又分之為小方也如丑卯
以總差前少以減末率前多以加末率為初率累以別差前少以加初率前多以減初率為每日躔差及先後率乃

乘總差，綱紀除之者，是另取戊己一段積而縷分之也。復以十一乘，綱紀除者，是取所分之總差又分之爲小方也。如丑卯。

以總差前少以減末率，前多以加末率，爲初率[1]。累以別差前少以加初率，前多以減初率，爲每日躔差[2]及先後率[3]。乃

1 初率，本氣初始太陽躔差率。

2《麟德曆》中認爲太陽每日躔差改變量（別差）相同，則每日躔差可從初始日累加（減）而得。

3 先後率，本氣太陽實行、平行之差與月亮平行之比，再乘月程法 67 而得。

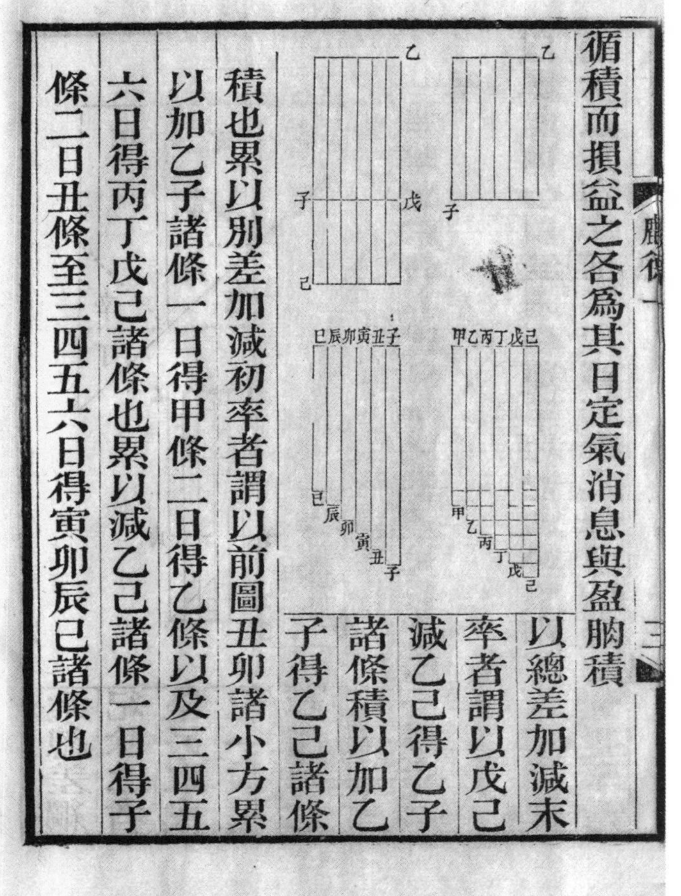

循積而損益之，各爲其日定氣消息與盈朒積[1]。

以總差加減末率者，謂以戊己減乙己，得乙子諸條積。以加乙子，得乙己諸條積也。累以別差加減初率者，謂以前圖丑卯諸小方，累以加乙子諸條。一日得甲條，二日得乙條，以及三、四、五、六日，得丙、丁、戊、己諸條也。累以減乙己諸條，一日得子條，二日丑條，至三、四、五、六日，得寅、卯、辰、巳諸條也。

1 消息積，即之前各氣躔差率的積累值。盈朒積，即之前各氣先後率的積累值。

按以氣率并前氣率半之卽初率也乃先求末率以總差加減爲初率古法迂曲殆不可解又前多者各日求得之率并之必少于原氣率前少者各日求得之率并之必多于原氣率若第一日加減半箇别率二日以後乃累增一箇别率加減之方與原率密合也

其後無同率因前末爲初率前少者加總差前多者以總差減之爲末率餘依術入之

因前末爲初率謂以本氣率與前氣率相加半之爲前氣之末率卽本氣之初率也

按以氣率并前氣率，半之，即初率也。乃先求末率，以總差加減爲初率。古法迂曲，殆不可解。又前多者，各日求得之率并之，必少于原氣率；前少者，各日求得之率并之，必多于原氣率。若第一日加減半箇别率，二日以後乃累增一箇别率加減之，方與原率密合也。

其後無同率，因前末爲初率；前少者加總差，前多者以總差減之，爲末率。餘依術入之。

因前末爲初率，謂以本氣率與前氣率相加，半之，爲前氣之末率，即本氣之初率也。

各以氣下消息息減消加常氣爲定氣
息者日行盈度以每日所盈積之是爲息分消者日行
縮度以每日所縮積之是爲消分平分周天爲二十四
限以日行平度計之約十五日五十分日之十一而行
一限是爲常氣日行盈度則未至十五日五十分之十
一已滿氣限故當減日行縮度則行十五日五十分之
十一尚未滿氣限故當加其或日行盈度而仍加者前
所縮者今之所盈尚未足以抵之也日行縮度而仍減
者前所盈者今之所縮尚未足以抵之也
各以定氣大小餘減所近朔望大小餘十二通其日以辰

各以氣下消息［積］[1]，息減消加常氣，爲定氣。

息者，日行盈度，以每日所盈積之，是爲息分。消者，日行縮度，以每日所縮積之，是爲消分。平分周天爲二十四限，以日行平度計之，約十五日五十分日之十一而行一限，是爲常氣。日行盈度，則未至十五日五十分之十一，已滿氣限，故當減；日行縮度，則行十五日五十分之十一，尚未滿氣限，故當加。其或日行盈度而仍加者，前所縮者，今之所盈尚未足以抵之也；日行縮度而仍減者，前所盈者，今之所縮尚未足以抵之也。

各以定氣大小餘減所近朔望大小餘，十二通其日，以辰

1 消息積，底本脱“積”字，據《新唐書・曆志二》補。

率約其餘相從爲辰總
置三之總法以辰率除之得十二故先以十二乘大餘
乃以小餘三之如辰率而一相并爲定氣至所近朔望
共若干辰也
其氣前多以乘末率前少以乘初率十二而一爲總率
前多者末率小前少者初率小皆乘小率者以便後乘
別差所得皆爲加差也設定氣至所
近朔望約五日以辰總乘初末率十
二而一前多者得甲乙一段長方積
後當加乙戊一段璋形積前少者得

率約其餘，相從爲辰總[1]。

置三之總法，以辰率除之[2]，得十二。故先以十二乘大餘，乃以小餘三之，如辰率而一，相并，爲定氣至所近朔望共若干辰也[3]。

其氣前多以乘末率，前少以乘初率，十二而一，爲總率。

前多者末率小，前少者初率小，皆乘小率者，以便後乘別差，所得皆爲加差也。設定氣至所近朔望約五日，以辰總乘初、末率，十二而一。前多者，得甲乙一段長方積，後當加乙戊一段璋形積。前少者，得

1“十二通其日”至“相從爲辰總”，錢寶琮校云：“按其術不可通，必傳寫有誤。以十二通其日得辰數，以辰率約其餘，僅得殘餘辰數之三分之一，不能相併爲辰總。據術當作‘以十二通其日，三其餘，以辰率約之，相從爲辰總’。”

2《麟德曆》以 1340 爲總法，335 爲辰率。見本書卷三。

3《麟德曆》以平朔望距定氣的時間即氣朔距來計算太陽改正。因此，需先將氣朔距化爲以辰爲單位的辰總。而氣朔距均以總法 1340 爲分母，化爲辰需乘 12，即：辰總 = 12×氣朔距 = 12×大餘+$\frac{3\times\text{小餘}}{\text{辰率}}$。

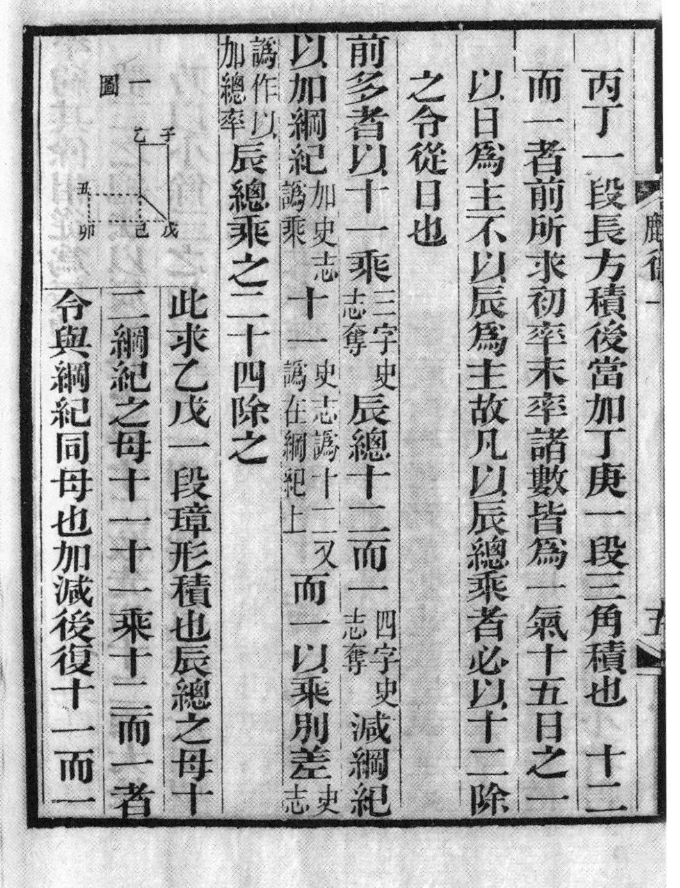

丙丁一段長方積，後當加丁庚一段三角積也。十二而一者，前所求初率、末率諸數皆爲一氣十五日之一，以日爲主，不以辰爲主，故凡以辰總乘者，必以十二除之，令從日也。

前多者，以十一乘三字史志奪。**辰總，十二而一，**四字史志奪。**減綱紀，以加綱紀**“加”史志譌“乘”。**“十一”**史志譌“十二”，又譌在“綱紀”上。**而一，以乘别差，**史志譌作“以加總率”。**辰總乘之，二十四除之**[1]。

此求乙戊一段瑋形積也。辰總之母十二，綱紀之母十一。十一乘，十二而一者，令與綱紀同母也。加減後，復十一而一

1《新唐書·曆志二》此段作：“前多者，以辰總減綱紀，以乘十二，綱紀而一，以加總率，辰總乘之，二十四除之。”錢寶琮校云：“按據術當作‘前多者，以辰總減綱紀，以乘總差，綱紀而一，以加總差，辰總乘之，二十四除之。’……李氏因誤解綱紀二字，故《麟德術解》於此節文字改易頗多，而仍不能得淳風術之本意。”

二圖
三圖

者令從日也如圖子乙爲十二除辰總所得戊己丑卯同子戊爲十一除綱紀升位所得卽一氣日數戊卯同十一乘辰總至十一而一是求子戊己卯兩綫共數也以乘別差卽得二圖諸別差數再以辰總乘之十二除之卽得三圖諸別差數與一圖之積同再以二除之卽得瑋形積二十四除者是以二乘十二併兩除爲一除也

捷法十一乘辰總十二而一以減綱紀餘以乘總差綱紀而一以加總差辰總乘之二十四除之

者，令從日也。如圖，子乙爲十二除辰總所得，戊己、丑卯同。子戊爲十一除綱紀升位所得，即一氣日數。戊卯同。十一乘辰總至十一而一，是求子戊、己卯兩綫共數也。以乘别差，即得二圖諸别差數。再以辰總乘之，十二除之，即得三圖諸别差數，與一圖之積同。再以二除之，即得瑋形積。二十四除者，是以二乘十二，併兩除爲一除也。

捷法：十一乘辰總，十二而一，以減綱紀，餘以乘總差，綱紀而一，以加總差，辰總乘之，二十四除之。

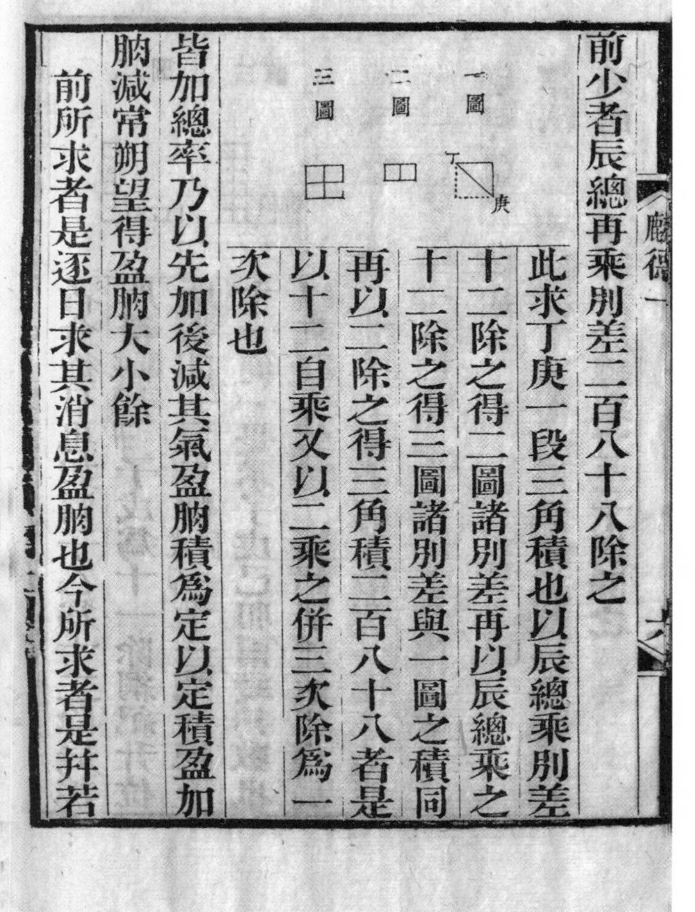
前少者辰總再乘別差二百八十八除之
此求丁庚一段三角積也以辰總乘別差十二除之得二圖諸別差再以辰總乘之十二除之得三圖諸別差與一圖之積同再以二除之得三角積二百八十八者是以十二自乘又以二乘之併三次除爲一次除也

一圖　丁　庚
二圖
三圖

皆加總率乃以先加後減其氣盈朒積爲定以定積盈加朒減常朔望得盈朒大小餘
前所求者是逐日求其消息盈朒也今所求者是并若

前少者，辰總再乘別差，二百八十八除之。

此求丁庚一段三角積也。以辰總乘別差，十二除之，得二圖諸別差。再以辰總乘之，十二除之，得三圖諸別差，與一圖之積同。再以二除之，得三角積二百八十八者，是以十二自乘，又以二乘之，併三次除爲一次除也。

皆加總率，乃以先加後減其氣盈朒積爲定。以定積盈加朒減常朔望[1]，得盈朒大小餘。

前所求者，是逐日求其消息盈朒也。今所求者，是并若

1《新唐書・曆志二》"望"上有"弦"字。

干日又并入若干小餘而求其盈朒也
附求綱紀法置朞實四十八萬九千四百二十八四而
一得一十二萬二千三百五十七以二分下消息積三
千七百八加之得一十二萬六千六十五爲盈積度減
之得一十一萬八千六百四十九爲朒積度以消息積
二之得七千四百一十六爲法以除盈積度得十七以
除朒積度得十六卽以十六爲進綱十七爲退紀也

烏程汪曰楨校

干日，又并入若干小餘，而求其盈朒也。

附求綱紀法

置朞實四十八萬九千四百二十八，四而一，得一十二萬二千三百五十七。以二分下消息積三千七百八加之，得一十二萬六千六十五，爲盈積度；減之，得一十一萬八千六百四十九，爲朒積度。以消息積二之，得七千四百一十六爲法，以除盈積度，得十七；以除朒積度，得十六。即以十六爲進綱，十七爲退紀也。

烏程汪曰楨校

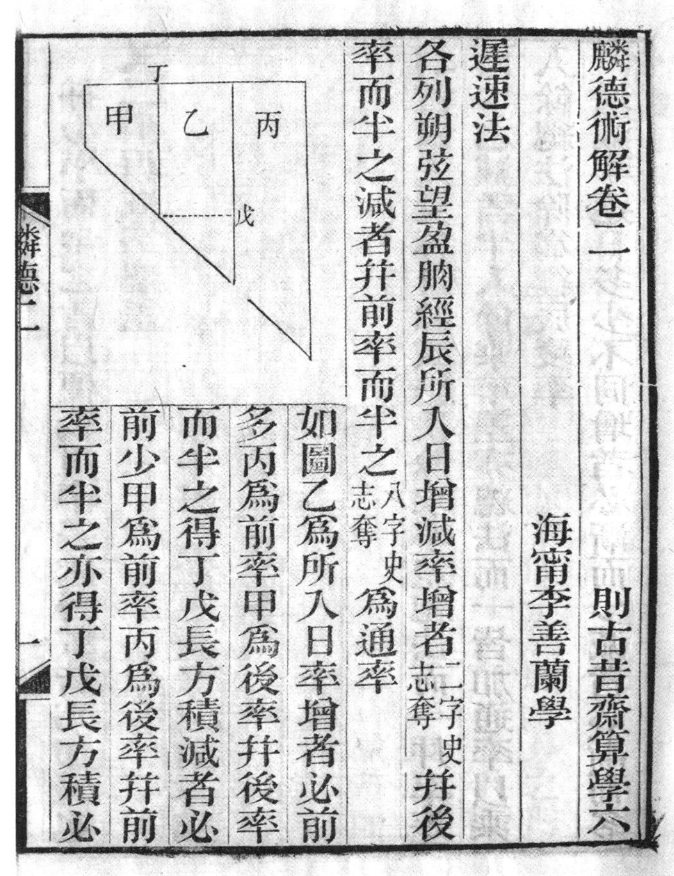

麟德術解卷二　則古昔齋算學六

海甯李善蘭學

遲速法

各列朔弦望盈朒經辰所入日增減率增者二字史志奪并後率而半之減者并前率而半之八字史志奪爲通率

如圖乙爲所入日率增者必前多丙爲前率甲爲後率并後率而半之得丁戊長方積減者必前少甲爲前率丙爲後率并前率而半之亦得丁戊長方積必

麟德卷二　二

麟德術解卷二

則古昔齋算學六

海寧李善蘭學

遲速法[1]

各列朔、弦、望盈朒經辰所入日增減率[2]**，增者**二字史志奪。**并後率而半之，減者并前率而半之，**八字史志奪。**爲通率**[3]。

如圖，乙爲所入日率，增者必前多，丙爲前率，甲爲後率，并後率而半之，得丁戊長方積。減者必前少，甲爲前率，丙爲後率，并前率而半之，亦得丁戊長方積。必

1 遲速，指遲速積，即增減率的累計值。

2 據《麟德曆》所述，增減率=（離程−月平行分）×日法/月平行分，主要用來推求定朔弦望的月亮改正值。式中離程=每日實行度×月程法（67），即月實行度小分。

3 李善蘭將通率分爲前多、前少兩種狀態。設Δ_1、Δ_2、Δ_3分別爲入變日、次日、前日增減率，前多（增），即$\Delta_1>\Delta_2$，則通率$=(\Delta_1+\Delta_2)/2$。前少（減），即$\Delta_1<\Delta_2$，則通率$=(\Delta_1+\Delta_3)/2$。

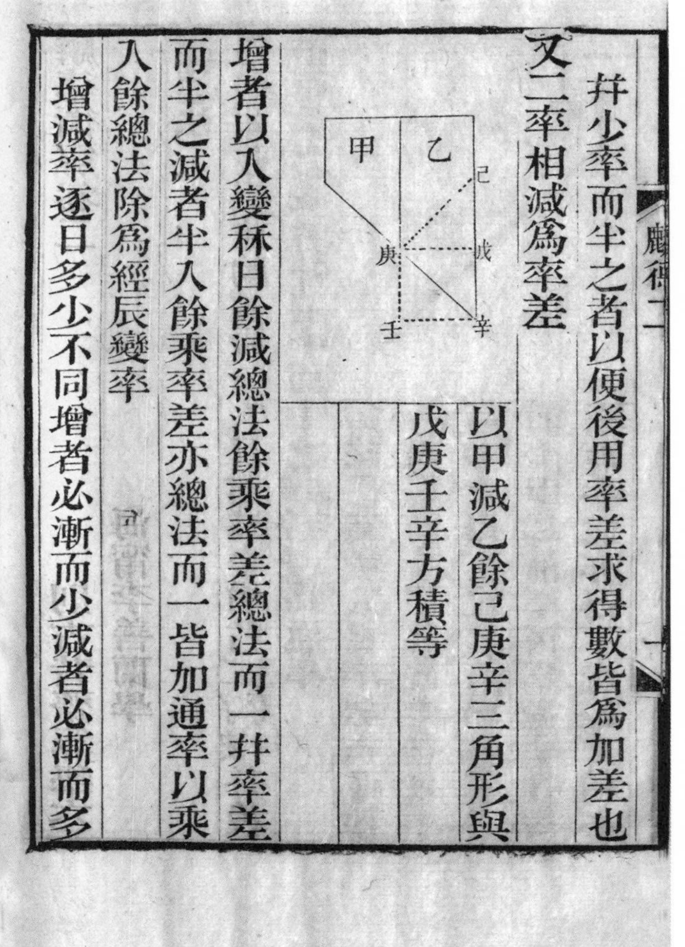

并少率而半之者以便後用率差求得數皆爲加差也
又二率相減爲率差
以甲減乙餘己庚辛三角形與戊庚壬辛方積等
增者以入變秝日餘減總法餘乘率差總法而一并率差
而半之減者半入餘乘率差亦總法而一皆加通率以乘
入餘總法除爲經辰變率
增減率逐日多少不同增者必漸而少減者必漸而多

并少率而半之者，以便後用率差，求得數皆爲加差也。

又二率相減，爲率差。

以甲減乙，餘己庚辛三角形，與戊庚壬辛方積等。

增者以入變曆日餘[1]減總法，餘乘率差，總法而一，并率差而半之；減者半入餘乘率差，亦總法而一。皆加通率，以乘入餘，總法除，爲經辰變率[2]。

增減率逐日多少不同，增者必漸而少，減者必漸而多，

1 入變曆日餘，即入變日的小數部分，後文稱"入餘"。

2 經辰變率，指月亮改正的一級近似。前多時，經辰變率 $=\left\{通率+\frac{1}{2}\left[率差+(總法-入餘)\frac{率差}{總法}\right]\right\}\times\frac{入餘}{總法}$

前少時，經辰變率 $=\left(通率+\frac{1}{2}入餘\times\frac{率差}{總法}\right)\times\frac{入餘}{總法}$。

無平分者則舉一日而分之亦必漸多漸少無平分之理設入餘爲總法十分之四則亦取子辰綫十分之四增者則爲子丑自丑與子未平行作綫至巳截丑巳未子一段積爲入餘所當增率即經辰變率後同減者則爲辰卯自卯作綫與辰申平行至午截卯午申辰一段積爲入餘所當減率 其求增率法以戌未入餘減甲未總法餘甲戌乃以甲未與甲戌方率差比同于甲戌與甲丙長方比次移甲丙長方爲未亥長方并入甲戌方而半之爲乙申長方復加入戊辰長方

無平分者。則舉一日而分之，亦必漸多漸少，無平分之理。設入餘爲總法十分之四，則亦取子辰綫十分之四。增者則爲子丑，自丑與子未平行作綫至巳，截丑巳未子一段積，爲入餘所當增率。即經辰變率，後同。減者則爲辰卯，自卯作綫與辰申平行至午，截卯午申辰一段積，爲入餘所當減率。

其求增率法：以戌未入餘。減甲未，總法。餘甲戌。乃以甲未與甲戌方率差。比，同于甲戌與甲丙長方比。次移甲丙長方爲未亥長方，并入甲戌方而半之，爲乙申長方。復加入戊辰長方，

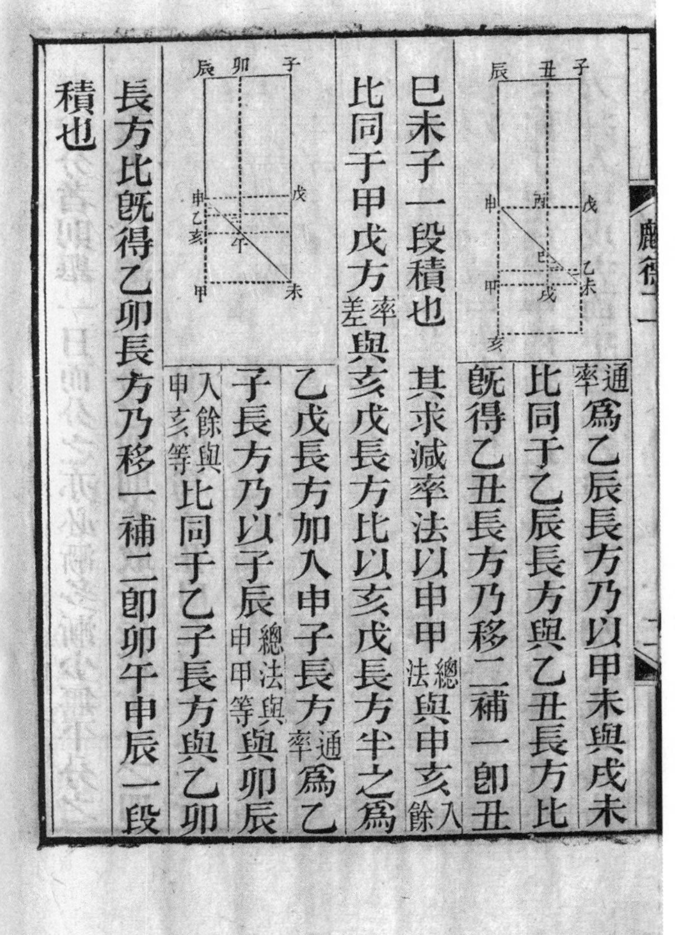

通率。爲乙辰長方。乃以甲未與戌未比，同于乙辰長方與乙丑長方比。既得乙丑長方，乃移二補一，即丑巳未子一段積也。

其求減率法：以申甲總法。與申亥入餘。比，同于甲戌方率差。與亥戌長方比。以亥戌長方半之，爲乙戌長方。加入申子長方，通率。爲乙子長方。乃以子辰總法，與申甲等。與卯辰入餘，與申亥等。比，同于乙子長方與乙卯長方比。既得乙卯長方，乃移一補二，即卯午申辰一段積也。

以增減遲速積爲秝率（九字史志奪）半之以速減遲加入餘爲轉餘增者以減總法減者因餘皆乘率差總法而一加通率秝率（史志譌作變率）乘之總法除之以速減遲加變率爲定率

乃以定率增減遲速積爲定

遲速積者是從初行遲速起至所入日初刻共積若干遲速分或以遲減速以速減遲尚未減盡若干遲速分也以變率增減之則爲初行遲速至盈朒經辰所入時刻共積若干遲速分或以遲減速以速減遲尚未減盡若干遲速分也若盈朒經辰所入時刻適無遲速分則便爲朔弦望眞時若有遲分則尙未至眞時必加此遲

麟德二　三

以增減遲速積爲曆率，九字史志奪。**半之，以速減、遲加入餘，爲轉餘**[1]**。增者以減總法，減者因餘。皆乘率差，總法而一。加通率，曆率**史志譌作“變率”。**乘之，總法除之**[2]**，以速減、遲加變率，爲定率**[3]**。乃以定率增減遲速積爲定**[4]**。**

遲速積者，是從初行遲速起，至所入日初刻，共積若干遲速分，或以遲減速，以速減遲，尚未減盡若干遲速分也。以變率增減之，則爲初行遲速至盈朒經辰所入時刻，共積若干遲速分，或以遲減速，以速減遲，尚未減盡若干遲速分也。若盈朒經辰所入時刻適無遲速分，則便爲朔、弦、望真時。若有遲分，則尚未至真時，必加此遲

1 速時，轉餘＝入餘－$\frac{1}{2}$曆率；遲時，轉餘＝入餘＋$\frac{1}{2}$曆率。

2 錢寶琮校云：“按《麟德曆》此術亦因《皇極曆》術而增損之，其術原未精密，李氏《麟德術解》校釋此術時，以己意增補五十餘字，改易三字，使之益臻美備，失新志《麟德曆經》之舊觀矣。”

3 定率，指經辰定變率。《麟德曆》求月亮改正時，除一級近似經辰變率外，還要求經辰變率的修正值，稱爲變率增減值。二者之和，即爲經辰定變率，即經辰定變率＝經辰變率±變率增減值（速減、遲加）。前多時，變率增減值＝$\left[\text{通率}+(\text{總法}-\text{轉法})\times\frac{\text{率差}}{\text{總法}}\right]\times\frac{\text{曆率}}{\text{總法}}$

前少時，變率增減值＝$\left[\text{通率}+\text{轉餘}\times\frac{\text{率差}}{\text{總法}}\right]\times\frac{\text{曆率}}{\text{總法}}$。

4 定，指月亮改正定數，即推求定朔、弦、望的月亮改正值。求法爲：月亮改正定數＝遲速積±經辰定變率（速減、遲加）。

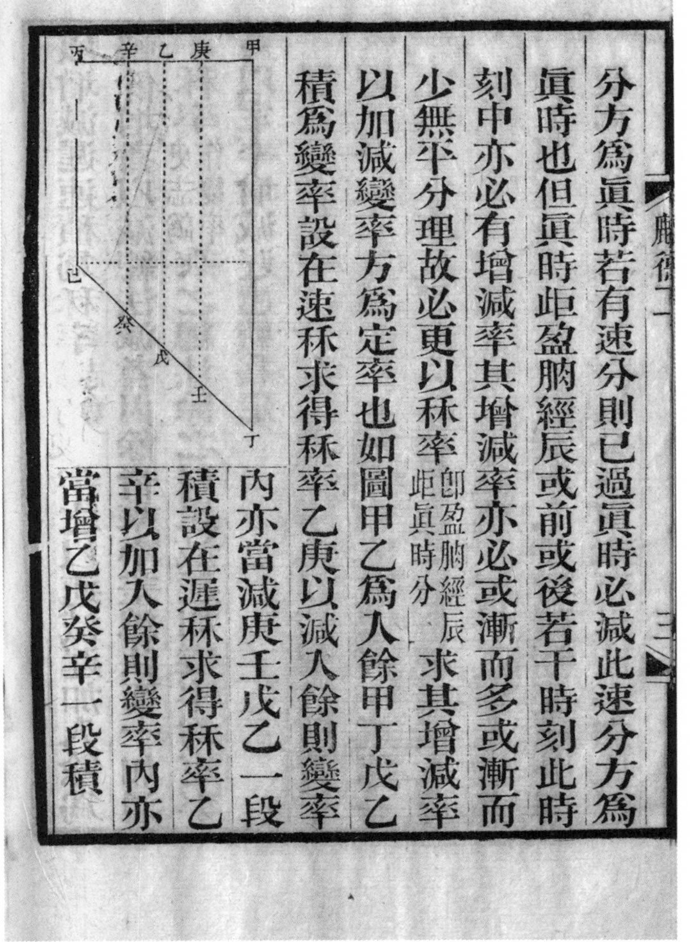

分方爲眞時若有速分則已過眞時必減此速分方爲眞時也但眞時距盈朒經辰或前或後若干時刻此時刻中亦必有增減率其增減率亦必或漸而多或漸而少無平分理故必更以秝率即盈朒經辰距眞時分求其增減率以加減變率方爲定率也如圖甲乙爲入餘甲丁戊乙積爲變率設在速秝求得秝率乙庚以減入餘則變率內亦當減庚壬戊乙一段積設在遲秝求得秝率乙辛以加入餘則變率內亦當增乙戊癸辛一段積

分，方爲真時；若有速分，則已過真時，必減此速分，方爲真時也。但真時距盈朒經辰或前或後若干時刻，此時刻中亦必有增減率，其增減率亦必或漸而多，或漸而少，無平分理。故必更以曆率即盈朒經辰距真時分。求其增減率，以加減變率，方爲定率也。

如圖，甲乙爲入餘，甲丁戊乙積爲變率。設在速曆，求得曆率乙庚，以減入餘，則變率内亦當減庚壬戊乙一段積。設在遲曆，求得曆率乙辛，以加入餘，則變率内亦當增乙戊癸辛一段積。

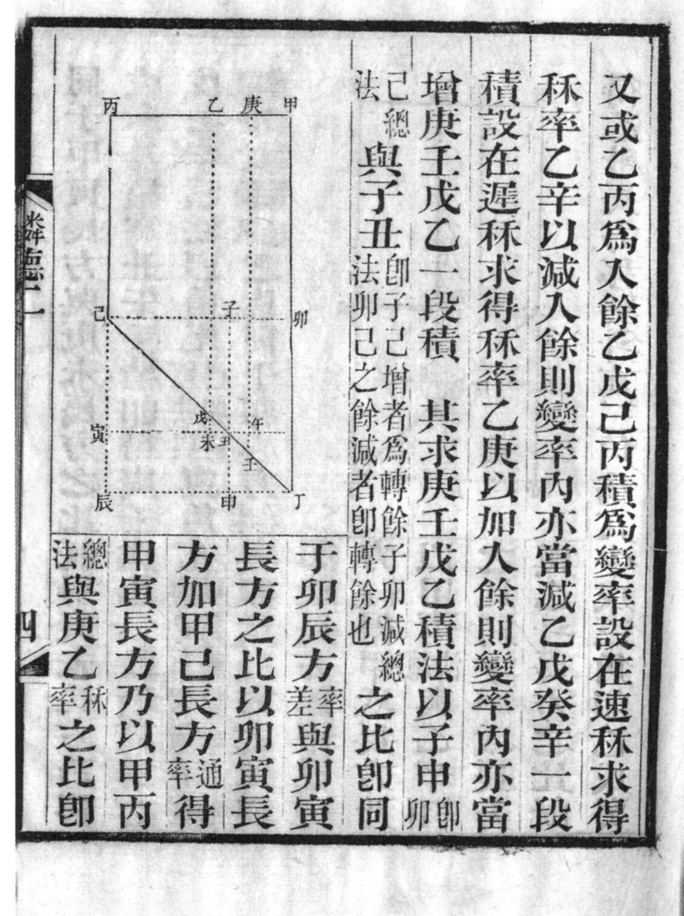

又或乙丙爲入餘，乙戊己丙積爲變率。設在速曆，求得曆率乙辛，以減入餘，則變率内亦當減乙戊癸辛一段積。設在遲曆，求得曆率乙庚，以加入餘，則變率内亦當增庚壬戊乙一段積。

其求庚壬戊乙積法：以子申即卯己總法。與子丑即子己，增者爲轉餘子卯減總法卯己之餘，減者即轉餘也。之比，即同于卯辰方率差。與卯寅長方之比。以卯寅長方加甲己長方，通率。得甲寅長方。乃以甲丙總法。與庚乙曆率。之比，即

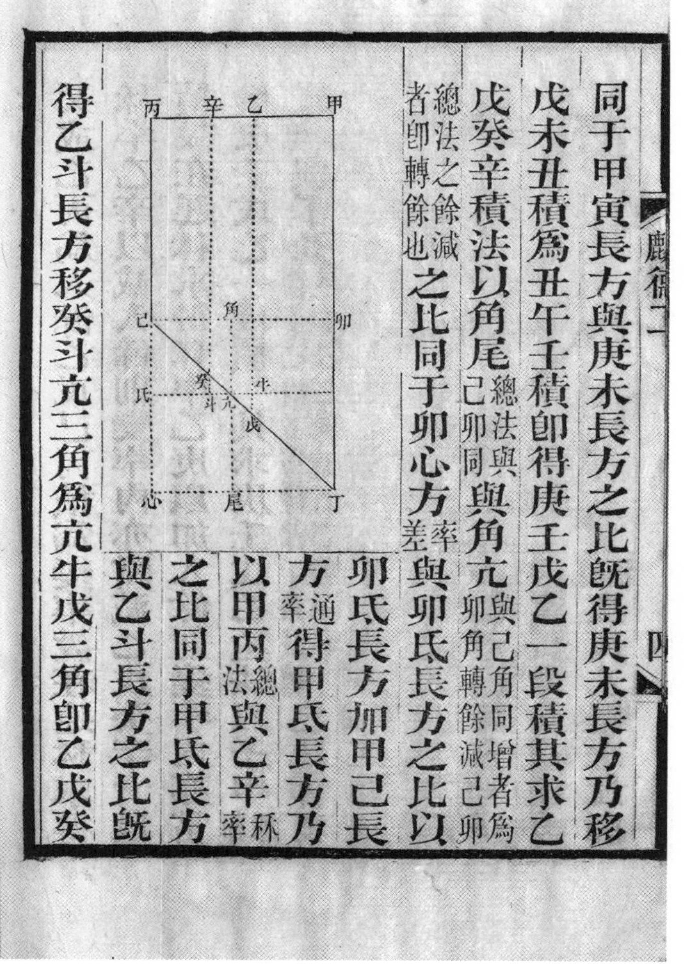

同于甲寅長方與庚未長方之比。既得庚未長方，乃移戊未丑積爲丑午壬積，即得庚壬戊乙一段積。

其求乙戊癸辛積法：以角尾總法，己卯同。與角亢與己角同，增者爲卯角轉餘減己卯總法之餘，減者即轉餘也。之比，同于卯心方率差。與卯氐長方之比。以卯氐長方加甲己長方，通率。得甲氐長方。乃以甲丙總法。與乙辛曆率。之比，同于甲氐長方與乙斗長方之比。既得乙斗長方，移癸斗亢三角爲亢牛戊三角，即乙戊癸

辛積也
其後無同率亦因前率應增者以通率爲初數半率差而減之應損者卽爲通率其前無同率者則因後率應損者以通率爲末數半率差而減之應增者卽爲通率三十二字史志奪
六日二十日皆當并後率而半之而後率不足一日卽非同率則取五日十九日之通率以率差減之卽爲本日通率率差亦仍之十三日二十七日本當并前率而半之後無同率無害也以上補史志所未備七日二十一日之初則取六日二十日之通率爲初數云半率差而減之者

辛積也。

其後無同率，亦因前率。應增者，以通率爲初數，半率差而減之；應損者，即爲通率。其前無同率者，則因後率應損者以通率爲末數，半率差而減之，應增者即爲通率。三十二字史志奪。

六日、二十日皆當并後率而半之，而後率不足一日，即非同率，則取五日、十九日之通率，以率差減之，即爲本日通率，率差亦仍之。十三日、二十七日本當并前率而半之，後無同率，無害也。以上補史志所未備。七日、二十一日之初，則取六日、二十日之通率爲初數。云半率差而減之者，

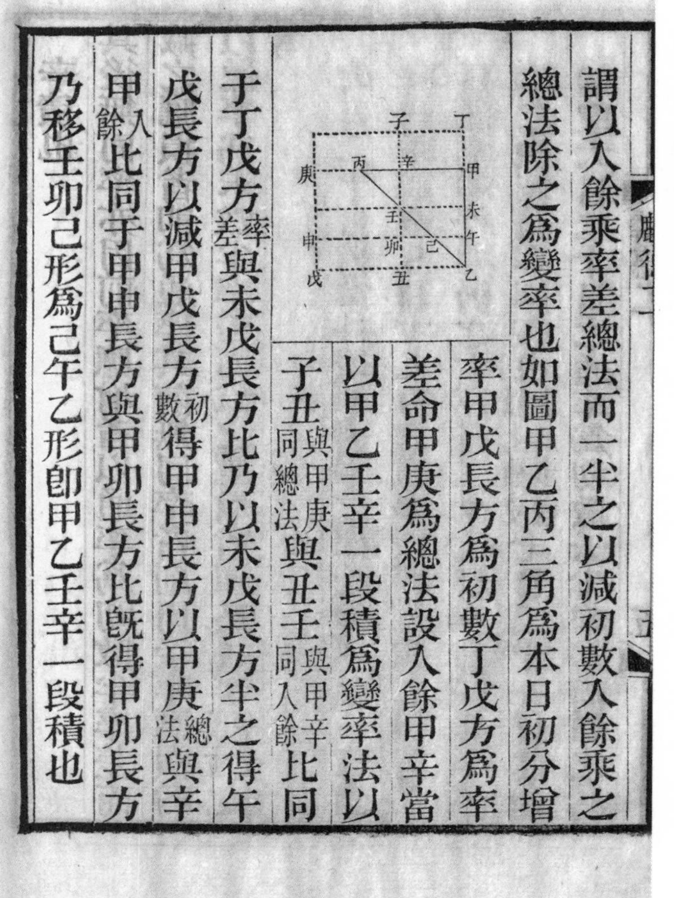

謂以入餘乘率差，總法而一，半之，以減初數，入餘乘之，總法除之，爲變率也。

如圖，甲乙丙三角爲本日初分增率，甲戊長方爲初數，丁戊方爲率差。命甲庚爲總法，設入餘甲辛，當以甲乙壬辛一段積爲變率。

法以子丑與甲庚同，總法。與丑壬與甲辛同，入餘。比，同于丁戊方率差。與未戊長方比。乃以未戊長方半之，得午戊長方，以減甲戊長方，初數。得甲申長方。以甲庚總法。與辛甲入餘。比，同于甲申長方與甲卯長方比。既得甲卯長方，乃移壬卯己形爲己午乙形，即甲乙壬辛一段積也。

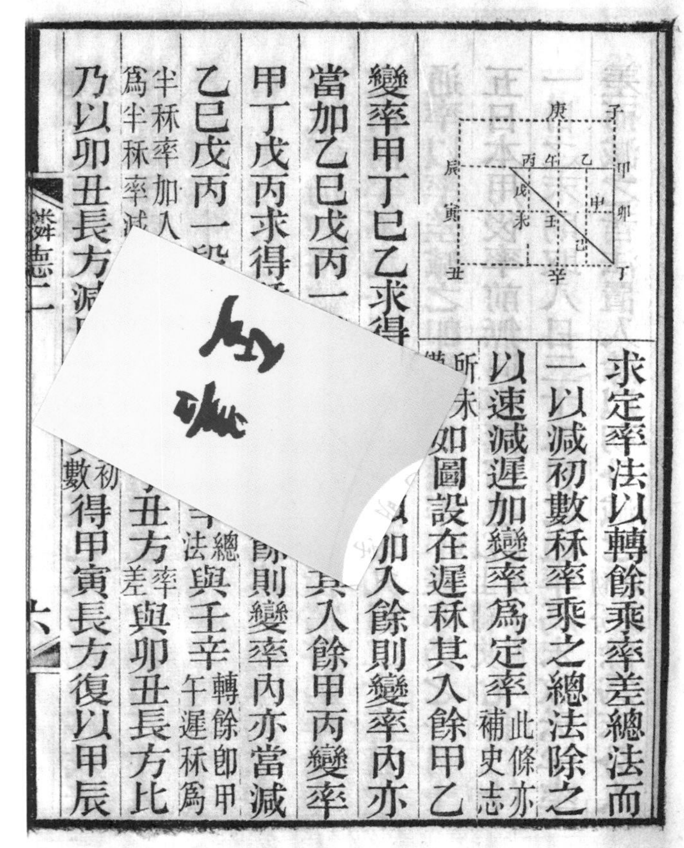

求定率法：以轉餘乘率差，總法而一，以減初數，暦率乘之，總法除之，以速減、遲加變率爲定率。此條亦補史志所未備。

如圖，設在遲暦，其入餘甲乙，變率甲丁巳乙，求得暦率乙丙。以加入餘，則變率内亦當加乙巳戊丙一段積。又設在速暦，其入餘甲丙，變率甲丁戊丙，求得暦率乙丙。以減入餘，則變率内亦當減乙巳戊丙一段積。其求法以庚辛總法。與壬辛轉餘，即甲午。遲暦爲半暦率加入餘，速暦爲半暦率減入餘。比，同于子丑方率差。與卯丑長方比。乃以卯丑長方減甲丑長方，初數。得甲寅長方。復以甲辰總法。與乙丙曆率。比，同于甲寅長方與乙未方比。乃移戊未壬形爲壬申巳形，即乙巳戊丙積也。

十四日、二十八日之初，其率不足一日，不能并前率而半之，則取十三日、二十七日之通率，加入率差，即爲本日通率。其求變率、定率，仍如常法。八日、二十二日皆當并前率而半之，而前率不足一日，即非同率，則取九日、二十三日之通率，以率差減之，即爲本日通率。率差亦仍之。一日、十五日本用後率，前無同率，無害也。以上補史志所未備。七日、二十一日之末，則取八日、二十二日之通率爲末數。云半率差而減之者。法置入餘，以初分減之，初分見後。餘爲末分入餘。以末分倍之，末分見後。減此末分入餘，以乘率差，總法而一，半之，以減末數，末分入餘乘之，總法而一，爲變率。

如圖，甲乙丙爲本日末減率，甲戌長方爲末數，甲丁方爲率差。命甲庚爲總法，設末分入餘甲辛，其變率當得甲辛壬一段積。

法以甲己與甲乙同，末分。倍之，得甲己、子癸二綫。以甲癸與甲辛同，末分入餘。減之，得子己。以甲丑與甲庚同，總法。與子己比，同于甲丁方率差。與子戊長方比。以子戊長方半之，得卯戊長方。以減甲戊長方，末數。得庚卯長方。又以甲庚總法。與甲

餘以末分倍之末分見後減此末分入餘以乘率差總法而一半之以減末數末分入餘乘之總法而一爲變率如圖甲乙丙爲本日末減率甲戌長方爲末數甲丁方爲率差命甲庚爲總法設末分入餘甲辛其變率當得甲辛壬一段積法以甲己與甲乙同末分倍之得甲己子癸二綫以甲癸與甲辛同末分入餘減之得子己以甲丑與甲庚同總法與子己比同于甲丁方率差與子戊長方比以子戊長方半之得卯戊長方以減甲戊長方末數得庚卯長方又以甲庚總法與甲

辛末分入餘比同于庚卯長方與辛卯長方比既得辛卯長方乃移甲卯午形爲午未壬形卽得甲辛壬一段積
求定率法以本日初增率增遲速積以變率減之爲秝率半之以速減遲加末分入餘爲轉餘以乘率差總法而一秝率乘之總法除之以速減遲加變率爲定率此條亦補史志所未備
如圖設在遲秝其末分入餘甲乙變率甲乙丙求得秝率乙丁以加甲乙則變率內亦當加乙丙戊丁一段積又設在速秝其末分入餘甲丁變率甲丁戊求得秝率乙丁以減入

辛末分入餘。比，同于庚卯長方與辛卯長方比。既得辛卯長方，乃移甲卯午形爲午未壬形，即得甲辛壬一段積。

求定率法：以本日初增率增遲速積，以變率減之，爲曆率。半之，以速減、遲加末分入餘，爲轉餘。以乘率差，總法而一，曆率乘之，總法除之，以速減、遲加變率爲定率。此條亦補史志所未備。

如圖，設在遲曆，其末分入餘甲乙，變率甲乙丙，求得曆率乙丁。以加甲乙，則變率内亦當加乙丙戊丁一段積。又設在速曆，其末分入餘甲丁，變率甲丁戊，求得曆率乙丁。以減入餘，則變率内亦當減乙丙戊丁一段積。其求法以己辛總法。與己壬即甲己，轉餘。比，若甲庚方率差。與甲癸長方比。又以甲寅總法。與乙丁曆率。比，若甲癸長方與乙丑方比。乃移丙子壬形爲壬丑戊形，即爲乙丙戊丁積。七日末減率在單位下，二十一日末減率僅單一變定率，本可不求。然合朔在子半，争毫釐定晦朔，則不得不求耳。

十四日之末，其率不足一日，不能并後率而半之，則取十五日通率，加入率差，即爲通率。以初分減入餘，爲末分入餘。以減倍末分，餘以乘率差，總法而一。半之，以加通率，末分入餘乘之，總法除之，得變率，即以變率爲曆率，餘如常法。此條亦補史志所未備。

如圖，甲乙丙丁爲末率，丁戊長方爲

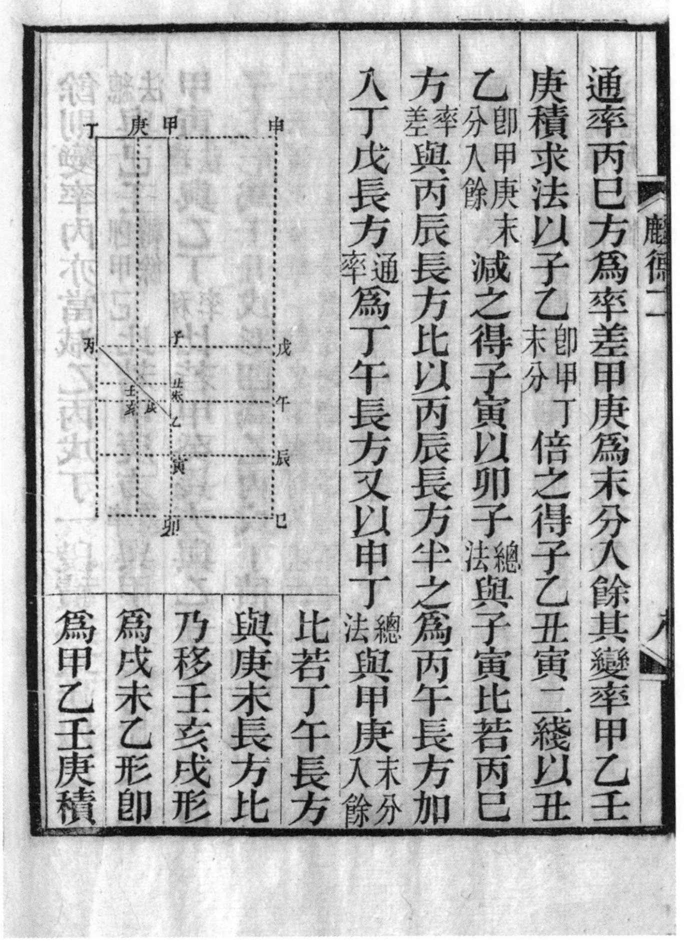

通率，丙巳方爲率差，甲庚爲末分入餘。

其變率甲乙壬庚積求法：以子乙即甲丁，末分。倍之，得子乙、丑寅二綫。以丑乙即甲庚，末分入餘。減之，得子寅。以卯子總法。與子寅比，若丙巳方率差。與丙辰長方比。以丙辰長方半之，爲丙午長方。加入丁戊長方，通率。爲丁午長方。又以申丁總法。與甲庚末分入餘。比，若丁午長方與庚未長方比。乃移壬亥戌形爲戌未乙形，即爲甲乙壬庚積。

其曆率損益入餘進退日者，分爲二日，隨餘初末，如法求之，所得並以加減曆率，爲定。“並”史志譌作“并”，“曆率”史志譌作“變率”。凡單言定，即遲速定數也。

曆率損益入餘進退日者，在速曆，設曆率大于入餘，是退一日也。在遲曆，設曆率加入餘大于總法，是退一日也。

分爲二日，隨餘初末，如法求之者，轉餘是本日子半至曆率半之分，子半是言入變日之初，非真夜半也。初分也。以轉餘減總法，是曆率半至明日子半之分，末分也。凡減者恒用初分，增者恒用末分。設在速曆，其曆率大于入餘，半之仍大于入餘，則以入餘反減之，餘爲上日末分。是增率即用末分，是減率則以末分減總法，得上日初分用之。其通率、率差俱用上日諸數。若曆率雖大于入餘，半之却小于入餘，則以減入餘，爲本日初分。是減率，即用初分；是增率，以減總法，爲本日末分用之。其通率、率差仍用本日諸數。設在遲曆，曆率加入餘大于總法，半之以加入餘，仍大于總法，則以總法減之，餘爲下日初分。是減率，即用初分；是增率，以減總法，得末分用之。通率、率差俱用下日諸數。若曆率半之，以加入餘，尚小于總法，則即爲本日初分。通率、率差仍用本日諸數。

不加減變率，直加減曆率者，在速曆，曆率既大于入餘，則求得

數必大于變率不能減故也但其加減法在遲秝增者
亦增減者亦減在速秝增者反減減者反增爲不同耳
若半秝率減入餘適盡增者用上日通率減者用本
日通率皆以秝率乘之總法而一以加減秝率爲定不
用率差若半秝率加入餘適滿總法增者用本日通率
減者用下日通率皆秝率乘之總法而一以加減秝率
爲定亦不用率差此亦補史志所未備
七日初千一百九十一末百四十九十四日初千四十二
末二百九十八二十一日初八百九十二末四百四十八
二十八日初七百四十三末五百九十七各視入餘初數

數必大于變率，不能減故也。但其加減法在遲曆，增者亦增，減者亦減；在速曆，增者反減，減者反增，爲不同耳。

若半曆率減入餘適盡，增者用上日通率，減者用本日通率，皆以曆率乘之，總法而一，以加減曆率爲定，不用率差。若半曆率加入餘適滿總法，增者用本日通率，減者用下日通率，皆曆率乘之，總法而一，以加減曆率爲定，亦不用率差。此亦補史志所未備。

七日初，千一百九十一；末，百四十九。十四日初，千四十二；末，二百九十八。二十一日初，八百九十二；末，四百四十八。二十八日初，七百四十三；末，五百九十七。各視入餘初數，

以下爲初，以上以初數減之，餘爲末。

置變日小餘，加三箇總法，四而一，爲七日初分。倍之，減一總法，爲十四日初分。再以七日初分加之，減一總法，爲二十一日初分。而二十八日初分，即變日小餘也。各以初分減總法，得末分。其入餘或在初分，或在末分，各依本法求其變率、定率。

若入餘在初分，半曆率加之入末分，則減去初分，餘爲末分。轉餘如法求之，得數以減曆率爲定。若入餘在初分，半曆率加之仍在初分，則全曆率雖入末分，仍依本法求之。俱論二十一日。若入餘在末分，半曆率減之入初分，則以末分入餘減半曆率，餘即

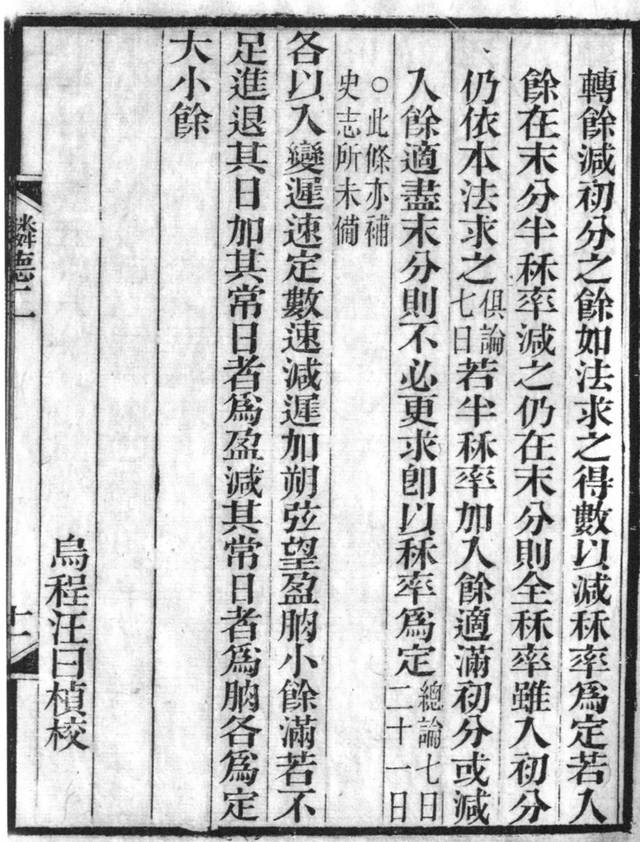

轉餘。減初分之餘如法求之，得數以減曆率爲定。若入餘在末分，半曆率減之仍在末分，則全曆率雖入初分，仍依本法求之。俱論七日。若半曆率加入餘適滿初分，或減入餘適盡。末分則不必更求，即以曆率爲定。總論七日、二十一日。此條亦補史志所未備。

各以入變遲速定數，速減、遲加朔、弦、望盈朒小餘，滿若不足，進退其日。加其常日者爲盈，減其常日者爲朒，各爲定大小餘。

烏程汪曰楨校

麟德術解卷三　則古昔齋算學六
海甯李善蘭學
麟德二年閏三月氣朔細草
一推天正冬至
用數　秝元距麟德元年積算二六九八八〇　總法一
三四〇　朞實四八九四二八
求朞總　置元年積算加一以朞實乘之得一三二〇八
七三一八〇六八爲朞總
求積日　置朞總以總法除之得九八五七二六二五爲
積日不盡五六八
麟德三　一

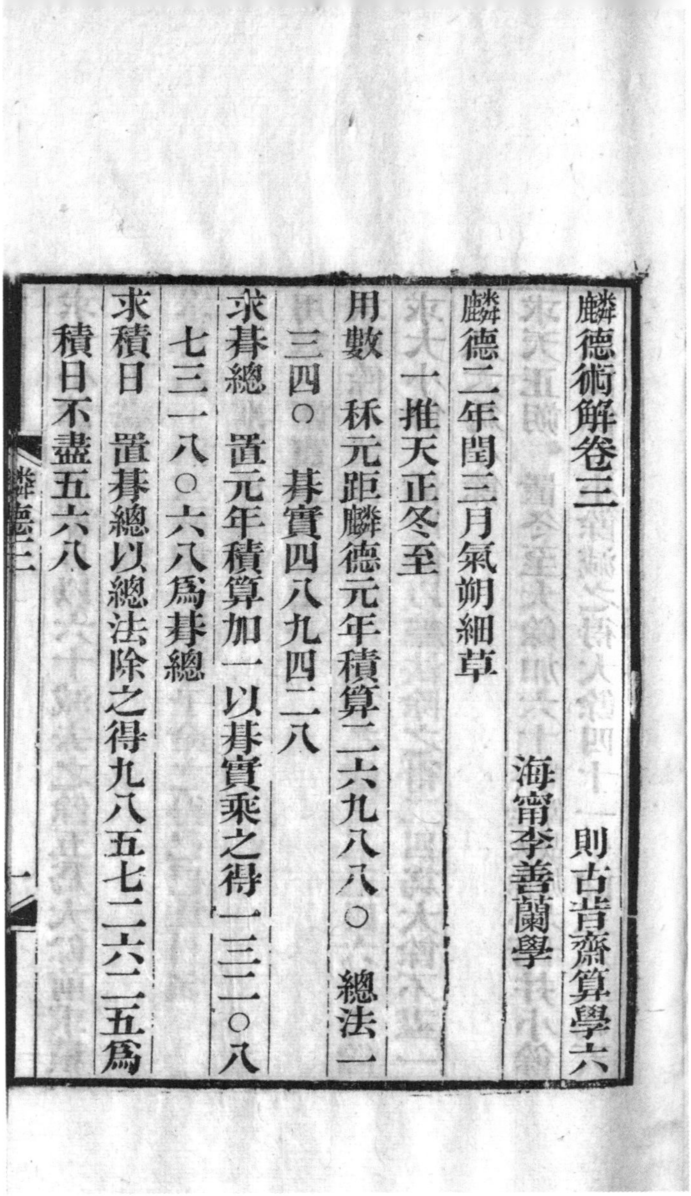

麟德術解卷三

則古昔齋算學六
海寧李善蘭學

麟德二年閏三月氣朔細草

一推天正冬至

用數　曆元距麟德元年積算二六九八八〇。總法[1] 一三四〇。朞實[2] 四八九四二八。

求朞總[3]　置元年積算，加一，以朞實乘之，得一三二〇八七三一八〇六八爲朞總。

求積日　置朞總，以總法除之，得九八五七二六二五爲積日，不盡五六八。

1 總法，即將回歸年長度和朔望月長度分數部分，選取一個共同的分母，稱爲總法。《麟德曆》最早使用該術語。

2 朞實，“朞”同“期”，“朞實”即回歸年長度日分。若化爲以日爲單位的回歸年，則：回歸年＝朞實/總法。

3 朞總，曆元至所求年日分。

求大小餘　置積日以六十減去之餘五爲大餘前求積
日不盡數爲小餘
求日名　置大餘加一以甲子命之得己巳爲日名
二推天正常朔
用數　朔實三九五七一
求閏餘　置朞總以朔實減去之餘三二三四六爲閏餘
求大小餘　置閏餘以總法除之得二四爲大餘不盡一
八六爲小餘
求天正朔　置冬至大餘加六十冬至大餘小于閏餘故加六十并小餘
以閏餘大小餘減之得大餘四十一小餘三八二爲天

求大小餘[1]　置積日，以六十減去之，餘五，爲大餘；前求積日不盡數爲小餘。

求日名[2]　置大餘，加一，以甲子命之，得己巳，爲日名。

二推天正常朔

用數　朔實[3] 三九五七一。

求閏餘[4]　置朞總，以朔實減去之，餘三二三四六，爲閏餘。

求大小餘　置閏餘，以總法除之，得二四，爲大餘，不盡一八六爲小餘。

求天正朔[5]　置冬至大餘，加六十，冬至大餘小于閏餘，故加六十。并小餘，以閏餘大小餘減之，得大餘四十一，小餘三八二，爲天

1 大小餘，曆法計算中日的整數部分稱大餘，小數或分數部分稱小餘。

2 日名，即所求日干支名。

3 朔實，朔望月長度日分。若化爲以日爲單位，則：朔望月 = 朔實/總法。

4 閏餘，正月合朔與歲首節氣之間的距離，曆法中用於判斷是否應安排閏月。

5 天正朔，指冬至所在十一月朔日。

正常朔
求日名　置常朔大餘加一得四十二以甲子命之得乙
巳
三推穀雨常氣
用數　氣日一五小餘二九二小分五　分母六
求日算及小餘　置氣日并小餘小分各以八乘之得大
餘一二〇小餘二三三六小分四〇以加冬至大小餘
得大餘一二五小餘二九〇四小分四〇以總法除小
餘得大餘二小餘二二四以分母除小分得小餘六小
分四各相從得大餘一二七小餘二三〇小分四爲穀

正常朔。

求日名　置常朔大餘，加一，得四十二，以甲子命之，得乙巳。

三推穀雨常氣

用數　氣日一五，小餘二九二，小分五，分母六。

求日算及小餘　置氣日，并小餘、小分，各以八乘之，得大餘一二〇，小餘二三三六，小分四〇。以加冬至大小餘，得大餘一二五，小餘二九〇四，小分四〇。以總法除小餘，得大餘二，小餘二二四。以分母除小分，得小餘六，小分四。各相從，得大餘一二七，小餘二三〇，小分四，爲穀雨距冬至前甲子日算及小餘。

求日名　置大餘一二七，以六十減去之，餘七，加一，得八。以甲子命之，得辛未。

四推小滿常氣

求日算及小餘　置氣日及小餘、小分，倍之，得大餘三〇，小餘五八四，小分一〇。以穀雨大小餘加之，小分以分母收之，得大餘三七，小餘八一六，小分二，爲小滿日算及小餘。

求日名　置大餘，加一，得三八。以甲子命之，得辛丑。

五推閏三月常朔

用數朔日二九小餘七一一
求日算及小餘　置朔日及小餘以五乘之得大餘一四
五小餘三五五五加天正常朔大小餘得大餘一八六
小餘三九三七以總法收小餘得大餘二幷之得一八
八不盡小餘一二五七爲閏三月朔距天正甲子大小
餘
求日名　置大餘一八八加一以六十減去之餘九以甲
子命之得壬申
六推閏三月朔盈朒
用數　穀雨息積二三六八　穀雨後率三八　清明後

用數　朔日二九，小餘七一一。

求日算及小餘　置朔日及小餘，以五乘之，得大餘一四五，小餘三五五五。加天正常朔大小餘，得大餘一八六，小餘三九三七。以總法收小餘，得大餘二，并之，得一八八，不盡小餘一二五七，爲閏三月朔距天正甲子大小餘。

求日名　置大餘一八八，加一，以六十減去之，餘九。以甲子命之，得壬申。

六推閏三月朔盈朒

用數　穀雨息積二三六八，穀雨後率三八，清明後

率四六　穀雨盈積一七六　紀一七
求初率　以兩後率相加得八四半之得四二爲初率
求率差　以兩後率相減得八爲率差
求末率　以率差減初率得三四爲末率　捷法恒以四
爲用數前多者以加先後率爲初率減先後率爲末率
後多者以減先後率爲初率加先後率爲末率倍之爲
率差
求定氣大小餘　置穀雨大餘七小餘二三〇其小餘少
于息積當損大餘以益之乃置大餘減二得五爲定氣
大餘置小餘加二之總法得二九一〇以息積減之得

率四六，穀雨盈積一七六，紀一七。

求初率　以兩後率相加，得八四，半之，得四二，爲初率。

求率差　以兩後率相減，得八，爲率差。

求末率　以率差減初率，得三四，爲末率。捷法：恒以四爲用數，前多者以加先後率爲初率，減先後率爲末率。後多者以減先後率爲初率，加先後率爲末率，倍之爲率差。

求定氣大小餘　置穀雨大餘七，小餘二三〇，其小餘少于息積，當損大餘以益之。乃置大餘，減二得五，爲定氣大餘。置小餘，加二之總法，得二九一〇。以息積減之，得

五四二幷小分四爲定氣小餘
求氣朔距　置常朔大小餘以定氣大小餘減之得大餘
三小餘七一四小分二爲氣朔距
求辰總　置氣朔距大餘以十二乘之得三六置小餘以
三乘之其小分以分母收之得二一四三以辰法三三
五收之得六四相從得四二四一一乘之一二除之得
三八九爲辰總
求先後率　以辰總降位得三八九半之得一九五以減
紀得一五○五以率差乘之得一二○四○紀除之得
七以加末率得四一辰總乘之得一五九四九紀除之

麟德三　四

五四二，并小分四，爲定氣小餘。

求氣朔距[1]　置常朔大小餘，以定氣大小餘減之，得大餘三，小餘七一四，小分二，爲氣朔距。

求辰總[2]　置氣朔距大餘，以十二乘之，得三六。置小餘，以三乘之，其小分以分母收之，得二一四三。以辰法三三五收之，得六四[3]，相從得四二四。一一乘之，一二除之，得三八九爲辰總。

求先後率　以辰總降位得三八九，半之，得一九五。以減紀，得一五○五。以率差乘之，得一二〇四○。紀除之，得七。以加末率，得四一。辰總乘之，得一五九四九。紀除之，

1 氣朔距，《麟德曆》以平朔望距定氣的時日爲氣朔距，用以計算太陽改正。

2 辰總，因平朔望距定氣不會剛好爲整，所以先將其化爲以辰爲單位的辰總。

3 此係小數標記法，“六四”即6.4，餘倣此。

得〇九爲常朔時後率

求定盈積　以朔時後率減盈積得一六七爲定盈積

求盈朒大小餘　以定盈積加常朔小餘得一四二四滿總法收爲一得大餘九小餘八四爲盈朒大小餘

七推閏三月朔入變

用數　變周四四三〇七七　變日二七餘七四三　變奇一奇法一二

求總實　置朞總加五箇朔實得一三二〇八七五一五九二三以閏餘減之得一三二〇八七四八三五七七爲總實

得〇九爲常朔時後率。

求定盈積　以朔時後率減盈積，得一六七爲定盈積。

求盈朒大小餘　以定盈積加常朔小餘，得一四二四。滿總法收爲一，得大餘九，小餘八四，爲盈朒大小餘。

七推閏三月朔入變

用數　變周[1] 四四三〇七七，變日[2] 二七，餘七四三，變奇一，奇法一二。

求總實　置朞總，加五箇朔實，得一三二〇八七五一五九二三。以閏餘減之，得一三二〇八七四八三五七七，爲總實。

1 變周，爲近點月的分數。若化爲日爲單位，則近點月 = 變周/(變奇法×總法) = $\frac{443077}{12\times1340}$ = $27\frac{743\frac{1}{12}}{1340}$日。

2 變日，變周化爲近點月時大餘，即近點月整數部分。

求變分　置總實以奇法乘之得一五八五〇四九八〇
二九二四變周去之餘三二一五八八奇法而一得二
六七九九爲變分
求入變分　置變分加定盈積得二六九六六總法除之
得二〇不盡一六六爲閏三月朔盈朒經辰入變分
八推遲疾
用數　十九日增率五二　二十日增率二八　本日遲
積五二一　本日初分八九二
求二十日初率　以二十日增率與十九日增率相加得
八〇半之得四〇爲二十日初率

求變分　置總實，以奇法乘之，得一五八五〇四九八〇二九二四。變周去之，餘三二一五八八。奇法而一，得二六七九九，爲變分。

求入變分[1]　置變分，加定盈積，得二六九六六。總法除之，得二〇，不盡一六六，爲閏三月朔盈朒經辰入變分。

八推遲疾

用數　十九日增率[2]五二，二十日增率二八，本日遲積[3]五二一，本日初分八九二。

求二十日初率　以二十日增率與十九日增率相加，得八〇。半之，得四〇，爲二十日初率。

1 入變分，當月朔入近點月的日數和小數。
2 增減率 =（離程 − 月平行分）× 日法 / 月平行分。
3 本日遲積，當日遲速積，爲其前變日增減率的積累值。

求率差　兩增差相減，得二四爲率差。

求本日初率　以率差減二十日初率，得一六，爲二十日末率，即本日初率。若前少者，則增初率爲末率。初率本名通率，例以率差加，此反減，故異其名。

求經辰變率　置率差，半之，得一二。以入餘一六六乘之，得一九九二。以總法除之，得一四八。以減初率，得一四五二。以入餘乘之，得二四一〇三。以總法除之，得一七九，爲經辰變率。

求曆率　置本日遲積五二一，以變率增之，得五二二七九，爲曆率。

求較分　置入餘以秝率加之得六八八七九爲較分視其數小于初分知其未入減率也

求轉餘　置入變小餘一六六加半箇秝率若速秝則減得四二七三九爲轉餘

求定率　以轉餘乘率差得一〇二五七三六總法而一得七六五以減初率得八三五秝率乘之得四三六五二九總法除之得三二六以加變率得五爲定率

求定遲積　以定率加本日遲積得五二六爲定遲積

九推定朔

求大小餘　置盈朒大小餘以定遲積加之得大餘九小

求較分　置入餘，以曆率加之，得六八八七九，爲較分。視其數小于初分，知其未入減率也。

求轉餘　置入變小餘一六六，加半箇曆率，若速曆則減。得四二七三九爲轉餘。

求定率　以轉餘乘率差，得一〇二五七三六。總法而一，得七六五。以減初率，得八三五。曆率乘之，得四三六五二九。總法除之，得三二六。以加變率，得五爲定率。

求定遲積　以定率加本日遲積，得五二六爲定遲積。

九推定朔

求大小餘　置盈朒大小餘，以定遲積加之，得大餘九，小

餘六○九爲閏三月定朔大小餘
求日名　置大餘九加一得十以甲子命之得癸酉
求加時　置小餘以六乘之得三六五四以辰法三三五
除之得十不盡三○四起子半命之得巳半三百四分
唐麟德二年閏三月實四月攷
通鑑目錄麟德二年閏三月壬申朔四月壬寅朔小滿本
紀云閏三月癸酉日有食之癸酉乃二日故不書朔余友
汪君謝城方撰二十四史月日攷以本術推得辛丑小滿
疑之移書問余余既爲步細草如右是年小滿果辛丑且
閏三月癸酉朔非壬申也劉氏之説爲無徵矣今復置小

餘六○九，爲閏三月定朔大小餘。

求日名　置大餘九，加一，得十。以甲子命之，得癸酉。

求加時　置小餘，以六乘之，得三六五四。以辰法三三五除之，得十，不盡三○四。起子半命之，得巳半三百四分。

唐麟德二年閏三月實四月攷

《通鑑目録》麟德二年閏三月壬申朔、四月壬寅朔小滿[1]。《本紀》云："閏三月癸酉，日有食之。"[2] 癸酉乃二日，故不書朔。餘友汪君謝城[3] 方撰《二十四史月日攷》，以本術推得辛丑小滿，疑之，移書問餘，餘既爲步細草如右。是年小滿果辛丑，且閏三月癸酉朔，非壬申也，劉氏[4] 之説爲無徵矣。今復置小

1《資治通鑑目録》卷十九"麟德二年"作："閏三壬申""四一日小滿"。

2 見《新唐書・高宗本紀》"麟德二年"。

3 汪君謝城，即汪曰楨，號謝城。

4 劉氏，即劉羲叟，字仲庚，北宋澤州晉城人。司馬光《資治通鑑》目録以劉羲叟《長曆氣朔閏月》列於上方，前所引閏三月壬申朔、四月壬寅朔，皆引自劉羲叟《長曆氣朔閏月》。

滿大餘三十七小餘八百一十六小分二加兩氣日大餘
滿六十去之小餘滿總法一千三百四十進一分母收小
分得大餘八小餘六十二算外得壬申爲夏至又置閏三
月定朔大餘九小餘六百九加兩朔日大餘滿六十去之
小餘滿總法進一得大餘八小餘六百九十一算外亦得
壬申爲五月朔然則是年閏三月實四月四月實閏四月
所以然者四月純陽春秋傳謂之正月日食人君所忌故
司秝者遷就之耳唐志秝敘云弘道元年十二月甲寅朔
壬午晦詔二年元日用甲申故進以癸未晦焉又云神功
二年司秝以臘爲閏而前歲之晦月見東方太后詔以正

1 引文出《新唐書·曆志二》，以下同。原書“壬午晦”下有“八月”二字。

滿大餘三十七，小餘八百一十六，小分二。加兩氣日大餘，滿六十去之。小餘滿總法一千三百四十進一，分母收小分，得大餘八，小餘六十二，算外得壬申，爲夏至。又置閏三月定朔大餘九，小餘六百九，加兩朔日大餘，滿六十去之。小餘滿總法進一，得大餘八，小餘六百九十一，算外亦得壬申，爲五月朔。然則是年閏三月實四月，四月實閏四月。所以然者，四月純陽，《春秋傳》謂之正月日食，人君所忌，故司曆者遷就之耳。《唐志·曆敘》云：“弘道元年十二月甲寅朔，壬午晦，詔二年元日用甲申，故進以癸未晦焉”。[1] 又云：“神功二年，司曆以臘爲閏，而前歲之晦，月見東方，太后詔以正

麟術三
月建子月也爲閏十月又本術推定朔注云其元日有交加時
應見者消息前後一兩月以定大小令虧在晦二唐秝多
避忌類如此矣
校麟德術遲速立成法
以朔實加朞實月程法乘之朔實除之爲平離程與每日
離程相減餘以總法乘之如平離程而一爲每日增減率
在速秝離程大于平離程爲增小爲減在遲秝則小爲增
大爲減即以增減率爲遲速分其求遲速積法與戊寅術
同史志有譌奪處如法算正
戊寅術校誤以下附

月建子月也。爲閏十月。”又本術推定朔注云：“其元日有交、加時應見者，消息前後一兩月，以定大小，令虧在晦、二。”唐曆多避忌，類如此矣。

校《麟德術》遲速立成法

以朔實加朞實，月程法乘之，朔實除之，爲平離程。與每日離程相減，餘以總法乘之，如平離程而一，爲每日增減率。在速曆，離程大于平離程，爲增，小爲減。在遲曆，則小爲增，大爲減，即以增減率爲遲速分，其求遲速積法與《戊寅術》[1] 同。史志有譌奪處，如法算正。

《戊寅術》校誤以下附

1 戊寅術，亦稱《戊寅元曆》，唐傅仁均造，武德二年（619）至麟德元年（664）行用。《舊唐書・曆志一》《新唐書・曆志一》并載。

中節　損益率　盈縮積
冬至　益七百三十九　盈初
小寒　益六百二十六　盈〇七三九
大寒　益五百一十三　盈一三六五
立春　益四百原文誤在大寒下　盈一八七八
啓蟄　益二百八十七　盈二二七八
雨水　益一百七十四　盈二五六五
春分　損一百七十四　盈二七三九
清明　損二百八十七　盈二五六五
穀雨　損四百　盈二二七八

中節	損益率	盈縮積
冬至	益七百三十九	盈初
小寒	益六百二十六	盈〇七三九
大寒	益五百一十三	盈一三六五
立春	益四百原文誤在大寒下。	盈一八七八
啓蟄	益二百八十七	盈二二七八
雨水	益一百七十四	盈二五六五
春分	損一百七十四	盈二七三九
清明	損二百八十七	盈二五六五
穀雨	損四百	盈二二七八

立夏	損五百一十三	盈一八七八
小滿	損六百二十六	盈一三六五
芒種	損七百三十九原文奪。	盈〇七三九
夏至	益七百三十九原文誤在芒種下。	縮初
小暑	益六百二十六原文誤在夏至下。	縮〇七三九
大暑	益五百一十三	縮一三六五
立秋	益四百原文誤作四十。	縮一八七八
處暑	益二百八十七原文七作八，又誤在大暑下。	縮二二七八
白露	益一百七十四	縮二五六五
秋分	損一百七十四	縮二七三九

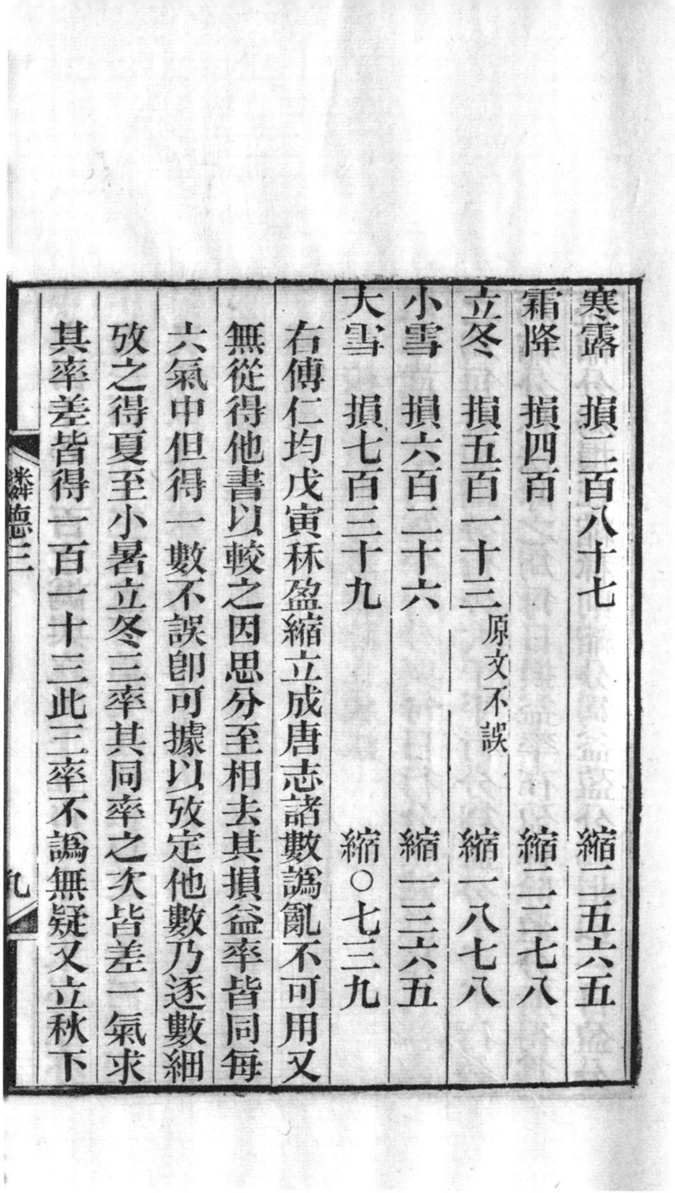

寒露　損二百八十七　縮二五六五
霜降　損四百　縮二二七八
立冬　損五百一十三原文不誤　縮一八七八
小雪　損六百二十六　縮一三六五
大雪　損七百三十九　縮〇七三九
右傅仁均戊寅秝盈縮立成唐志諸數譌亂不可用又
無從得他書以較之因思分至相去其損益率皆同每
六氣中但得一數不誤卽可據以攷定他數乃逐數細
攷之得夏至小暑立冬三率其同率之次皆差一氣求
其率差皆得一百一十三此三率不譌無疑又立秋下
麟德三
九

寒露	損二百八十七	縮二五六五
霜降	損四百	縮二二七八
立冬	損五百一十三原文不誤。	縮一八七八
小雪	損六百二十六	縮一三六五
大雪	損七百三十九	縮〇七三九

右傅仁均[1]《戊寅術》“盈縮立成”，《唐志》諸數譌亂不可用，又無從得他書以較之。因思分、至相去，其損益率皆同，每六氣中但得一數不誤，即可據以攷定他數。乃逐數細攷之，得夏至、小暑、立冬三率，其同率之次皆差一氣，求其率差皆得一百一十三，此三率不譌無疑。又立秋下

1 傅仁均，滑州白馬人，唐初時官任員外散騎侍郎、太史令。《舊唐書》卷七十九、《新唐書》卷二十六有傳。

之四十必四百之譌與立冬下五百一十三求率差亦
得一百一十三則愈可信矣遂據以算定二十四率則
又知原文大寒率乃立春率也大暑率乃處暑率也而
誤一數其他率皆譌噫此不譌之數率亦可謂剝復之
碩果矣
校戊寅術月離盈縮立成法
以章歲加章月爲平行分與每日行分相減餘以日法乘
之爲每日盈縮分行分大于平行分爲盈分小于平行分
爲縮分秝法除之爲每日損益率在盈秝除盈分所得爲
益縮分爲損在縮秝則縮分爲益盈分爲損以一日盈分

之四十必四百之譌，與立冬下五百一十三求率差，亦得一百一十三，則愈可信矣。遂據以算定二十四率，則又知原文大寒率乃立春率也，大暑率乃處暑率也。而誤一數，其他率皆譌。噫！此不譌之數率，亦可謂剝復[1]之碩果矣。

校《戊寅術》月離盈縮立成法

以章歲加章月爲平行分，與每日行分相減，餘以日法乘之，爲每日盈縮分。行分大于平行分爲盈分，小于平行分爲縮分。曆法除之，爲每日損益率。在盈曆，除盈分所得爲益，縮分爲損。在縮曆，則縮分爲益，盈分爲損。以一日盈分

1 剝復，《易》二卦名。坤下艮上爲剝，表示陰盛陽衰。震下坤上爲復，表示陰極而陽復。後因謂盛衰、消長爲“剝復”。

爲二日盈積加入二日盈分爲三日盈積如此累加之至
八日後復以縮分累減之仍爲盈積至十四日縮分反大
于盈積以盈積反減之餘爲次日縮積十五日後以縮分
累加之二十二日後以盈分累減之唐志數有誤者如法
算正
大衍術校誤
積算九千六百九十六萬一千七百四十　六百誤七百
策實百一十一萬三百四十三　一十一誤一十三
用差萬七千一百二十四、一百誤八百
中盈分千三百二十八秒不盡七　七誤十四

爲二日盈積，加入二日盈分，爲三日盈積。如此累加之，至八日後，復以縮分累減之，仍爲盈積。至十四日，縮分反大于盈積，以盈積反減之，餘爲次日縮積。十五日後以縮分累加之，二十二日後以盈分累減之。《唐志》數有誤者，如法算正。

《大衍術》[1] 校誤

積算九千六百九十六萬一千七百四十。“六百”誤“七百”。

策實百一十一萬三百四十三。“一十一”誤“一十三”。

用差萬七千一百二十四。“一百”誤“八百”[2]。

中盈分千三百二十八，秒不盡七。“七”誤“十四”[3]。

1 大衍術，唐一行造，因立法依據《易》象大衍之數而得名。唐開元十七年（729）至寶應元年（762）間施行，載《新唐書・曆志四》。

2 以上三條異文，皆與汲古閣本《新唐書》相符，他本不誤。

3 秒不盡七，各本《新唐書》皆作“秒十四”，無“不盡”二字。錢寶琮《新唐書曆志校勘記》云：“數原未誤。蓋《大衍曆》以象統二十四爲秒母，云‘秒十四’者，謂餘分二十四分之十四也。李氏以十二爲法，故得不盡餘分七，然亦不得稱‘秒不盡七’也。”

注凡歸餘之掛五萬六千七百〇六以上其歲有閏　〇
六誤六十
大雪盈縮分盈二千三百五十三　二千誤三千
注以氣差至前加之分前減之爲末率　減誤加
求朓朒定數法各置朔弦望所入轉日損益率并後率而半之爲通率又二率相減爲率差以入餘減通法餘乘率差盈通法得一并率差而半之爲轉率視損益率前多者加于通率前少者減于通率爲轉餘各以入餘乘之如通法而一爲定率以損益朓朒積爲定數
原法不可通必傳寫有誤今改正如右以質世之知歷

注[1]：凡歸餘之掛五萬六千七百〇六以上，其歲有閏。"〇六"誤"六十"[2]。

大雪盈縮分盈二千三百五十三。"二千"誤"三千"。

注：以氣差至前加之，分前減之，爲末率。"減"誤"加"[3]。

求朓朒定數法　各置朔、弦、望所入轉日損益率，并後率而半之，爲通率。又二率相減，爲率差。以入餘減通法，餘乘率差，盈通法得一。并率差而半之，爲轉率。視損益率，前多者加于通率，前少者減于通率，爲轉餘。各以入餘乘之，如通法而一，爲定率。以損益朓朒積，爲定數[4]。

原法不可通，必傳寫有誤，今改正如右，以質世之知曆

1 指《新唐書・曆志》原注。

2 錢寶琮校云："合鈔本作'凡歸除掛五萬六千七百六以上，其歲有閏'，李氏《大衍術校誤》亦謂'六十'當是'〇六'之譌，按據術當依合鈔本刪去'十'字"。

3 以上二條異文，皆與汲古閣本《新唐書》相符，他本不誤。

4 汲古閣本《新唐書・曆志四上》此段作："各置朔、弦、望所入轉日損益率，并後率而半之，爲通率。又二率相減，爲率差。前多者，以入餘減通法，餘乘率差，盈通法得一，并率差而半之；前少者，半入餘，乘率差，亦以通法除之，爲加時轉率。乃半之，以損益加時所入，餘爲轉餘。其轉餘應益者，減法；應損者，因餘：皆以乘率差，盈通法得一，加於通率，轉率乘之，通法約之，以朓減、朒加轉率，爲定率，乃以定率損益朓朒積，爲定數。"中華書局點校本同。錢寶琮校云："按《大衍曆》此術與《麟德曆》月離遲速術文字大略相同，術亦相仿，所異者僅'通法''加時轉率'等名詞耳。此術雖甚簡略，然無不可通或傳誤之處。李氏所校定之術則與《大衍曆》原術稍異，且與其所校訂之《麟德曆》遲速術絶不相謀，不知何據。"

者
注當云其後無同率者亦因前率應益者以通率爲初數
以入餘乘半率差通法除而減之應損者以通率爲初數
以入餘乘半率差通法除而加之各爲轉餘其入餘在損
益進退日者視入餘小于初數者以初數并通法半之大
于初數者以末數并通法半之各以代通法又小于初數
則以入餘加半箇末數大于初數則以初數減入餘仍各
命爲入餘各以初末數除其日損益率亦以通法除前後
率兩數相減以代通法之數乘之爲率差餘各如前法
原注亦舛誤不可通今正之

者。

注當云：其後無同率者，亦因前率。應益者，以通率爲初數，以入餘乘半率差，通法除而減之。應損者，以通率爲初數，以入餘乘半率差，通法除而加之，各爲轉餘。其入餘在損益進退日者，視入餘小于初數者，以初數并通法，半之。大于初數者，以末數并通法，半之，各以代通法。又小于初數，則以入餘加半箇末數。大于初數，則以初數減入餘，仍各命爲入餘。各以初、末數除其日損益率，亦以通法除前、後率，兩數相減，以代通法之數乘之，爲率差餘，各如前法[1]。

原注亦舛誤不可通，今正之。

1 汲古閣本《新唐書·曆志四上》此段作："其後無同率者，亦因前率。應益者，以通率爲初數，半率差而減之；應損者，即爲通率。其損益入餘進退日，分爲二日，隨餘初末，如法求之。所得并以損益轉率。此術本出《皇極曆》，以究算術之微變。若非朔望有交者，直以入餘乘損益率，如通法而一，以損益朓朒爲定數。"中華書局點校本同。

烏程汪曰楨校

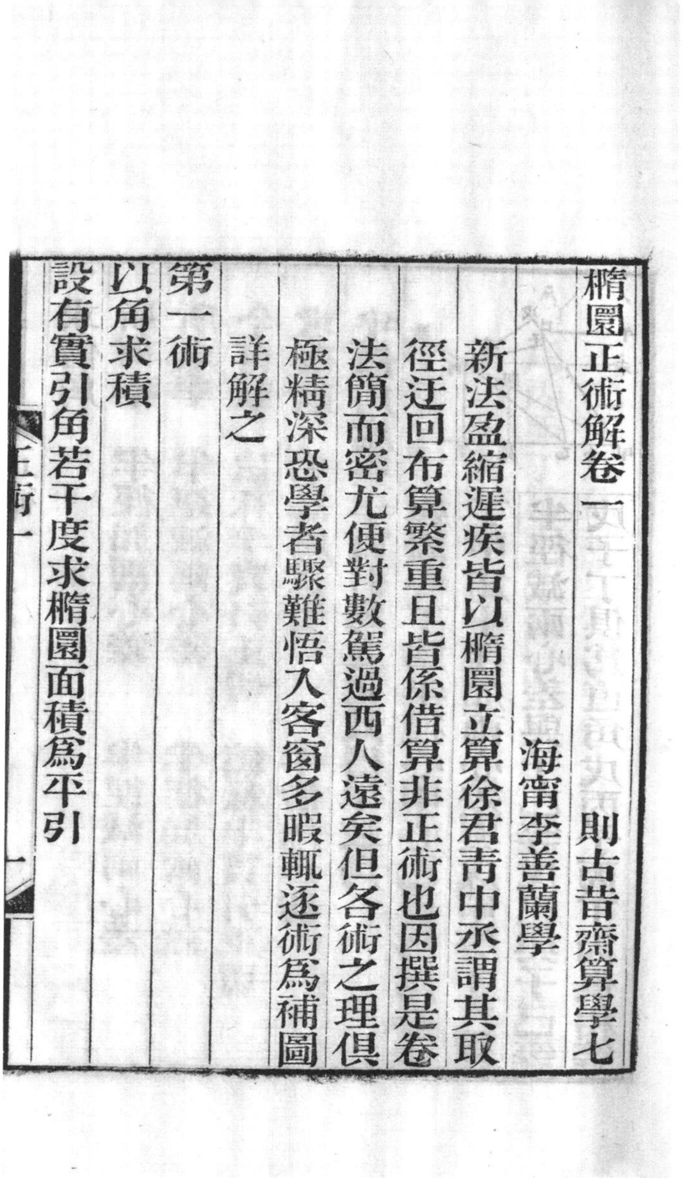

橢圜正術解卷一　則古昔齋算學七
海甯李善蘭學
新法盈縮遲疾皆以橢圜立算徐君青中丞謂其取
徑迂回布算繁重且皆係借算非正術也因撰是卷
法簡而密尤便對數駕過西人遠矣但各術之理俱
極精深恐學者驟難悟入客窗多暇輒逐術爲補圖
詳解之
第一術
以角求積
設有實引角若干度求橢圜面積爲平引

橢圜正術解卷一

則古昔齋算學七

海寧李善蘭學

新法盈縮遲疾[1]，皆以橢圜立算。徐君青中丞[2] 謂其取徑迂回，布算繁重，且皆係借算，非正術也。因撰是卷，法簡而密，尤便對數，駕過西人遠矣。但各術之理，俱極精深，恐學者驟難悟入。客窗多暇，輒逐術爲補圖詳解之。

第一術

以角求積

設有實引角若干度，求橢圜面積爲平引。

1 新法，指《曆象考成後編》之法。

2 徐君青中丞，即徐有壬（1800—1860），字君青，烏程（今浙江湖州）人。道光九年（1826）進士，官至巡撫。

求借角
所有率　半徑加兩心差　半徑減兩心差
所求率　半徑減兩心差　半徑加兩心差
今有數　盈秝半實引正切　縮秝半實引正切
求得數　半借角正切　半借角正切
半借角度與半實引角度相減得半較角
如圖心丁爲半徑心甲心乙俱爲兩心差丁甲爲半徑加兩心差與戊甲等丁乙爲半徑減兩心差與子乙等戊己與子己等戊子丁俱爲直角戊丙子丙丁丙俱相等

求借角：

所有率	半徑加兩心差	半徑減兩心差
所求率	半徑減兩心差	半徑加兩心差
今有數	盈曆半實引正切	縮曆半實引正切
求得數	半借角正切	半借角正切

半借角度與半實引角度相減，得半較角。

如圖，心丁爲半徑，心甲、心乙俱爲兩心差。丁甲爲半徑加兩心差，與戊甲等；丁乙爲半徑減兩心差，與子乙等。戊己與子己等，戊、子、丁俱爲直角，戊丙、子丙、丁丙俱相等。

子乙丁爲盈秝實引角丙乙丁爲半角戊甲丁爲借角丙甲丁爲半角若以甲丁當作半徑則丙丁卽半借角正切而引長乙丁至寅令與甲丁等則丑寅卽半實引正切乙寅丑乙丁丙爲等勢句股形比例相似

一率 乙寅大股半徑加兩心差

二率 乙丁小股半徑減兩心差

三率 丑寅大句半實引正切

四率 丙丁小句半借角正切

設戊甲丁爲縮秝實引角丙甲丁爲半角則己乙丁

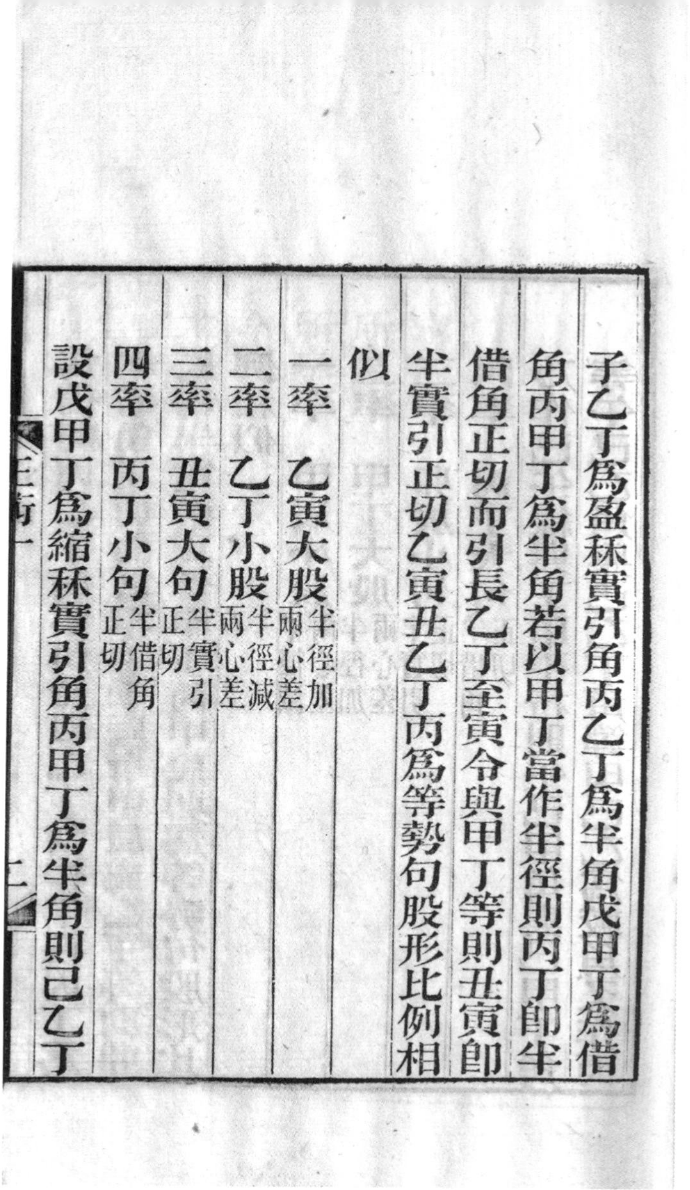

子乙丁爲盈曆實引角，丙乙丁爲半角；戊甲丁爲借角，丙甲丁爲半角。若以甲丁當作半徑，則丙丁即半借角正切，而引長乙丁至寅，令與甲丁等，則丑寅即半實引正切。乙寅丑、乙丁丙爲等勢句股形，比例相似。

一率　乙寅大股半徑加兩心差

二率　乙丁小股半徑減兩心差

三率　丑寅大句半實引正切

四率　丙丁小句半借角正切

設戊甲丁爲縮曆實引角，丙甲丁爲半角，則己乙丁爲借角丙乙丁爲半角乃以乙丁當作半徑丙丁爲半借角正切而截甲丁于辰令甲辰與乙丁等則卯辰爲半實引正切甲丁丙甲辰卯爲等勢句股形比例相似

一率　甲辰小股半徑減兩心差

二率　甲丁大股半徑加兩心差

三率　卯辰小句半實引正切

四率　丙丁大句半借角正切

乃作己午線與丁甲平行則午己甲角與己甲丁角等午己乙角與己乙丁角等甲己乙爲較角又作丙

爲借角，丙乙丁爲半角。乃以乙丁當作半徑，丙丁爲半借角正切，而截甲丁于辰，令甲辰與乙丁等，則卯辰爲半實引正切。甲丁丙、甲辰卯爲等勢句股形，比例相似。

一率　甲辰小股半徑減兩心差

二率　甲丁大股半徑加兩心差

三率　卯辰小句半實引正切

四率　丙丁大句半借角正切

乃作己午線，與丁甲平行，則午己甲角與己甲丁角等，午己乙角與己乙丁角等。甲己乙爲較角。又作丙

未線亦與丁甲平行則未丙甲角與丙甲丁角等未丙乙角與丙乙丁角等甲丙乙爲半較角倍其度必與甲己乙角等

求借積

所有率　兩心差

所求率　小半徑

今有數　半較角正切

求得數　借積度正弦盈初縮末內弧縮初盈末外弧

先論借積之理凡橢圓長徑與平圓徑等則橢圓全積甲丑乙亥與平圓全積甲戌乙辛比若小半徑丑心與大半徑

未線，亦與丁甲平行，則未丙甲角與丙甲丁角等，未丙乙角與丙乙丁角等。甲丙乙爲半較角，倍其度，必與甲己乙角等。

求借積：

所有率　兩心差

所求率　小半徑

今有數　半較角正切

求得數　借積度正弦盈初縮末内弧，縮初盈末外弧

先論借積之理。凡橢圜長徑，與平圜徑等，則橢圜全積甲丑乙亥。與平圜全積甲戌乙辛。比，若小半徑丑心。與大半徑

戊心。比。又橢圜内與小半徑平行諸正弦子未、壬午等線。與平圜内諸正弦丁未、丙午等線。比，亦若小半徑與大半徑比。又橢圜内諸角積辰心乙、卯心乙諸角積。與平圜内諸角積庚心乙、己心乙諸角積。比，亦若小半徑與大半徑比。而橢圜内以小半徑爲邊之角積，其度必盈；如丑心卯角積，其度本與戊心己角等，乃盈一己心卯角。以大半徑爲邊之角積，其度必縮。如辰心乙角積，其度本與庚心乙角等，乃少一庚心辰角。故必用比例借得平圜内角積，乃見真度也。

次論比例之理如圖丁卯午辰橢圜其大半徑心卯心辰小半徑心丁心午戊爲地心戊心爲兩心差戊丙爲倍兩心差設太陽在丁則太陽距地心綫丁戊距橢圜餘一心綫丁丙俱與大半徑等其借積度正弦心丑卽平圜半徑也丙未爲半較角正切丁心丙丁丙未爲同式句股形比例相似

一率　心丙卽心戊兩心差

二率　心丁小半徑

三率　丙未半較角正切

四率　丙丁卽心丑借積度正弦

次論比例之理。如圖，丁卯午辰橢圜，其大半徑心卯、心辰，小半徑心丁、心午。戊爲地心，戊心爲兩心差，戊丙爲倍兩心差。設太陽在丁，則太陽距地心綫丁戊，距橢圜餘一心綫丁丙，俱與大半徑等。其借積度正弦心丑，即平圜半徑也。丙未爲半較角正切，丁心丙、丁丙未爲同式句股形，比例相似。

一率　心丙即心戊兩心差

二率　心丁小半徑

三率　丙未半較角正切

四率　丙丁即心丑借積度正弦

今設太陽在壬，其距地心綫壬戊，距餘一心綫壬丙，二距綫相加，折半，亦與大半徑等。盈曆則壬戊卯爲實引角，壬丙卯爲借角；縮曆則壬戊丙爲實引角，壬丙辰爲借角。設以丙爲地心，戊爲餘一心，則盈曆壬丙辰爲實引角，壬戊丙爲借角；縮曆壬丙卯爲實引角，壬戊卯爲借角。皆以丙壬戊爲較角。乃作己壬橢圜正弦，引長之成己庚平圜正弦，次作壬乙

綫與丁丙平行復補成壬乙申句股形必與丁心丙
形相似故丙心兩心差與心丁小半徑比若申乙與乙壬
比夫乙壬卽己庚借積度正弦也何以知之曰丙丁
卽心丑故知乙壬卽己庚而申乙卽半較角正切也
何以知之曰丙丁與丙心比若申壬與申乙比故申
壬丙心相乘積與丙丁申乙相乘積等乃取心癸與
己壬等取心甲與己申等次作癸丙癸戊甲丙甲戊
壬甲五綫則癸丙甲戊積卽申壬丙心相乘積也改
作壬丙甲戊積次作甲子綫正交壬丙截甲子丙積
移作甲辛戊積成壬子甲辛形卽壬子子甲相乘積

術一　五

綫與丁丙平行，復補成壬乙申句股形，必與丁心丙形相似，故丙心兩心差。與心丁小半徑。比，若申乙與乙壬比。夫乙壬即己庚，借積度正弦也，何以知之？曰：丙丁即心丑，故知乙壬即己庚。而申乙即半較角正切也，何以知之？曰：丙丁與丙心比，若申壬與申乙比，故申壬丙心相乘積，與丙丁申乙相乘積等。乃取心癸與己壬等，取心甲與己申等，次作癸丙、癸戊、甲丙、甲戊、壬甲五綫，則癸丙甲戊積即申壬、丙心相乘積也，改作壬丙甲戊積。次作甲子綫正交壬丙，截甲子丙積，移作甲辛戊積，成壬子甲辛形，即壬子、子甲相乘積。

壬子等于丙丁，故子甲必等于申乙。子壬辛爲較角，子壬甲爲半較角，壬子等于平圜半徑，故子甲即爲半較角正切，則申乙亦即半較角正切也。

一率　丙丁　丙心兩心差

二率　丙心　心丁小半徑

三率　申壬　申乙半較角正切

四率　申乙　乙壬借積度正弦

何以知甲戊辛角之等于子丙甲角也？曰：試作子辛線，子甲辛與丙甲戊二角等，則子辛甲、甲子辛、丙戊甲、甲丙戊四角俱等。子辛甲與壬辛子合成直角，則

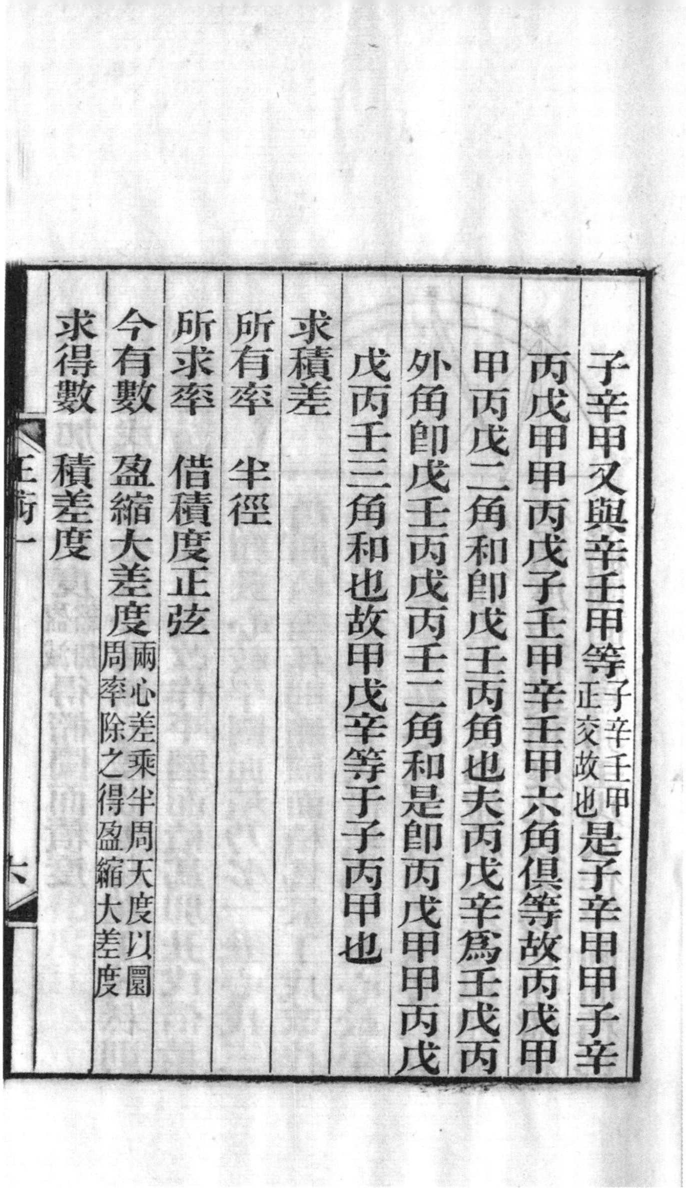

子辛甲又與辛壬甲等子辛壬甲正交故也是子辛甲甲子辛丙戊甲甲丙戊子壬甲辛壬甲六角俱等故丙戊甲甲丙戊二角和卽戊壬丙角也夫丙戊辛爲壬戊丙外角卽戊壬丙戊丙壬二角和是卽丙戊甲甲丙戊戊丙壬三角和也故甲戊辛等于子丙甲也

求積差

所有率 半徑

所求率 借積度正弦

今有數 盈縮大差度兩心差乘半周天度以圜周率除之得盈縮大差度

求得數 積差度

子辛甲又與辛壬甲等。子辛、壬甲正交故也。是子辛甲、甲子辛、丙戊甲、甲丙戊、子壬甲、辛壬甲六角俱等，故丙戊甲、甲丙戊二角和，即戊壬丙角也。夫丙戊辛爲壬戊丙外角，即戊壬丙、戊丙壬二角和是即丙戊甲、甲丙戊、戊丙壬三角和也，故甲戊辛等于子丙甲也。

求積差：

所有率　半徑

所求率　借積度正弦

今有數　盈縮大差度兩心差乘半周天度，以圜周率除之，得盈縮大差度。

求得數　積差度

積差度加減借積度，盈減縮加。得橢圜面積度。

如圖，戊爲地心，戊心爲兩心差。設太陽在丁，盈曆則橢圜面積爲卯丁戊，改作平圜面積爲卯丑戊，借積爲卯丑心較平圜面積，乃多一丑心戊三角面積。縮曆則橢圜面積爲辰丁戊，改作平圜面積爲辰丑戊，借積爲辰丑心較平圜面積，少一丑心戊三角面積。故必以丑心戊面積化爲度，即盈縮大差度，以加減借積度，乃得真積度也。設太陽在壬，盈曆則橢圜面積爲卯壬戊，改作平圜面積爲卯庚戊，借積爲卯庚心較平圜積，多一庚心戊三角面積。縮曆則橢圜面積爲辰壬戊，改作平圜面積爲辰庚戊，借積爲辰庚心較平圜面積，少一庚心戊三角面積。故必以庚心戊面積化爲度，以加減借積度，乃得真積度也。丑心戊、庚心戊二三角面同以心戊爲底，故其高與積比例相似。

一率　大三角高丑心半徑

二率　小三角高庚己借積度正弦

三率　大三角積丑心戊　　大三角積化度盈縮大差度

四率　小三角積庚心戊　　小三角積化度積差度

卯庚戊借積爲卯庚心較平圜積多一庚心戊三角面積縮秝則橢圜面積爲辰壬戊改作平圜面積爲辰庚戊借積爲辰庚心較平圜面積少一庚心戊三角面積故必以庚心戊面積化爲度以加減借積度乃得眞積度也　丑心戊庚心戊二三角面同以心戊爲底故其高與積比例相似
一率　大三角高丑心半徑
二率　小三角高庚己借積度正弦
三率　大三角積丑心戊　大三角積化度盈縮大差度
四率　小三角積庚心戊　小三角積化度積差度

第二術
以積求角
設有平引面積若干度求實引角度
求借角
所有率　半徑減兩心差　半徑加兩心差
所求率　半徑加兩心差　半徑減兩心差
今有數　盈秝半平引正切　縮秝半平引正切
求得數　半借角正切　半借角正切
半借角度與半平引度相減得半較角倍之爲較角
如圖丙丑寅午爲橢圜丙辰寅卯爲平圜心甲心乙

第二術

以積求角

設有平引面積若干度，求實引角度。

求借角：

所有率	半徑減兩心差	半徑加兩心差
所求率	半徑加兩心差	半徑減兩心差
今有數	盈曆半平引正切	縮曆半平引正切
求得數	半借角正切	半借角正切

半借角度與半平引度相減，得半較角，倍之爲較角。

如圖，丙丑寅午爲橢圜，丙辰寅卯爲平圜，心甲、心乙

俱爲兩心差丙心丁爲平引面積度若爲盈秝則與心丁平行作乙戊線戊乙甲角與丁心丙角等求得丙甲戊角爲實引借角蓋丙心丁角度其橢圜面積爲丙子心與丙戊甲面積略相等也若爲縮秝則與心丁平行作甲己線己甲丙角與丁心丙角等求得己乙丙角爲實引借角蓋丙己乙面積與丙子心面積亦略相等也餘理同第一術

求借積

俱爲兩心差，丙心丁爲平引面積度。若爲盈曆，則與心丁平行作乙戊線，戊乙甲角與丁心丙角等，求得丙甲戊角爲實引借角。蓋丙心丁角度，其橢圜面積爲丙子心，與丙戊甲面積略相等也。若爲縮曆，則與心丁平行作甲己線，己甲丙角與丁心丙角等，求得己乙丙角爲實引借角。蓋丙己乙面積與丙子心面積，亦略相等也。餘理同第一術。

求借積：

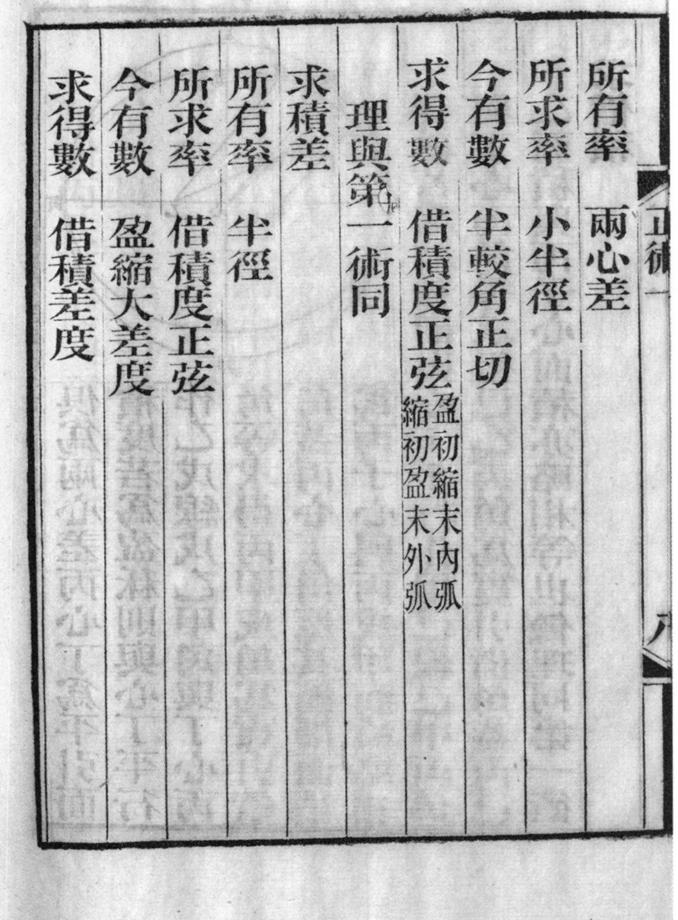

所有率　兩心差
所求率　小半徑
今有數　半較角正切
求得數　借積度正弦盈初縮末內弧，縮初盈末外弧。

理與第一術同。

求積差：

所有率　半徑
所求率　借積度正弦
今有數　盈縮大差度
求得數　借積差度

借積度加減借積差度，盈減縮加。與平引相減，得積較。平引大則正，小則負。

比例之理與第一術同。借積差度者，實引借角所有平引面積度，與借積度之較也。以此加減借積度，得實引借角之平引面積度，與真平引度相減，得積較。如圖，丙心丁爲真平引度，丙心庚爲借角平引度，小於真度，其積較丁心庚角爲正；若丙心辛爲借角平引度，大於真度，其積較丁心辛角爲負。

求借邊
所有率　較角正弦
所求率　平引正弦
今有數　倍兩心差
求得數　借邊
此平三角法也如圖丙心丁爲平引度盈秝則甲戊乙爲較角戊乙甲即丙心丁爲平引角倍兩心差甲乙爲對較角之邊借邊借角之邊也甲戊爲對平引角之邊二角之正弦與二角比例相似縮秝則甲己乙爲較角己甲乙之外角丙甲己即丙心丁爲平引角兩心差甲乙

求借邊：

所有率　較角正弦

所求率　平引正弦

今有數　倍兩心差

求得數　借邊

此平三角法也。如圖，丙心丁爲平引度，盈曆則甲戊乙爲較角，戊乙甲即丙心丁。爲平引角。倍兩心差甲乙爲對較角之邊，借邊借角之邊也。甲戊爲對平引角之邊，二角之正弦與二角比例相似。縮曆則甲己乙爲較角，己甲乙之外角丙甲己即丙心丁。爲平引角。兩心差甲乙

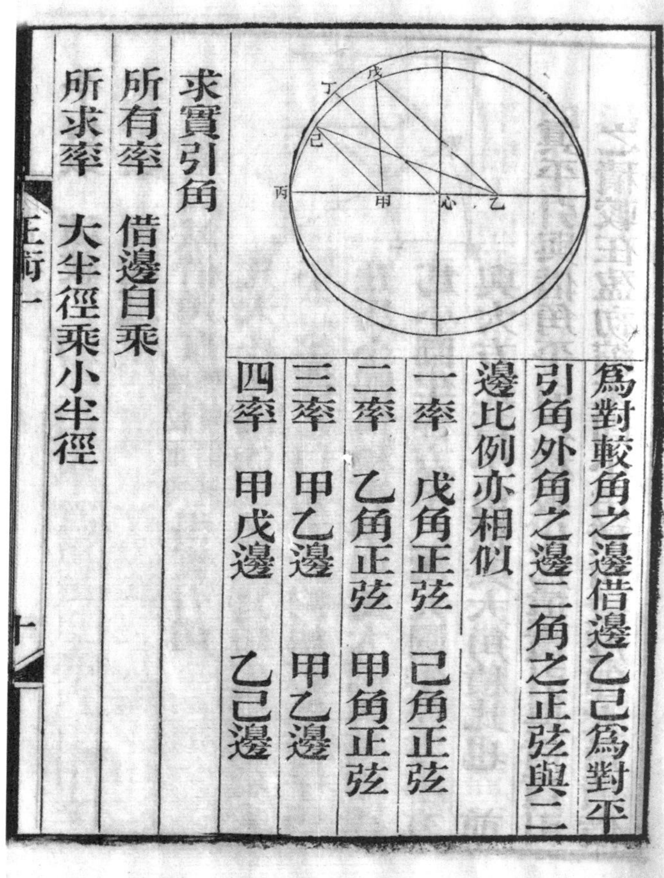

爲對較角之邊，借邊乙己爲對平引角外角之邊，二角之正弦與二邊比例亦相似。

一率	戊角正弦	己角正弦
二率	乙角正弦	甲角正弦
三率	甲乙邊	甲乙邊
四率	甲戊邊	乙己邊

求實引角：

所有率	借邊自乘
所求率	大半徑乘小半徑

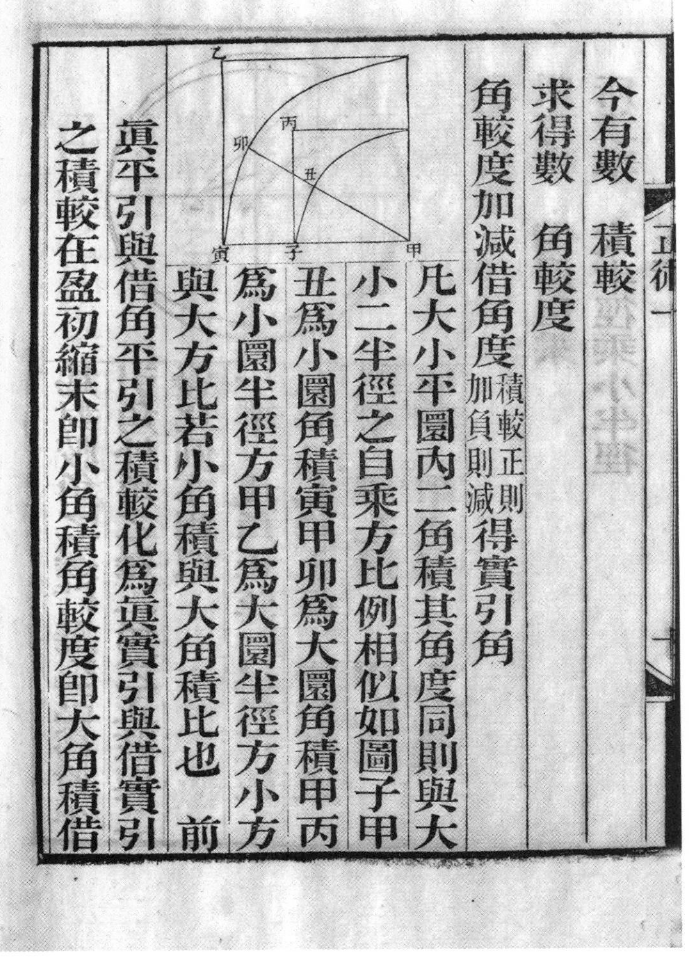

今有數　積較
求得數　角較度
角較度加減借角度積較正則加負則減得實引角
凡大小平圜內二角積其角度同則與大小二半徑之自乘方比例相似如圖子甲丑爲小圜角積寅甲卯爲大圜角積甲丙爲小圜半徑方甲乙爲大圜半徑方小方與大方比若小角積與大角積比也　前眞平引與借角平引之積較化爲眞實引與借實引之積較在盈初縮末卽小角積角較度卽大角積借

今有數　　積較

求得數　　角較度

角較度加減借角度，積較正則加，負則減。得實引角。

凡大小平圜内二角積，其角度同，則與大小二半徑之自乘方，比例相似。如圖，子甲丑爲小圜角積，寅甲卯爲大圜角積，甲丙爲小圜半徑方，甲乙爲大圜半徑方。小方與大方比，若小角積與大角積比也。

前真平引與借角平引之積較，化爲真實引與借實引之積較。在盈初縮末即小角積，角較度即大角積，借

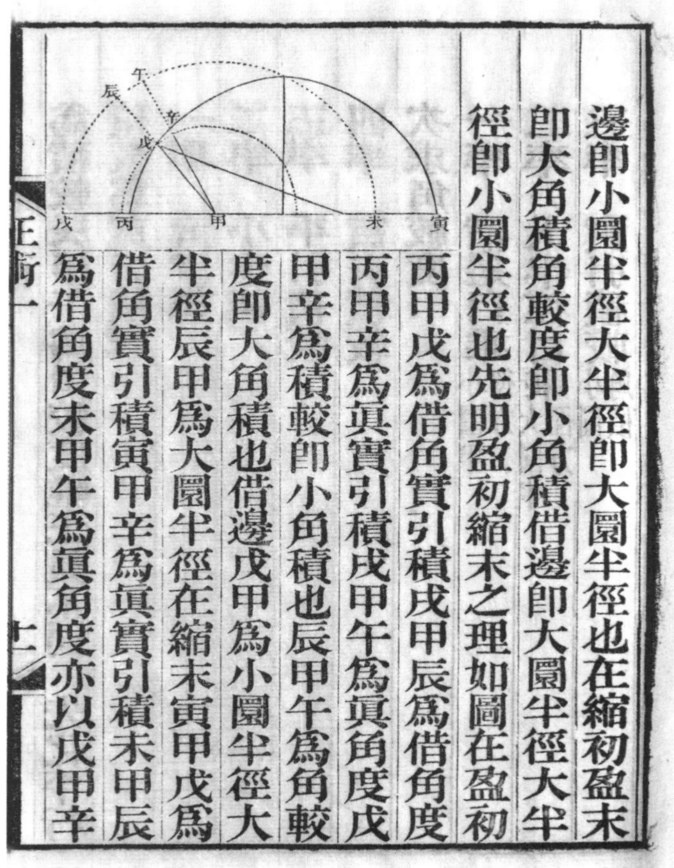

邊即小圜半徑，大半徑即大圜半徑也；在縮初盈末即大角積，角較度即小角積，借邊即大圜半徑，大半徑即小圜半徑也。先明盈初縮末之理，如圖，在盈初丙甲戊爲借角實引積，戊甲辰爲借角度。丙甲辛爲真實引積，戊甲午爲真角度。戊甲辛爲積較，即小角積也；辰甲午爲角較度，即大角積也。借邊戊甲爲小圜半徑，大半徑辰甲爲大圜半徑。在縮末寅甲戊爲借角實引積，寅甲辛爲真實引積。未甲辰爲借角度，未甲午爲真角度。亦以戊甲辛

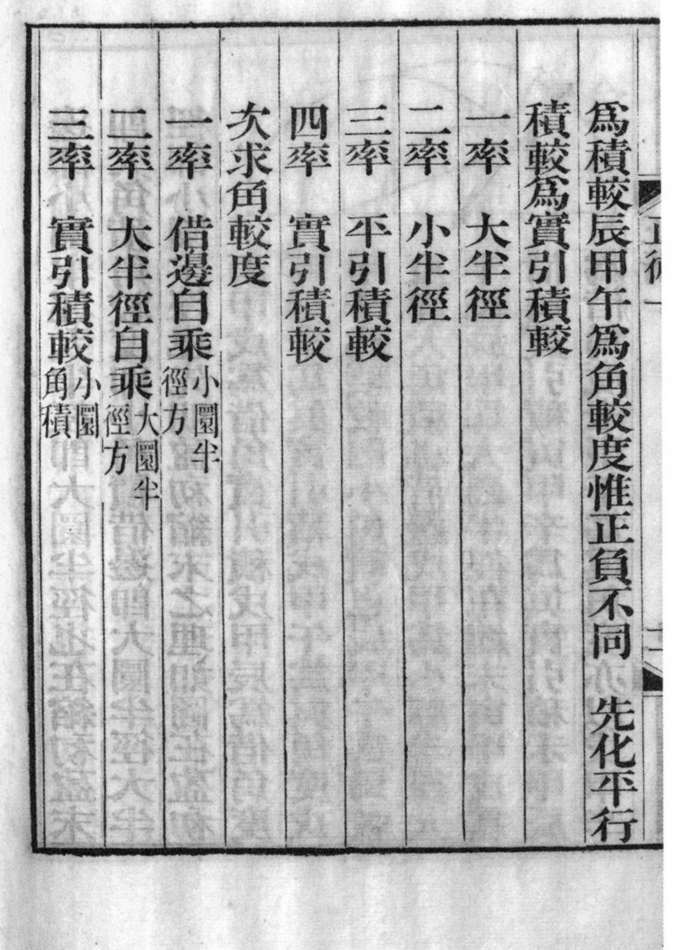

爲積較，辰甲午爲角較度，惟正負不同。

先化平行積較爲實引積較：

一率　大半徑

二率　小半徑

三率　平引積較

四率　實引積較

次求角較度：

一率　借邊自乘小圜半徑方

二率　大半徑自乘大圜半徑方

三率　實引積較小圜角積

四率　角較度大圜角積
併兩次比例爲一次比例
一率　借邊自乘
二率　大半徑乘小半徑
三率　平引積較
四率　角較度
眞實引積大則積較爲正角較度亦爲正蓋借角度
較眞角度尚少此若干度分必以此加之始得眞實
引度也眞實引積小則積較爲負角較度亦爲負蓋
借角度較眞角度尚多此若干度分必以此減之始

四率　角較度大圜角積

併兩次比例爲一次比例：

一率　借邊自乘

二率　大半徑乘小半徑

三率　平引積較

四率　角較度

真實引積大，則積較爲正，角較度亦爲正，蓋借角度較真角度，尚少此若干度分，必以此加之，始得真實引度也。真實引積小，則積較爲負，角較度亦爲負，蓋借角度較真角度，尚多此若干度分，必以此減之，始

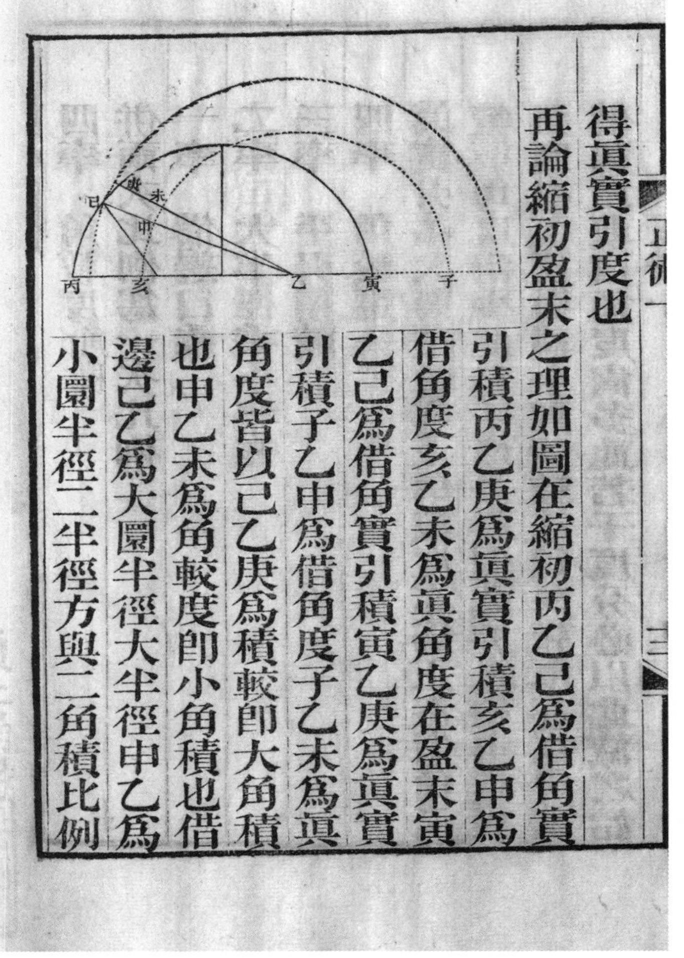

得眞實引度也
再論縮初盈末之理如圖在縮初丙乙己爲借角實引積丙乙庚爲眞實引積亥乙申爲借角度亥乙未爲眞角度在盈末寅乙己爲借角實引積寅乙庚爲眞實引積子乙申爲借角度子乙未爲眞角度皆以己乙庚爲積較卽大角積也申乙未爲角較度卽小角積也借邊己乙爲大圜半徑大半徑申乙爲小圜半徑二半徑方與二角積比例

得真實引度也。

再論縮初盈末之理。如圖，在縮初丙乙己爲借角實引積，丙乙庚爲真實引積，亥乙申爲借角度，亥乙未爲真角度。在盈末寅乙己爲借角實引積，寅乙庚爲真實引積，子乙申爲借角度，子乙未爲真角度。皆以己乙庚爲積較，即大角積也；申乙未爲角較度，即小角積也。借邊己乙爲大圜半徑，大半徑申乙爲小圜半徑，二半徑方與二角積比例

相似
一率　借邊自乘大圜半徑方
二率　大半徑自乘小圜半徑方
三率　實引積較大圜角積
四率　角較度小圜角積
餘與盈初縮末同
或問大小圜角積皆當以半徑爲二邊今借邊與眞實引積之邊不能相等何以能密合曰積較本甚小故兩邊之差極微可勿論焉
又問平引積較與實引積較何以異曰平引積較實

相似。

一率　借邊自乘大圜半徑方

二率　大半徑自乘小圜半徑方

三率　實引積較大圜角積

四率　角較度小圜角積

餘與盈初縮末同。

或問：大小圜角積，皆當以半徑爲二邊。今借邊與眞實引積之邊，不能相等，何以能密合？曰：積較本甚小，故兩邊之差極微，可勿論焉。

又問：平引積較與實引積較，何以異？曰：平引積較、實

引積較二者之不同，與平圜、橢圜二面積比例相似。今試以圖明之，丙甲丁爲借角平引積，借積度減借積差度，得此積。丙甲己爲真平引積，丁甲己爲平引積較，丙甲戊爲借實引積，丙甲辛爲真實引積，戊甲辛爲實引積較。凡平引、實引二積，與平圜、橢圜二面積比例相似。故平引、實引二積較，亦與平圜、橢圜二面積比例相似也。

總論曰：太陽距橢圜二心壬甲、壬乙。及倍兩心差甲乙。成三角形。太陽距地心壬甲。爲夾實引角盈曆外角，縮曆内角。之一邊，

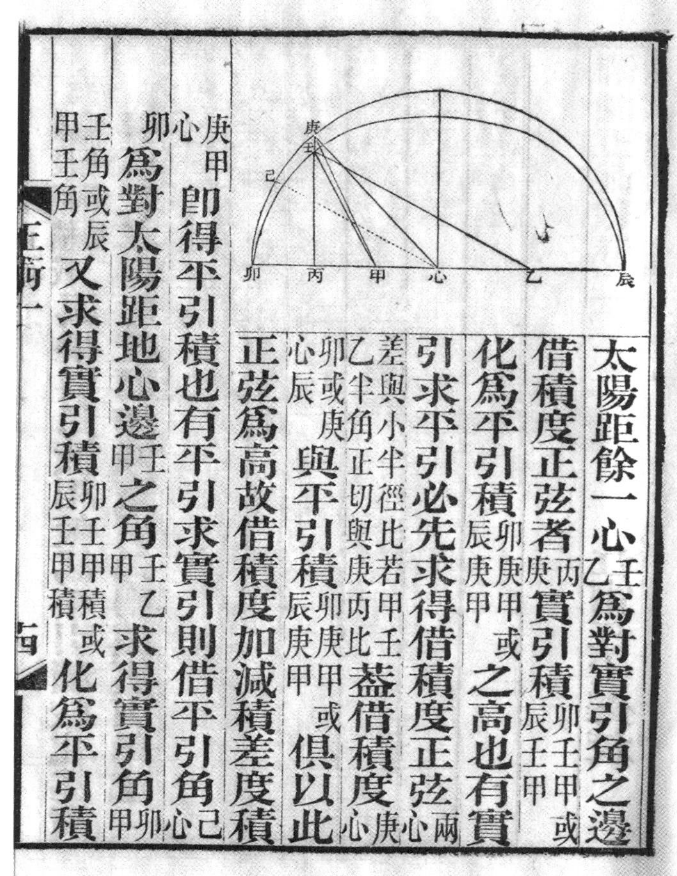

太陽距餘一心壬乙。爲對實引角之邊。借積度正弦者，丙庚。實引積卯壬甲，或辰壬甲。化爲平引積卯庚甲，或辰庚甲。之高也。有實引求平引，必先求得借積度正弦，兩心差與小半徑比，若甲壬乙半角正切與庚丙比。蓋借積度庚心卯，或庚心辰。與平引積卯庚甲，或辰庚甲。俱以此正弦爲高，故借積度加減積差度積，庚甲心。即得平引積也。有平引求實引，則借平引角己心卯。爲對太陽距地心邊壬甲。之角，壬乙甲。求得實引角。卯甲壬角，或辰甲壬角。又求得實引積，卯壬甲積，或辰壬甲積。化爲平引積，

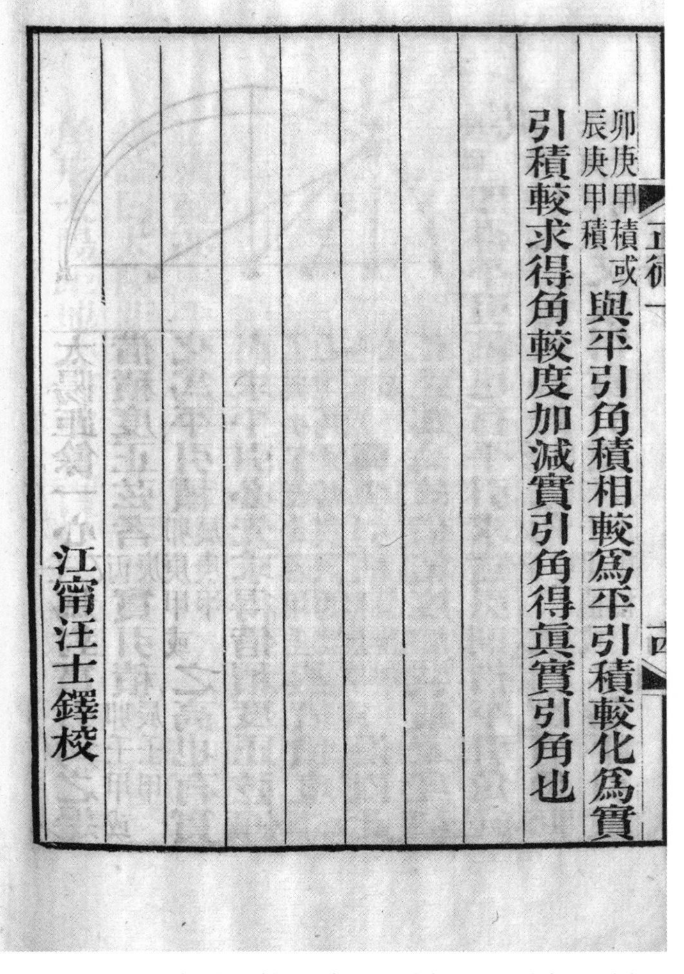

卯庚甲積，或辰庚甲積。與平引角積相較，爲平引積較，化爲實引積較，求得角較度，加減實引角，得真實引角也。

江寧汪士鐸校

楕圜正術解卷二　則古昔齋算學七

海甯李善蘭學

遲疾秝補法

求月孛差

所有率　最大兩心差

所求率　最小兩心差

今有數　月孛距日正切

求得數　半較角正切

月孛距日減半較角得月孛差

月孛差加減月引得平引

楕圜正術解卷二

則古昔齋算學七

海寧李善蘭學

遲疾曆補法

求月孛差：

所有率　最大兩心差

所求率　最小兩心差

今有數　月孛距日正切

求得數　半較角正切

月孛距日減半較角得月孛差。

月孛差加減月引得平引。

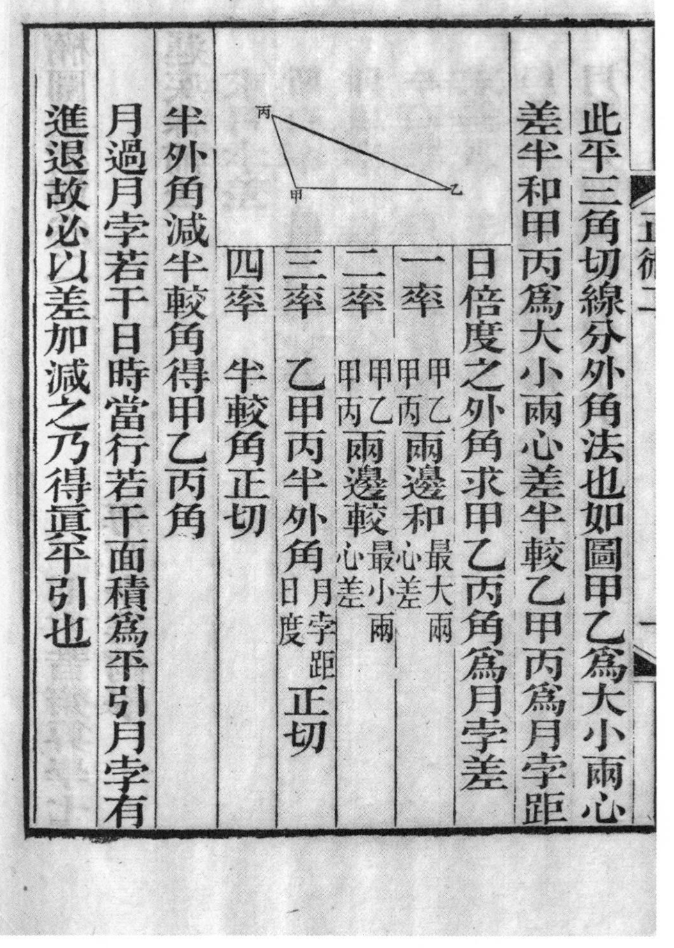

此平三角切線分外角法也。如圖，甲乙爲大、小兩心差半和，甲丙爲大、小兩心差半較，乙甲丙爲月孛距日倍度之外角，求甲乙丙角爲月孛差。

一率　甲乙、甲丙兩邊和最大兩心差

二率　甲乙、甲丙兩邊較最小兩心差

三率　乙甲丙半外角月孛距日度正切

四率　半較角正切

半外角減半較角，得甲乙丙角。

月過月孛若干，日時當行若干，面積爲平引，月孛有進退，故必以差加減之，乃得真平引也。

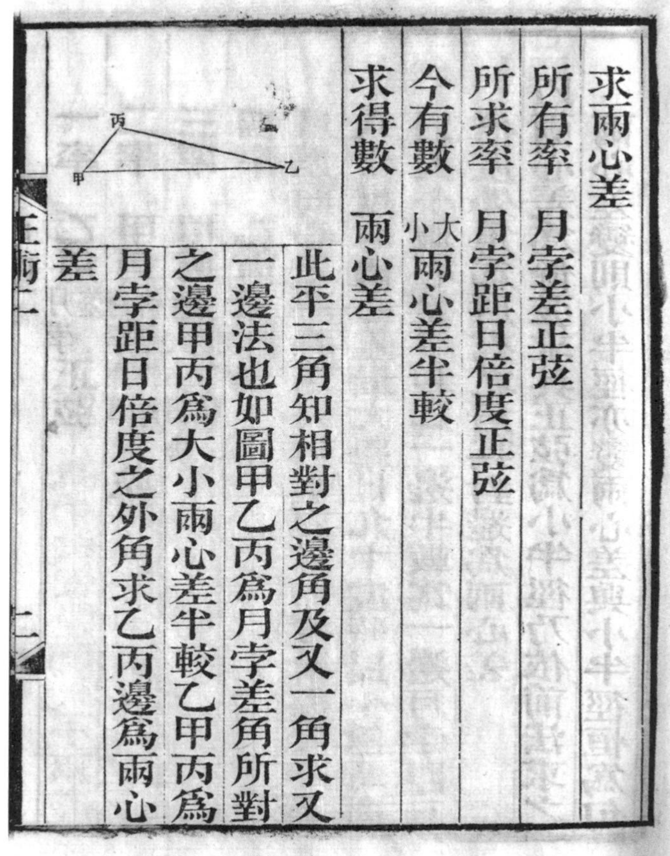

求兩心差
所有率　月孛差正弦
所求率　月孛距日倍度正弦
今有數　大小兩心差半較
求得數　兩心差
此平三角知相對之邊角及又一角求又一邊法也如圖甲乙丙爲月孛差角所對之邊甲丙爲大小兩心差半較乙甲丙爲月孛距日倍度之外角求乙丙邊爲兩心差

求兩心差：

所有率　月孛差正弦

所求率　月孛距日倍度正弦

今有數　大小兩心差半較

求得數　兩心差

此平三角知相對之邊角，及又一角，求又一邊法也。如圖，甲乙丙爲月孛差角所對之邊，甲丙爲大小兩心差半較，乙甲丙爲月孛距日倍度之外角，求乙丙邊爲兩心差。

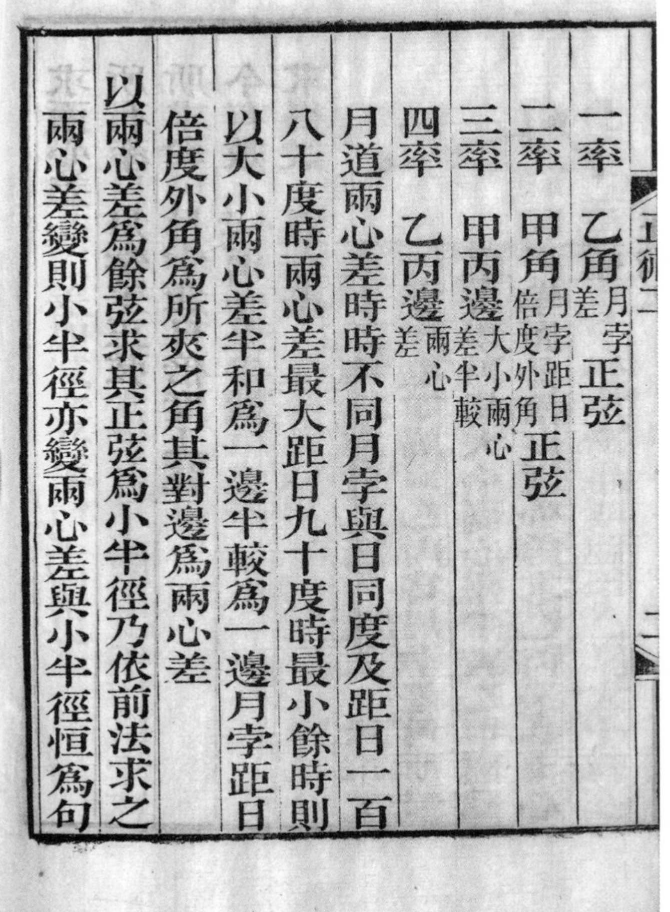
一率　乙角月孛差正弦
二率　甲角月孛距日倍度外角正弦
三率　甲丙邊大小兩心差半較
四率　乙丙邊兩心差
月道兩心差時時不同月孛與日同度及距日一百八十度時兩心差最大距日九十度時最小餘時則以大小兩心差半和爲一邊半較爲一邊月孛距日倍度外角爲所夾之角其對邊爲兩心差
以兩心差爲餘弦求其正弦爲小半徑乃依前法求之兩心差變則小半徑亦變兩心差與小半徑恒爲句

一率　乙角月孛差正弦

二率　甲角月孛距日倍度外角正弦

三率　甲丙邊大小兩心差半較

四率　乙丙邊兩心差

月道兩心差時時不同，月孛與日同度，及距日一百八十度時兩心差最大；距日九十度時最小。餘時則以大小兩心差半和爲一邊，半較爲一邊，月孛距日倍度外角，爲所夾之角，其對邊爲兩心差。

以兩心差爲餘弦，求其正弦爲小半徑，乃依前法求之，兩心差變，則小半徑亦變，兩心差與小半徑恒爲句

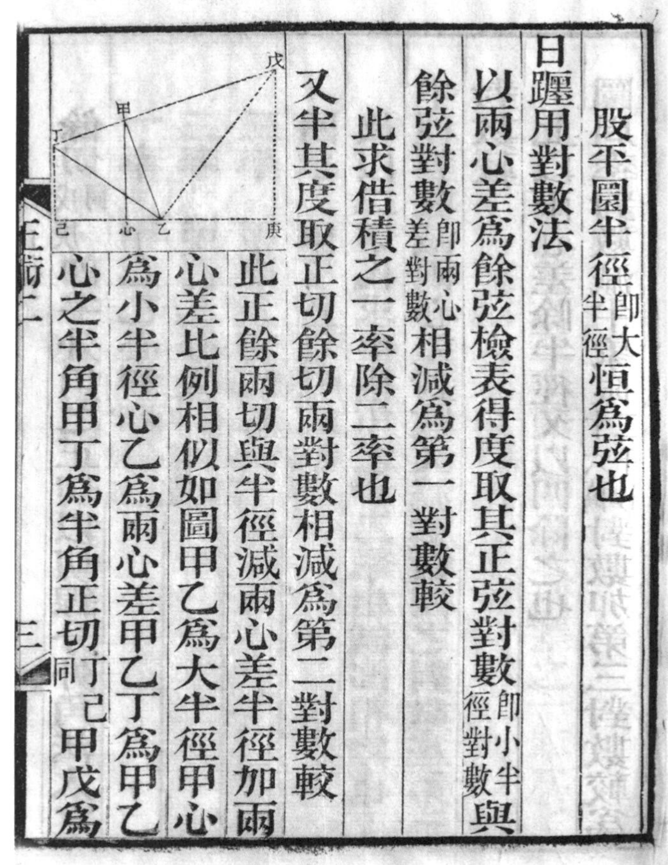

股，平圜半徑即大半徑。恒爲弦也。

日躔用對數法

以兩心差爲餘弦，檢表得度，取其正弦對數即小半徑對數。與餘弦對數即兩心差對數。相減，爲第一對數較。

此求借積之一率，除二率也。

又半其度，取正切、餘切兩對數相減，爲第二對數較。

此正、餘兩切，與半徑減兩心差、半徑加兩心差比例相似。如圖，甲乙爲大半徑，甲心爲小半徑，心乙爲兩心差。甲乙丁爲甲乙心之半角，甲丁爲半角正切，丁己同。甲戊爲

餘切戊庚同卽半外角之正切以切線分外角法入之
一率　甲乙乙心和半徑加兩心差
二率　甲乙乙心較半徑減兩心差
三率　甲戊正切甲乙心半角餘切
四率　甲丁正切甲乙心半角正切
故以二切代求半借角之一二率相減卽相除也
半徑對數減兩心差對數又減眞數四之對數爲第三對數較
此以兩心差除半徑又以四除之也
圜周率對數減半象限十六萬二千秒對數加第三對數較爲

餘切，戊庚同。即半外角之正切，以切線分外角法入之。

一率　甲乙乙心和半徑加兩心差

二率　甲乙乙心較半徑減兩心差

三率　甲戊正切甲乙心半角餘切

四率　甲丁正切甲乙心半角正切

故以二切代求半借角之一、二率，相減即相除也。

半徑對數減兩心差對數，又減真數四之對數，爲第三對數較。

此以兩心差除半徑，又以四除之也。

圜周率對數減半象限十六萬二千秒。對數，加第三對數較，爲

第四對數較
此以求積差之三率除一率也求積差之一率爲半徑三率爲盈縮大差度乃兩心差乘半周天度以圜周率除之所得也以此除一率乃以圜周率乘半徑以兩心差除之又以半周天度除之也今第三對數較之眞數乃兩心差除半徑又以四除之也更以圜周率乘之半象限除之亦爲圜周率乘半徑以兩心差除之又以半周天度四个半象限即半周天度除之也
第一對數較加第三對數較爲第五對數較
此以小半徑乘大半徑以倍兩心差自乘方除之也

第四對數較。

此以求積差之三率，除一率也。求積差之一率爲半徑，三率爲盈縮大差度，乃兩心差乘半周天度，以圜周率除之所得也。以此除一率，乃以圜周率乘半徑，以兩心差除之，又以半周天度除之也。今第三對數較之真數，乃兩心差除半徑，又以四除之也。更以圜周率乘之，半象限除之，亦爲圜周率乘半徑，以兩心差除之，又以半周天度四个半象限，即半周天度。除之也。

第一對數較，加第三對數較，爲第五對數較。

此以小半徑乘大半徑，以倍兩心差自乘方除之也。

以角求積
半實引度正切對數加減第二對數較盈減縮加檢正切對數表得度與半實引度相減得半較角
第二對數較之眞數乃即半徑減兩心差除半徑加兩心差也若爲負較則其眞數即半徑加兩心差除半徑減兩心差也縮秝用正較相加即眞數之相乘以一率除二率數乘三率也盈秝用負較相減亦即眞數之相乘以一率除二率數乘三率也負數以減爲加也
此第一術第一次比例求借角也

以角求積

半實引度正切對數，加減第二對數較，盈減縮加。檢正切對數表，得度，與半實引度相減，得半較角。

第二對數較之真數，乃即半徑減兩心差，除半徑加兩心差也。若爲負較，則其真數即半徑加兩心差，除半徑減兩心差也。縮曆用正較相加，即真數之相乘，以一率除二率數，乘三率也；盈曆用負較相減，亦即真數之相乘，以一率除二率數，乘三率也，負數以減爲加也。

此第一術第一次比例求借角也。

半較角正切對數加第一對數較檢正弦對數表得借積度盈初縮末內弧縮初盈末外弧
此第一術第二次比例也
借積度正弦對數減第四對數較檢對數表得積差加減借積度盈減縮加得平引積度
此第一術第三次比例也第四對數較之真數即三率除一率之數以此數除二率得四率本當以三率乘二率今以除一率者蓋除母一如乘子也
以積求角
半平引度正切對數加減第二對數較縮減盈加檢正切對

半較角正切對數，加第一對數較，檢正弦對數表，得借積度。盈初縮末內弧，縮初盈末外弧。

此第一術第二次比例也。

借積度正弦對數減第四對數較，檢對數表，得積差，加減借積度，盈減縮加。得平引積度。

此第一術第三次比例也。第四對數較之真數，即三率除一率之數，以此數除二率得四率。本當以三率乘二率，今以除一率者，蓋除母一如乘子也。

以積求角

半平引度正切對數加減第二對數較，縮減盈加。檢正切對數表，得半借角，倍之爲借角。

　　此第二術第一次比例也。盈曆用正較，縮曆用負較，半借角與半平行度相減，得半較角，倍之爲較角。

　　半較角正切對數加第一對數較，檢正弦對數表，得借積度。盈初縮末内弧，縮初盈末外弧。

　　此第二術第二次比例也。

　　借積度正弦對數減第四對數較，檢對數表，得借積差。

　　此第二術第三次比例也。

　　借積差加減借積度，縮加盈減。與平引相減，得積較。平引大則正，小則負。

數表得半借角倍之爲借角
此第二術第一次比例也盈秝用正較縮秝用負較半借角與半平行度相減得半較角倍之爲較角
半較角正切對數加第一對數較檢正弦對數表得借積度盈初縮末内弧縮初盈末外弧
此第二術第二次比例也
借積度正弦對數減第四對數較檢對數表得借積差
此第二術第三次比例也
借積差加減借積度縮加盈減與平引相減得積較平引大則正小則負

平引度正弦對數減較角正弦對數餘倍之又減積較
對數餘以轉減第五對數較檢對數表得角較秒
此合第二術第四五次比例也以眞數言之乃以四
次比例一率除二率得數自乘以五次比例三率除
之於上另以四次比例三率自乘方除五次比例二
率又以上除之得五次比例四率也以代數術明之
原法以四次比例二三率相乘一率除之得$\frac{四_{一}}{四_{三}四_{二}}$自
乘得$\frac{四_{一}^{二}}{四_{三}^{二}四_{二}^{二}}$即五次比例一率也以五次比例二三率
相乘得$五_{三}五_{二}$以一率除之得$\frac{四_{三}^{二}四_{二}^{二}}{五_{三}五_{二}四_{一}^{二}}$爲四率
今法以四次比例一率除二率得$\frac{四_{一}}{四_{二}}$自乘得$\frac{四_{一}^{二}}{四_{二}^{二}}$

平引度正弦對數減較角正弦對數，餘倍之。又減積較對數，餘以轉減第五對數較，檢對數表，得角較秒。

此合第二術第四、五次比例也。以真數言之，乃以四次比例一率除二率，得數自乘，以五次比例三率除之，於上。另以四次比例三率自乘方，除五次比例二率，又以上除之，得五次比例四率也。以代數術明之，原法以四次比例二、三率相乘，一率除之，得$\frac{四_{一}}{四_{三}四_{二}}$，自乘得$\frac{四_{一}^{二}}{四_{三}^{二}四_{二}^{二}}$，即五次比例一率也。以五次比例二、三率相乘得$五_{三}五_{二}$，以一率除之得$\frac{四_{三}^{二}四_{二}^{二}}{五_{三}五_{二}四_{一}^{二}}$，爲四率。

今法以四次比例一率除二率得$\frac{四_{一}}{四_{二}}$，自乘得$\frac{四_{一}^{二}}{四_{二}^{二}}$，

以五次比例三率除之得於上另以四次比例三率自乘方除五次比例二率得又以上除之得與原法四率相同也
角較秒加減借角積較正則加負則減得實引角
半實引角正切對數加減第二對數較盈減縮加檢正切對數表得度倍之爲借角與實引角相減爲較角
此與第一術第一次比例同
兩心差對數加眞數二之對數又加借角正弦對數內減較角正弦對數得日距地心數
此與第二術第四次比例同實引之借角卽平引之本角也

以五次比例三率除之得$\frac{\text{五四}^{二}\text{三一}}{\text{四}^{二}\text{二}}$，於上。另以四次比例三率自乘方，除五次比例二率得$\frac{\text{四}^{二}\text{三}}{\text{五二}}$，又以上除之得$\frac{\text{四}^{二}\text{四}^{二}\text{三二}}{\text{五五四}^{二}\text{三二一}}$，與原法四率相同也。[1]

角較秒加減借角，積較正則加，負則減。得實引角。

半實引角正切對數，加減第二對數較，盈減縮加。檢正切對數表，得度，倍之爲借角，與實引角相減爲較角。

此與第一術第一次比例同。

兩心差對數，加眞數二之對數，又加借角正弦對數內減較角正弦對數，得日距地心數。

此與第二術第四次比例同。實引之借角，即平引之本角也。

1 已知比例 $a_1:a_2=a_3:a_4$，$b_1:b_2=b_3:b_4$，其中 $a_4^2=b_1$，求 b_4。

方法一：由 $\left(\frac{a_1\cdot a_3}{a_1}\right)^2=b_1$，得 $b_4=\frac{b_2\cdot b_3}{\left(\frac{a_2\cdot a_3}{a_1}\right)^2}=\frac{b_2\cdot b_3\cdot a_1^2}{a_2^2\cdot a_3^2}$；

方法二：$b_4=\frac{b_2}{a_3^2}\div\frac{\left(\frac{a_2}{a_1}\right)^2}{b_3}=\frac{b_2\cdot b_3\cdot a_1^2}{a_2^2\cdot a_3^2}$。

月離用對數法
最大兩心差對數內減最小兩心差對數爲第一對數
較
此求月孛差之二率除一率也
圜周率對數加半徑對數內減半周天對數爲第二對
數較
此以半徑乘圜周率以半周天度除之也
半徑對數內減眞數四之對數爲第三對數較
此以四除半徑也
月孛距日正切對數內減第一對數較得半較角正切

月離用對數法

最大兩心差對數内減最小兩心差對數，爲第一對數較。

此求月孛差之二率除一率也。

圜周率對數加半徑對數，内減半周天對數，爲第二對數較。

此以半徑乘圜周率，以半周天度除之也。

半徑對數内減真數四之對數，爲第三對數較。

此以四除半徑也。

月孛距日正切對數，内減第一對數較，得半較角正切

對數
此遲疾秝補法第一比例也第一對數較之眞數爲二率除一率所得蓋除毋一如乘子也
月孛距日減半較角得月孛差
月孛差加減月引孛距日過象限則加否則減得平引半之爲半平引度
倍月孛距日正弦對數加兩心差半較對數內減月孛差正弦對數得兩心差對數
此遲疾秝補法第二比例也
以兩心差對數檢餘弦對數表得度半之爲半弧

對數。

此遲疾曆補法第一比例也。第一對數較之真數爲二率除一率所得，蓋除母一如乘子也。

月孛距日減半較角，得月孛差。

月孛差加減月引孛距日過象限則加，否則減。得平引，半之爲半平引度。

倍月孛距日正弦對數，加兩心差半較對數，内減月孛差正弦對數，得兩心差對數。

此遲疾曆補法第二比例也。

以兩心差對數，檢餘弦對數表，得度，半之爲半弧。

又檢其正弦對數，内減兩心差對數，爲第四對數較。

此即日躔第一對數較也。

半弧之正弦、餘弦兩對數相減，倍之，爲第五對數較。

此即日躔第二對數較也。

以兩心差對數減第二對數較，爲第六對數較。

此即日躔第四對數較也。

第三對數較加第四對數較，減兩心差對數，爲第七對數較。

此即日躔第五對數較也。

半平引度正切對數，加減第五對數較，疾加遲減。檢正切對數表，得半借角度，倍之爲借角。

以下皆與日躔以積求角法同。

半借角與半平引度相減，得半較角，倍之爲較角。

半較角正切對數加第四對數較，檢正弦對數表，得借積度。疾初遲末内弧，遲初疾末外弧。

借積度正弦對數減第六對數較，檢對數表，得借積差秒。

借積差秒加減借積度，疾減遲加。與平引相減得積較。平引大，則正小則負。

平引度正弦對數，減較角正弦對數，餘倍之，又減積較對數，餘以轉減第七對數較，檢對數表，得角較秒。

角較秒加減借角，積較正則加，負則減。得實引角。半之爲半實引角。

半實引角正切對數加減第五對數較，疾減遲加。檢正切對數表，得度，倍之爲借角，與實引角相減，爲較角。

兩心差對數，加真數二之對數。又加借角正弦對數，内減較角正弦對數，得月距地心對數。

依《後編》法求諸用數於後。

圜周率對數一〇四九七一四九八七二七

半周天六十四萬八千秒

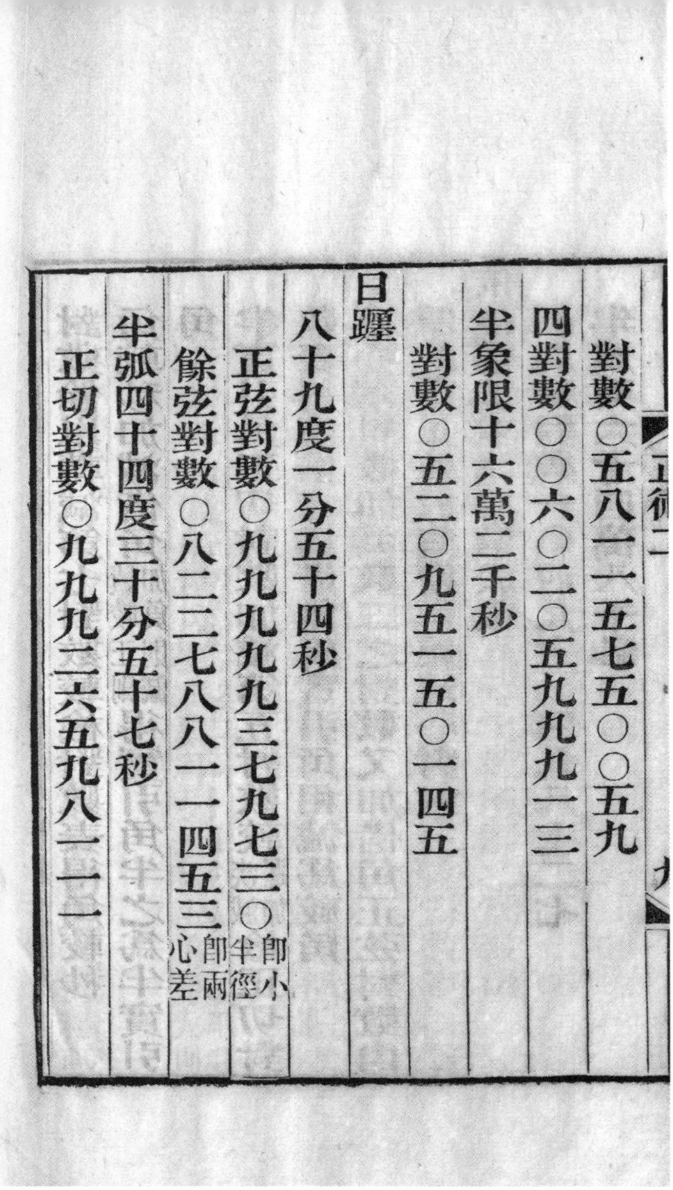

對數〇五八一一五七五〇〇五九

四對數〇〇六〇二〇五九九九一三

半象限十六萬二千秒

對數〇五二〇九五一五〇一四五

日躔

八十九度一分五十四秒

正弦對數〇九九九九九三七九七三〇即小半徑。

餘弦對數〇八二二七八八一一四五三即兩心差。

半弧四十四度三十分五十七秒

正切對數〇九九九二六五九八一一一

餘切對數一〇〇〇七三四〇一八八九

第一對數較〇一七七二〇五六八二七七

第二對數較〇〇〇一四六八〇三七七八

第三對數較〇一一七〇〇五八八六三四

第四對數較〇六四五七六九三七二一六

第五對數較〇二九四二一一五六九一一

月離

最大兩心差對數〇八八二四六五八二六七四

最小兩心差對數〇八六三六六七九二五一四

兩心差半較對數〇八〇六九三五三五四四五

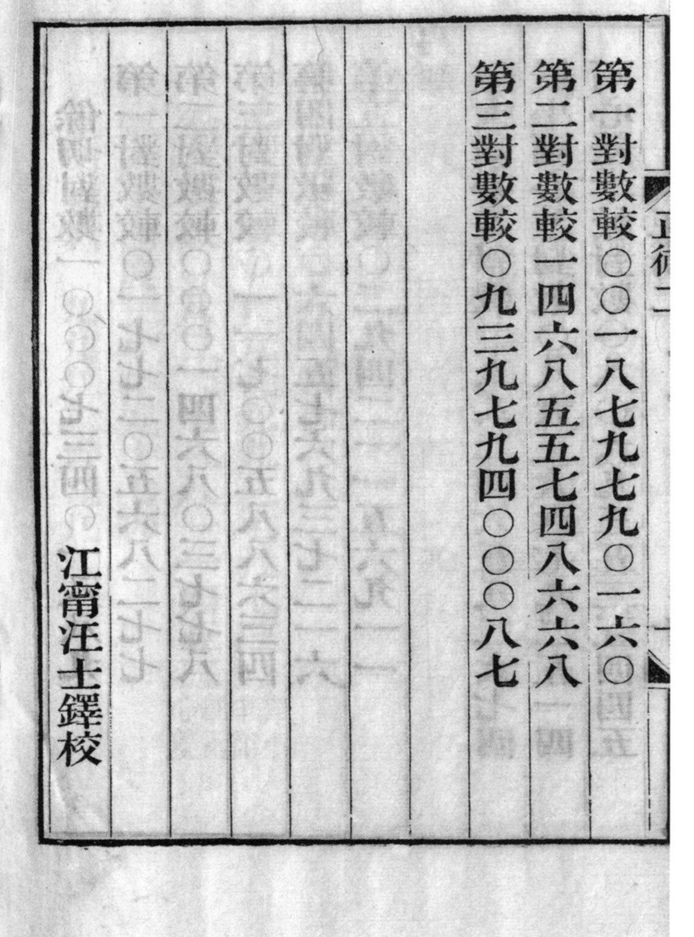

第一對數較〇〇一八七九七九〇一六〇
第二對數較一四六八五五七四八六六八
第三對數較〇九三九七九四〇〇〇八七

江寧汪士鐸校

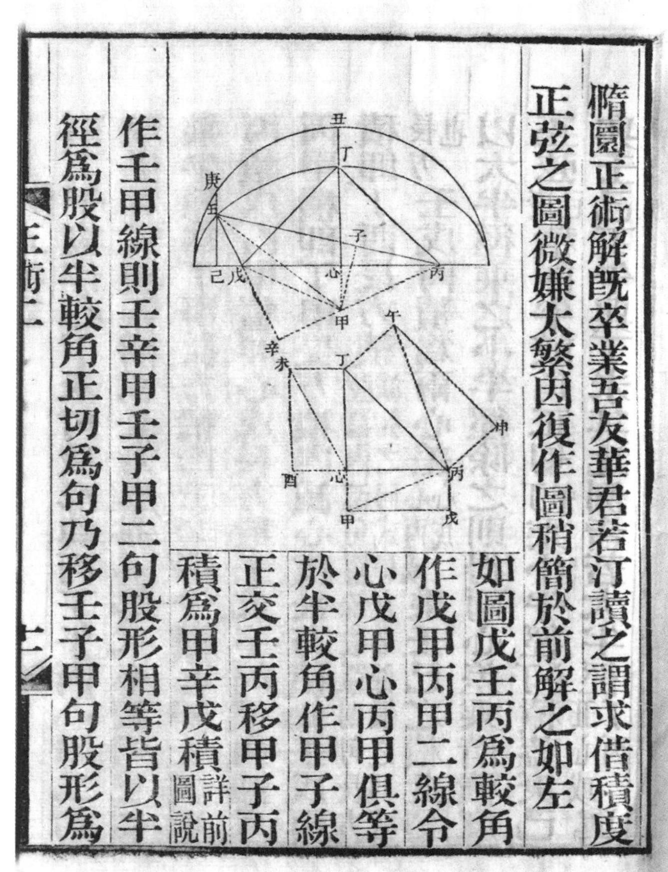

橢圜正術解既卒業吾友華君若汀讀之謂求借積度
正弦之圖微嫌太繁因復作圖稍簡於前解之如左
如圖戊壬丙爲較角
作戊甲丙甲二線令
心戊甲心丙甲俱等
於半較角作甲子線
正交壬丙移甲子丙
積爲甲辛戊積詳前圖說
作壬甲線則壬辛甲壬子甲二句股形相等皆以半
徑爲股以半較角正切爲句乃移壬子甲句股形爲

《橢圜正術解》既卒業，吾友華君若汀[1]讀之，謂求借積度正弦之圖，微嫌太繁，因復作圖，稍簡於前，解之如左。

如圖，戊壬丙爲較角，作戊甲、丙甲二線，令心戊甲、心丙甲俱等於半較角，作甲子線正交壬丙，移甲子丙積爲甲辛戊積，詳前圖說。作壬甲線。則壬辛甲、壬子甲二句股形相等，皆以半徑爲股，以半較角正切爲句。乃移壬子甲句股形爲

1 華君若汀，即華蘅芳（1833—1902），字若汀，金匱（今江蘇無錫）人。

丙丁午，復作心丁未句股形，與丙丁午、丙心甲二句股俱等式。復各補成長方形，亦俱等式。半較角正切乘半徑，爲丁申長方積，即壬辛甲子積，亦即壬戊甲丙積。戊丙甲積即心戊長方積，壬戊甲丙積内減戊丙甲積，即丁申長方積内減心戊長方積，餘壬戊丙積，即丁酉長方積。弦冪内減句冪餘股冪，則句長方減弦之同式長方，必餘股之同式長方也。壬戊丙積爲兩心差，心丙，或心戊。乘壬己之積，此積以大半徑乘之，小半徑除之，則得兩心差乘借積度正弦庚己。積，即半較角正切丁午。乘小半徑丁心。積。蓋庚己與壬己，丁午與丁未，其比例皆若大半徑丑心，或丁丙。與

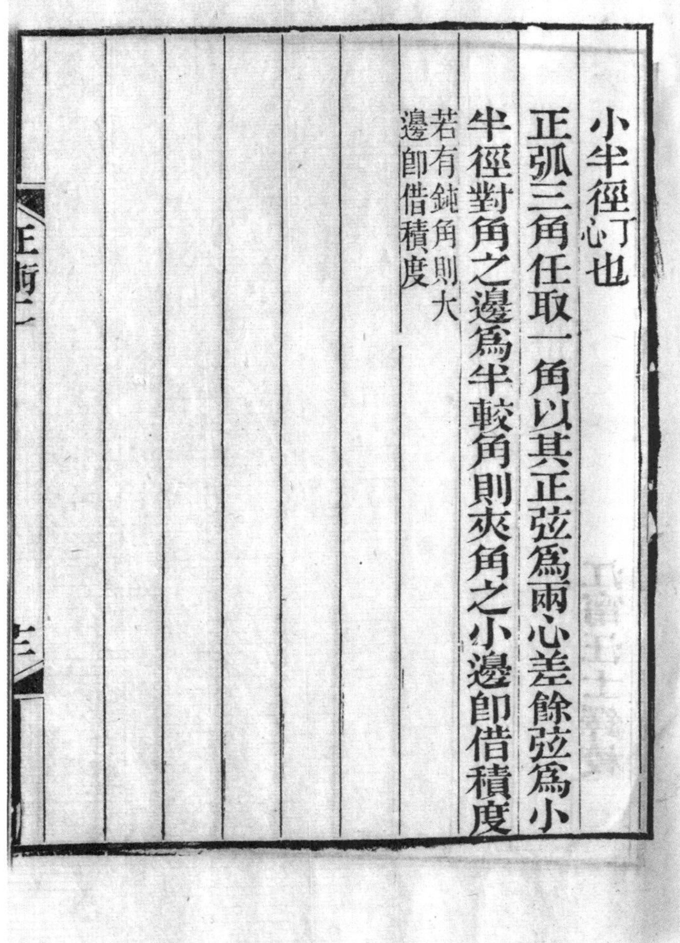

小半徑丁心。也。

正弧三角任取一角，以其正弦爲兩心差，餘弦爲小半徑，對角之邊爲半較角。則夾角之小邊，即借積度。若有鈍角，則大邊即借積度。

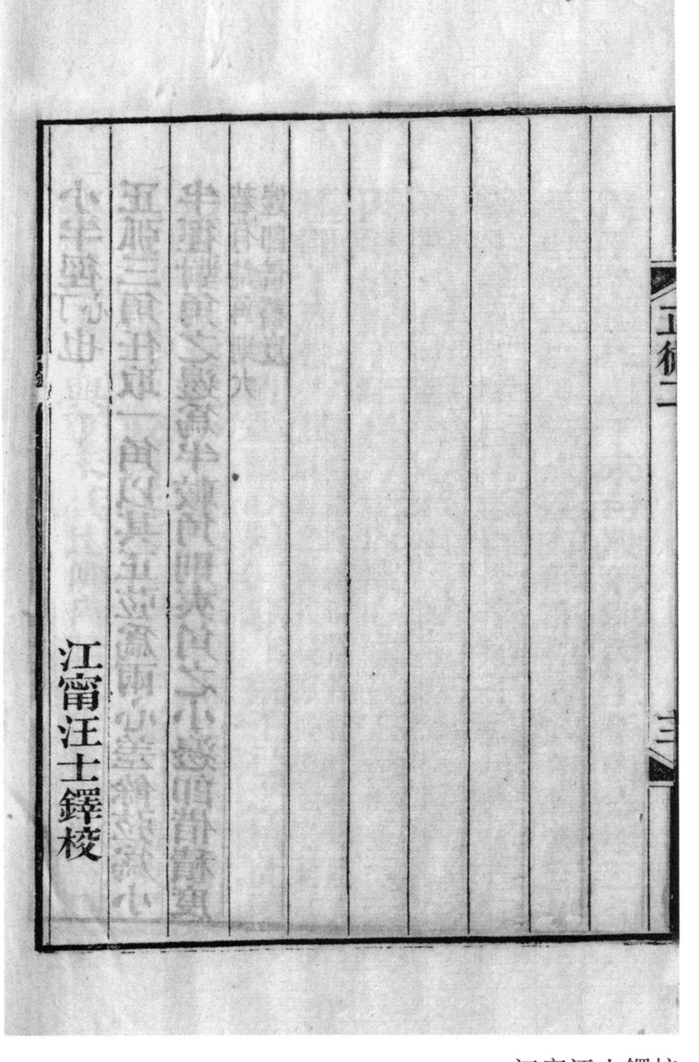

江甯汪士鐸校

江寧汪士鐸校

橢圓新術　則古昔齋算學八
海甯李善蘭學
第一術
以角求積
設有實引角若干度求橢圓面積爲平引
求平圜面積角
一率　小半徑
二率　大半徑
三率　實引正切
四率　平圜面積角正切
新術一　一

橢圓新術

則古昔齋算學八

海寧李善蘭學

第一術

以角求積

設有實引角若干度，求橢圓面積爲平引。

求平圜面積角：

一率　小半徑

二率　大半徑

三率　實引正切

四率　平圜面積角正切

求較角
一率　半徑
二率　兩心差
三率　平圓面積角正弦
四率　較角正弦
以較角加減面積角最高後加最卑後減得借積度
求積差
一率　半徑
二率　兩心差
三率　借積度正弦

求較角：

一率　半徑

二率　兩心差

三率　平圓面積角正弦

四率　較角正弦

以較角加減面積角，最高後加，最卑後減。得借積度。

求積差：

一率　半徑

二率　兩心差

三率　借積度正弦

四率　積差

以積差化度加減借積度，最高後加，最卑後減。得橢圜面積度。

釋術　如圖，甲丙乙丁爲橢圜，甲子乙丑爲長徑上之平圜，甲己戊爲實引角。甲戊己面積與橢圜全積比，若甲庚己面積與平圜全積比。己辛與半徑比，若戊辛與戊己辛角實引角上圖外角，下圖本角。正切比，亦若庚辛借積度正弦。與庚己辛角平圜面積角上圖外角，下圖本角。正切比。丙心小半徑。與子心即大半徑。比，若戊辛與庚辛比，則亦若戊己辛角正切與庚己辛角正切比。故以丙心小半徑。爲一率，子心大半徑。爲二率，戊己辛角正切實引正切。爲三率，得四率庚己辛角正切平圜面角正切。也。

庚己心三角形有庚心邊，半徑，有所對己角，平圜面積角，有己心邊，兩心差，求所對庚角。較角。法以庚心邊爲一率，己心邊爲二率，己角正弦爲三率，得四率庚角正弦。上圖以庚角減庚己甲角，下圖以庚角加庚己甲角，各得庚心甲角爲借積度，庚辛爲借積度正弦。

庚辛心、己壬心

新術一　二
實引角上圖外角下圖本角正切比亦若庚辛借積度正弦與庚己辛角平圜面積角上圖外角下圖本角正切比丙心小半徑與子心即大半徑比若戊辛與庚辛比則亦若戊己辛角正切與庚己辛角正切比故以丙心小半徑爲一率子心大半徑爲二率戊己辛角正切實引正切爲三率得四率庚己辛角正切平圜面角正切也
庚己心三角形有庚心邊半徑有所對己角平圜面積角有己心邊兩心差求所對庚角較角法以庚心邊爲一率己心邊爲二率己角正弦爲三率得四率庚角正弦上圖以庚角減庚己甲角下圖以庚角加庚己甲角各得庚心甲角爲借積度庚辛爲借積度正弦　庚辛心己壬心

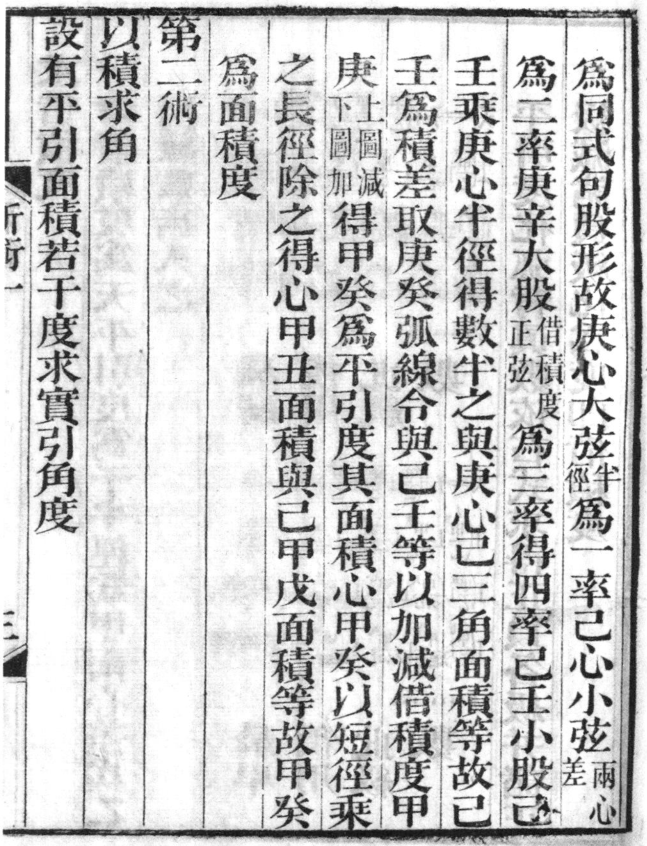

爲同式句股形故庚心大弦半徑爲一率己心小弦兩心差
爲二率庚辛大股借積度正弦爲三率得四率己壬小股己
壬乘庚心半徑得數半之與庚心己三角面積等故己
壬爲積差取庚癸弧線令與己壬等以加減借積度甲
庚上圖減下圖加得甲癸爲平引度其面積心甲癸以短徑乘
之長徑除之得心甲丑面積與己甲戊面積等故甲癸
爲面積度
第二術
以積求角
設有平引面積若干度求實引角度

爲同式句股形，故庚心大弦半徑。爲一率，己心小弦兩心差。爲二率，庚辛大股借積度正弦。爲三率，得四率己壬小股。己壬乘庚心半徑，得數半之，與庚心己三角面積等，故己壬爲積差。取庚癸弧線，令與己壬等，以加減借積度甲庚，上圖減，下圖加。得甲癸爲平引度。其面積心甲癸以短徑乘之，長徑除之，得心甲丑面積，與己甲戊面積等，故甲癸爲面積度。

第二術

以積求角

設有平引面積若干度，求實引角度。

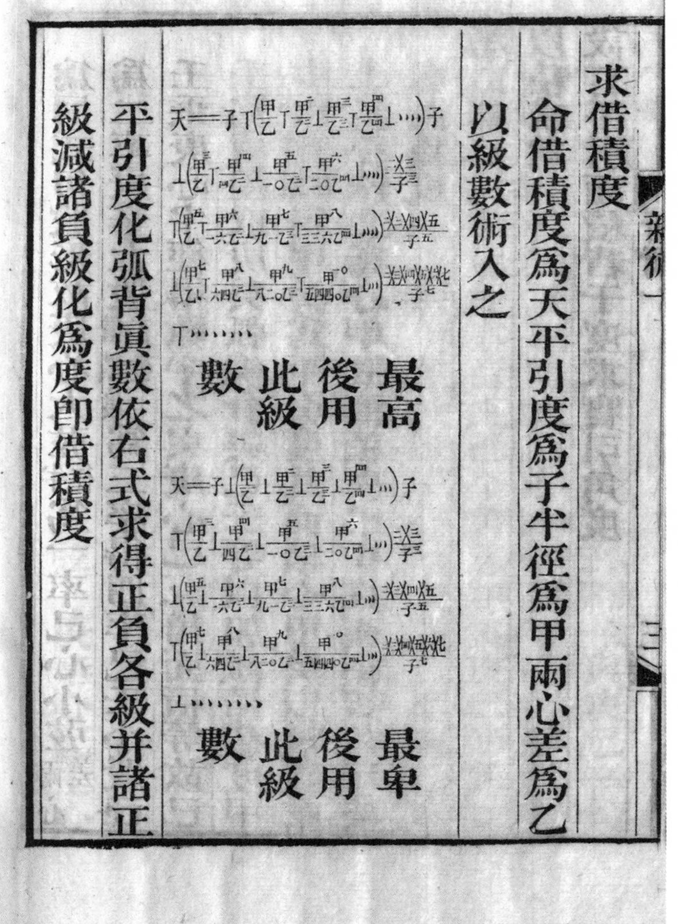

求借積度

命借積度爲天，平引度爲子，半徑爲甲，兩心差爲乙，以級數術入之。

$$\begin{aligned}\text{天}=\text{子}\top&\left(\frac{\text{甲}}{\text{乙}}\top\frac{\text{甲}^{\text{二}}}{\text{乙}^{\text{二}}}\perp\frac{\text{甲}^{\text{三}}}{\text{乙}^{\text{三}}}\top\frac{\text{甲}^{\text{四}}}{\text{乙}^{\text{四}}}\perp\cdots\cdots\right)\text{子}\perp\left(\frac{\text{甲}^{\text{三}}}{\text{乙}}\top\frac{\text{甲}^{\text{四}}}{\text{四乙}^{\text{二}}}\perp\frac{\text{甲}^{\text{五}}}{\text{一〇乙}^{\text{三}}}\top\frac{\text{甲}^{\text{六}}}{\text{二〇乙}^{\text{四}}}\perp\cdots\cdots\right)\frac{\text{二}\times\text{三}}{\text{子}^{\text{三}}}\\&\top\left(\frac{\text{甲}^{\text{五}}}{\text{乙}}\top\frac{\text{甲}^{\text{六}}}{\text{一六乙}^{\text{二}}}\perp\frac{\text{甲}^{\text{七}}}{\text{九一乙}^{\text{三}}}\top\frac{\text{甲}^{\text{八}}}{\text{三三六乙}^{\text{四}}}\perp\cdots\cdots\right)\frac{\text{二}\times\text{三}\times\text{四}\times\text{五}}{\text{子}^{\text{五}}}\\&\perp\left(\frac{\text{甲}^{\text{七}}}{\text{乙}}\top\frac{\text{甲}^{\text{八}}}{\text{六四乙}^{\text{二}}}\perp\frac{\text{甲}^{\text{九}}}{\text{八二〇乙}^{\text{三}}}\top\frac{\text{甲}^{\text{一〇}}}{\text{五四四〇乙}^{\text{四}}}\perp\cdots\cdots\right)\frac{\text{二}\times\text{三}\times\text{四}\times\text{五}\times\text{六}\times\text{七}}{\text{子}^{\text{七}}}\top\cdots\cdots\end{aligned}$$

最高後用此級數。

$$\begin{aligned}\text{天}=\text{子}\perp&\left(\frac{\text{甲}}{\text{乙}}\perp\frac{\text{甲}^{\text{二}}}{\text{乙}^{\text{二}}}\perp\frac{\text{甲}^{\text{三}}}{\text{乙}^{\text{三}}}\perp\frac{\text{甲}^{\text{四}}}{\text{乙}^{\text{四}}}\perp\cdots\cdots\right)\text{子}\top\left(\frac{\text{甲}^{\text{三}}}{\text{乙}}\perp\frac{\text{甲}^{\text{四}}}{\text{四乙}^{\text{二}}}\perp\frac{\text{甲}^{\text{五}}}{\text{一〇乙}^{\text{三}}}\perp\frac{\text{甲}^{\text{六}}}{\text{二〇乙}^{\text{四}}}\perp\cdots\cdots\right)\frac{\text{二}\times\text{三}}{\text{子}^{\text{三}}}\\&\perp\left(\frac{\text{甲}^{\text{五}}}{\text{乙}}\perp\frac{\text{甲}^{\text{六}}}{\text{一六乙}^{\text{二}}}\perp\frac{\text{甲}^{\text{七}}}{\text{九一乙}^{\text{三}}}\perp\frac{\text{甲}^{\text{八}}}{\text{三三六乙}^{\text{四}}}\perp\cdots\cdots\right)\frac{\text{二}\times\text{三}\times\text{四}\times\text{五}}{\text{子}^{\text{五}}}\\&\top\left(\frac{\text{甲}^{\text{七}}}{\text{乙}}\perp\frac{\text{甲}^{\text{八}}}{\text{六四乙}^{\text{二}}}\perp\frac{\text{甲}^{\text{九}}}{\text{八二〇乙}^{\text{三}}}\top\frac{\text{甲}^{\text{一〇}}}{\text{五四四〇乙}^{\text{四}}}\perp\cdots\cdots\right)\frac{\text{二}\times\text{三}\times\text{四}\times\text{五}\times\text{六}\times\text{七}}{\text{子}^{\text{七}}}\top\cdots\cdots\end{aligned}$$

最卑後用此級數。

平引度化弧背真數，依右式，求得正負各級，并諸正級減諸負級化爲度，即借積度。

求橢圜正弦：

一率　大半徑

二率　小半徑

三率　借積度正弦

四率　橢圜正弦

求橢圜餘弦：

兩心差加借積度矢，最卑後借積不滿象限，用小矢；過象限，用大矢。最高後借積不滿象限，用大矢；過象限，用小矢。與半徑相減，得橢圜餘弦。

求實引：

一率　橢圜餘弦

二率　楕圜正弦
三率　半徑
四率　實引正切
釋術　如圖甲癸為平引面積度依級數求得甲庚借積度其正弦庚辛戊辛為楕圜正弦己辛為楕圜餘弦子心與丙心比若庚辛與戊辛比故以子心大半徑為一率丙心小半徑為二率庚辛借積度正弦為三率得四率楕圜正弦戊辛也　上圖為最卑後借積度甲庚不滿象限其小矢甲辛加兩心差己心較半徑甲心多一己辛故以兩心差與小矢相加以半徑減之得楕圜餘弦己辛

二率　楕圜正弦

三率　半徑

四率　實引正切

釋術　如圖，甲癸爲平引面積度，依級數求得甲庚借積度，其正弦庚辛。戊辛爲楕圜正弦，己辛爲楕圜餘弦。子心與丙心比，若庚辛與戊辛比。故以子心大半徑。爲一率，丙心小半徑。爲二率，庚辛借積度正弦。爲三率，得四率楕圜正弦戊辛也。

上圖爲最卑後借積度甲庚不滿象限，其小矢甲辛，加兩心差己心，較半徑甲心，多一己辛。故以兩心差與小矢相加，以半徑減之，得楕圜餘弦己辛。

若借積度過象限爲甲卯，則當用大矢甲辰，不用辰乙小矢也。

下圖爲最高後借積度甲庚不滿象限，其大矢乙辛，加兩心差己心，較半徑，多一己辛。故以兩心差與大矢相加，以半徑減之，得橢圜餘弦己辛。若借積度過象限爲甲卯，則當用小矢乙辰，不用甲辰大

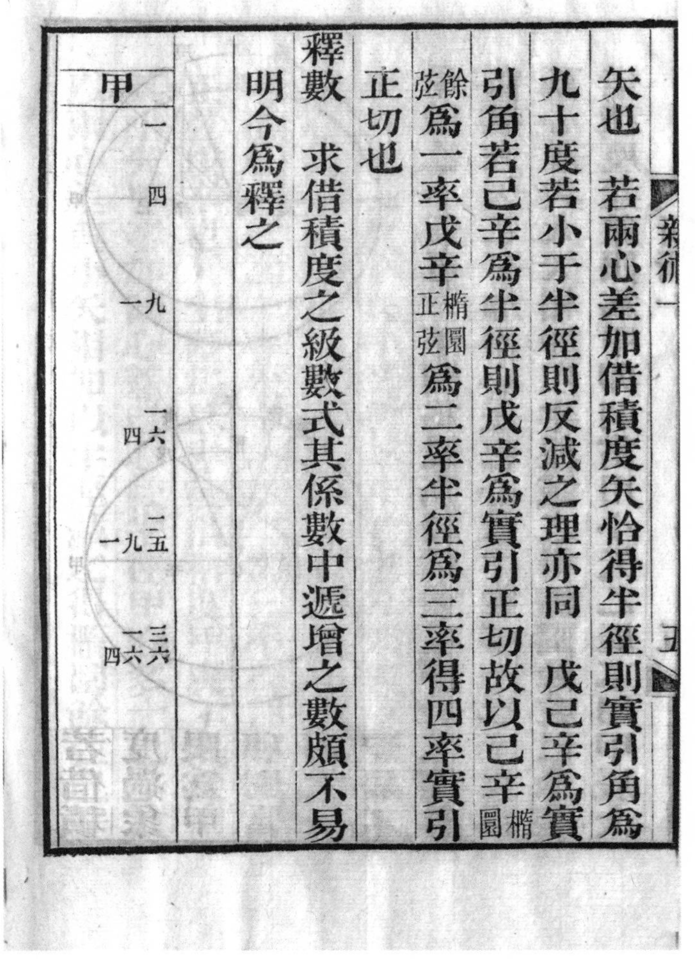

矢也。

若兩心差加借積度矢，恰得半徑，則實引角爲九十度。若小于半徑，則反減之，理亦同。

戊己辛爲實引角，若己辛爲半徑，則戊辛爲實引正切。故以己辛橢圜餘弦。爲一率，戊辛橢圜正弦。爲二率，半徑爲三率，得四率實引正切也。

釋數　求借積度之級數式，其係數中遞增之數，頗不易明，今爲釋之。

甲	一	四	九 一	一六 四	二五 九 一	三六 一六 四

乙	一	一六	八一一〇	二五六八〇	六二五三〇六三五	一二九六八三二二二四
丙	一	六四	七二九九一	四〇九六一三四四	一五六二五八三七九九六六	四六六五六三四〇四八九四〇八
丁	一	二五六	六五六一八二〇	六五五三六二一七六〇	三九〇六二五二一六〇三六二四九七〇	一六七九六一六一二九一二六四三六〇四四八

法：以諸平方數逐層列之，爲甲之第一行；降二層，復列之，爲甲之第二行；又降二層，復列之，爲甲之第三行；四行以下仿此。次以甲之第一行諸層各自乘，爲乙之第一行；各再乘，爲丙之第一行；各三乘，爲丁之第一行。戊、

己諸第一行仿此。次以甲之一、二行各層併之，以二行各層乘之，爲乙之第二行；以乙之一、二行併之，以甲之二行乘之，爲丙之第二行；以丙之一、二行併之，以甲之二行乘之，爲丁之第二行。戊、己諸第二行仿此。次併甲之一、二、三行，以甲之三行乘之，爲乙之第三行；併乙之一、二、三行，以甲之三行乘之，爲丙之第三行；併丙之一、二、三行，以甲之三行乘之，爲丁之第三行。戊、己諸第三行仿此。四行以下皆如此法，乃以甲之各行逐層併之，爲子三係數中之遞增數；以乙之各行逐層併之，爲子五係數中之遞增數；以丙之各行逐層併之，爲子七係數中之

遞增數餘可類推
一法可先得一二行併數三行以下仍用前法求之似較便捷列如左
法列天地二行上下各二數天之二數及地之上數恒爲一地之下數遞用諸平方積乃以天之下數乘地之上數加天之上數爲甲之上數以天之上數乘地之下

遞增數，餘可類推。

一法可先得一、二行併數，三行以下仍用前法求之，似較便捷，列如左。

一	一	一	一	四		一	九		地
一	一	一	一	一	一	一	一	一	天
二	二	四	二	五	一〇	二	一〇	二〇	甲
四	四	一六	七	一三	九一	一二	二八	三三六	乙
八	八	六四	二〇	四一	八二〇	四〇	一三六	五四四〇	丙
一六	一六	二五六	六一	一二一	七三八一	一七六	四九六	八七二九六	丁

法：列天地二行，上下各二數。天之二數及地之上數，恒爲一。地之下數遞用諸平方積。乃以天之下數乘地之上數，加天之上數，爲甲之上數；以天之上數乘地之下

數，加天之下數，爲甲之下數。次以甲二數代天二數，如法求得乙二數；復以乙二數代天二數，如法求得丙二數。順是以下皆如是。求畢，乃以逐行各二數上下相乘，即得前法一、二兩行相併各數。其天行各層俱爲一，即子係數中之數也。

右諸層無第三行，無須更求。若有第三、第四諸行，必更求之。

一　一六		一　二五		地
一　一	一	一　一	一	天
二　一七	三四 一	二　二六	五二 四	甲

一九　　四九	九三一 三五	二八　　七六	二一二八 二二四	乙
六八　　三五三	二四〇〇四 九六六	一〇四　　七七六	八〇七〇四 九四〇八	丙
四二一　　一四四一	六〇六六六一 二四九七〇	八八〇　　三三七六	二九七〇八八〇 三六〇四四八	丁

右二層有第三行，上、下二數相乘後，復用前法求之。如三四加一得三五，九三一加三五得九六六。又如五二加四得五六，再以四乘之，得二二四；二一二八加二二四得二三五二，再以四乘之，得九四〇八。餘仿此。有第四行，以下可類推。

右二層有第三行上下二數相乘後復用前法求之如三四加一得三五九三一加三五得九六六又如五二加四得五六再以四乘之得二二四二一二八加二二四得二三五二再以四乘之得九四〇八餘仿此有第四行以下可類推

橢圜新術

無錫徐壽校

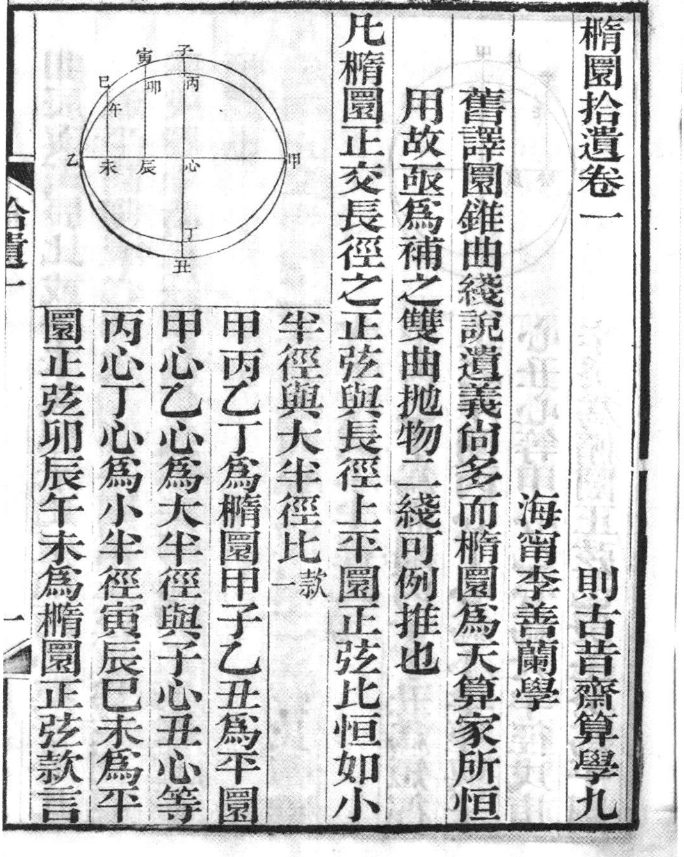

楕圜拾遺卷一　則古昔齋算學九

海甯李善蘭學

舊譯圜錐曲綫說遺義尚多而楕圜爲天算家所恒用故亟爲補之雙曲拋物二綫可例推也

凡楕圜正交長徑之正弦與長徑上平圜正弦比恒如小半徑與大半徑比一款

子 寅 丙 卯 巳 午 乙 未 辰 心 甲 丁 丑

甲丙乙丁爲楕圜甲子乙丑爲平圜甲心乙心爲大半徑與子心丑心等丙心丁心爲小半徑寅辰巳未爲平圜正弦卯辰午未爲楕圜正弦款言

拾遺一

五九三

楕圜拾遺卷一

則古昔齋算學九

海寧李善蘭學

舊譯《圜錐曲綫説》，遺義尚多，而楕圜爲天算家所恒用，故亟爲補之。雙曲、拋物二綫可例推也。

凡楕圜正交長徑之正弦與長徑上平圜正弦比，恒如小半徑與大半徑比。款一。

甲丙乙丁爲楕圜，甲子乙丑爲平圜。甲心、乙心爲大半徑，與子心、丑心等，丙心、丁心爲小半徑。寅辰、巳未爲平圜正弦，卯辰、午未爲楕圜正弦。款言：

卯辰與寅辰比，或午未與巳未比，恒如丙心與子心比。

蓋平圜側視之，即成橢圜。平圜諸正弦，恒爲弦；側視所成橢圜諸正弦，恒爲句，成無數等勢句股形，故比例恒同也。

凡橢圜正交短徑之正弦與短徑上平圜之正弦比，恒如大半徑與小半徑比。款二。

甲丙乙丁爲橢圜，丙子丁丑爲短徑上之平圜。丙心、丁心爲小半徑，與子心、丑心等，甲心、乙心爲大半徑。戊庚、辛癸爲橢圜正弦，己庚、壬癸爲平圜

正弦款言戊庚與己庚比或辛癸與壬癸比恒如甲心
與子心比　蓋橢圜從長徑端側視之長徑必稍短漸
側漸短至與短徑等卽成平圜矣橢圜諸正弦恒爲弦
側視所成平圜諸正弦恒爲句成無數等勢句股形故
比例恒同也
凡橢圜斜交斜徑之正弦與斜徑上平圜之正弦比恒如
半屬徑與半斜徑比款三
甲丙乙丁爲橢圜甲子乙丑爲斜徑上平圜甲心乙心
爲半斜徑與子心丑心等丙丁爲屬徑丙心丁心爲半
屬徑午未卯辰爲橢圜正弦巳未寅辰爲平圜正弦款

正弦。

款言：戊庚與己庚比，或辛癸與壬癸比，恒如甲心與子心比。

蓋橢圜從長徑端側視之，長徑必稍短，漸側漸短，至與短徑等，即成平圜矣。橢圜諸正弦，恒爲弦；側視所成平圜諸正弦，恒爲句，成無數等勢句股形，故比例恒同也。

凡橢圜斜交斜徑之正弦與斜徑上平圜之正弦比，恒如半屬徑與半斜徑比。款三。

甲丙乙丁爲橢圜，甲子乙丑爲斜徑上平圜。甲心、乙心爲半斜徑，與子心、丑心等。丙丁爲屬徑，丙心、丁心爲半屬徑。午未、卯辰爲橢圜正弦，巳未、寅辰爲平圜正弦。款

言：午未與巳未比，或卯辰與寅辰比，恒如丙心與子心比。

試置橢圜柱，自短徑端斜截之，令成平圜面。復自長徑端斜截之，仍爲橢圜面。令二面之交線過柱心，則交線即斜徑二面。諸正弦與圜柱周諸直線，成無數等勢三角形，故比例恒同也。

橢圜與長徑上平圜比，如短徑與長徑比；與短徑上平圜比，如長徑與短徑比。款四。

庚辛爲容平圜之正方，壬癸爲容橢圜之長方。庚辛方

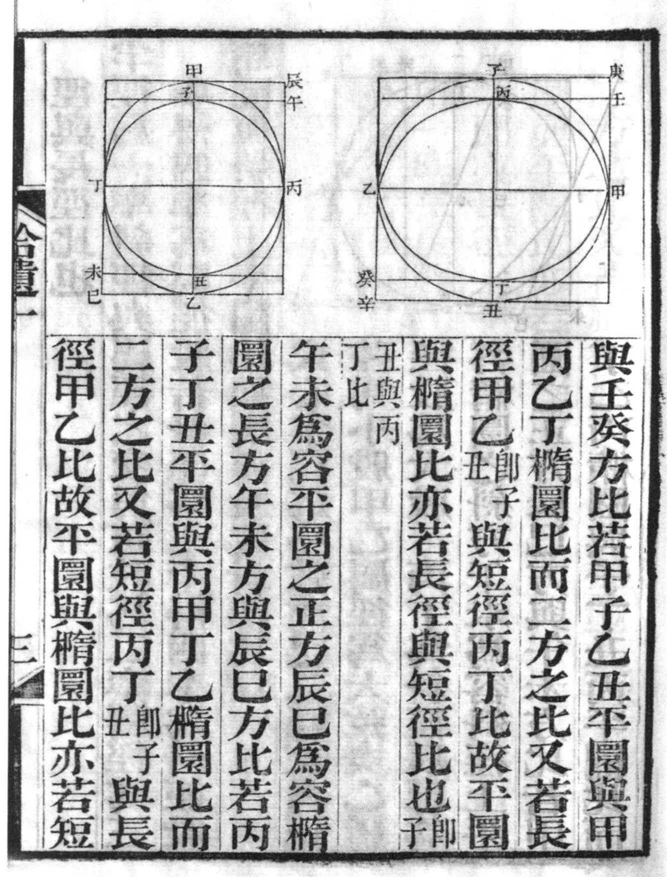

與壬癸方比，若甲子乙丑平圜與甲丙乙丁橢圜比。而二方之比，又若長徑甲乙即子丑。與短徑丙丁比。故平圜與橢圜比，亦若長徑與短徑比也。即子丑與丙丁比。

午未爲容平圜之正方，辰巳爲容橢圜之長方。午未方與辰巳方比，若丙子丁丑平圜與丙甲丁乙橢圜比。而二方之比，又若短徑丙丁即子丑。與長徑甲乙比。故平圜與橢圜比，亦若短

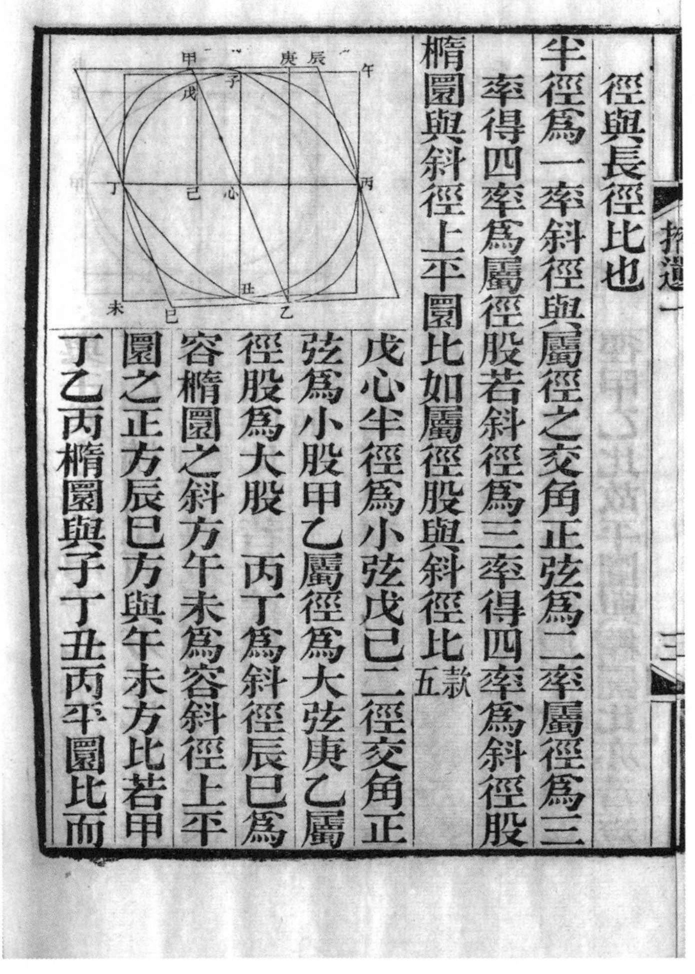

徑與長徑比也

半徑爲一率斜徑與屬徑之交角正弦爲二率屬徑爲三率得四率爲屬徑股若斜徑爲三率得四率爲斜徑股

橢圓與斜徑上平圓比如屬徑股與斜徑比五款

戊心半徑爲小弦戊巳二徑交角正弦爲小股甲乙屬徑爲大弦庚乙屬徑股爲大股　丙丁爲斜徑辰巳爲容橢圓之斜方午未爲容斜徑上平圓之正方辰巳方與午未方比若甲丁乙丙橢圓與子丁丑丙平圓比而

拾遺一　三

徑與長徑比也。

半徑爲一率，斜徑與屬徑之交角正弦爲二率，屬徑爲三率，得四率，爲屬徑股。若斜徑爲三率，得四率，爲斜徑股。

橢圓與斜徑上平圓比，如屬徑股與斜徑比。款五。

戊心半徑爲小弦，戊己二徑交角正弦爲小股。甲乙屬徑爲大弦，庚乙屬徑股爲大股。丙丁爲斜徑，辰巳爲容橢圓之斜方，午未爲容斜徑上平圓之正方。辰巳方與午未方比，若甲丁乙丙橢圓與子丁丑丙平圓比。而

二方之比又若屬徑股庚乙與斜徑丙丁即子丑比故橢圜與平圜比亦若屬徑股與斜徑比

凡橢圜與長徑上平圜二圜内所有三角及諸邊形若同用一底在長徑内切圜周諸角俱在一个垂線内則其面積之比恒如短徑與長徑比凡橢圜與短徑上平圜二圜内所有三角及諸邊形若同用一底在短徑内切圜周諸角俱在一个垂線内則其面積之比恒如長徑與短徑比款六

丁乙丙爲橢圜内三角形甲乙丙爲平圜内三角形同用乙丙底切圜周甲丁二角俱在甲寅垂線内又子丑

二方之比，又若屬徑股庚乙與斜徑丙丁即子丑。比，故橢圜與平圜比，亦若屬徑股與斜徑比。

凡橢圜與長徑上平圜二圜内所有三角及諸邊形，若同用一底在長徑内，切圜周諸角俱在一个垂線内，則其面積之比，恒如短徑與長徑比。凡橢圜與短徑上平圜二圜内所有三角及諸邊形，若同用一底在短徑内，切圜周諸角俱在一个垂線内，則其面積之比，恒如長徑與短徑比。款六。

丁乙丙爲橢圜内三角形，甲乙丙爲平圜内三角形，同用乙丙底。切圜周甲、丁二角，俱在甲寅垂線内。又子丑

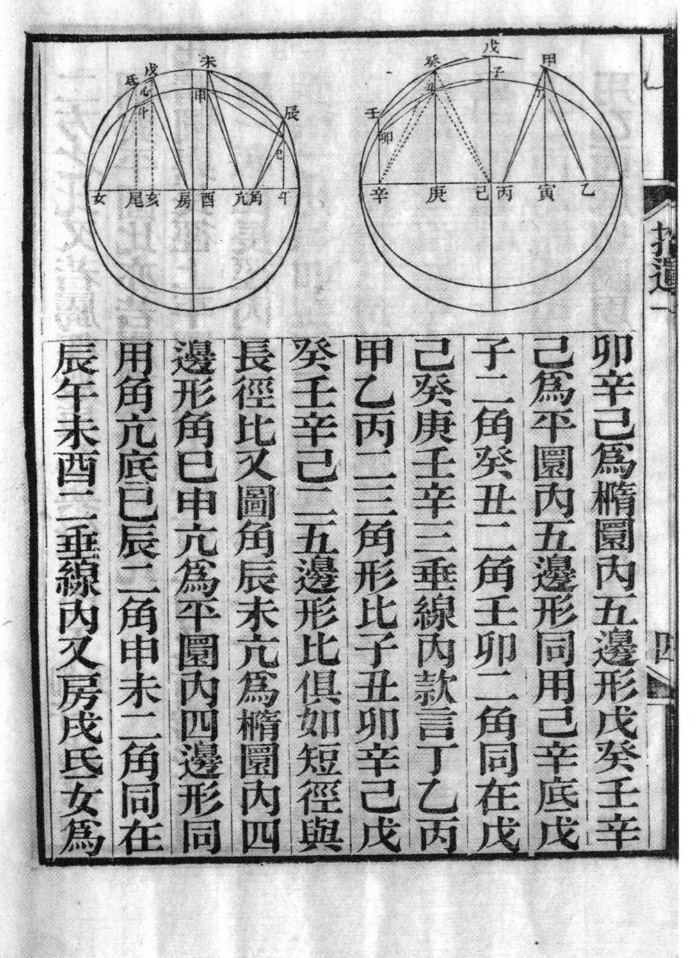

卯辛己爲橢圜内五邊形，戊癸壬辛己爲平圜内五邊形，同用己辛底。戊、子二角，癸、丑二角，壬、卯二角，同在戊己、癸庚、壬辛三垂線内。款言：丁乙丙、甲乙丙二三角形比，子丑卯辛己、戊癸壬辛己二五邊形比，俱如短徑與長徑比。又圖，角辰未亢爲橢圜内四邊形，角巳申亢爲平圜内四邊形，同用角亢底。巳、辰二角，申、未二角，同在辰午、未酉二垂線内。又房戊氐女爲

橢圜內四邊形房心斗女爲平圜內四邊形同用房女
底戌心二角氐斗二角同在戌亥氐尾二垂線內款言
角辰未亢角巳申亢二形比房戌氐女房心斗女二形
比俱如長徑與短徑比　凡三角形同底則其積之比
如高之比丁乙丙之高丁寅乃橢圜正弦也甲乙丙之
高甲寅乃平圜正弦也凡橢圜平圜二正弦比如小半
徑與大半徑比款一亦如短徑與長徑比故二積之比亦
如短徑與長徑比也凡三角形同高則其積之比如底
之比子丑卯辛己戊癸壬辛己二五邊形可各分爲四
三角形子丑己之底子己丑己庚之底丑辛庚之底丑

橢圜內四邊形，房心斗女爲平圜內四邊形，同用房女底。戌、心二角，氐、斗二角，同在戌亥、氐尾二垂線內。款言：角辰未亢、角巳申亢二形比，房戌氐女、房心斗女二形比，俱如長徑與短徑比。

凡三角形同底，則其積之比如高之比。丁乙丙之高丁寅，乃橢圜正弦也；甲乙丙之高甲寅，乃平圜正弦也。凡橢圜平圜二正弦比，如小半徑與大半徑比，款一。亦如短徑與長徑比。故二積之比，亦如短徑與長徑比也。

凡三角形同高，則其積之比如底之比。子丑卯辛己、戊癸壬辛己二五邊形，可各分爲四三角形，子丑己之底子己，丑己庚之底、丑辛庚之底丑

拾遺一　五

庚卯丑辛之底卯辛皆橢圜正弦也戊癸己之底戊己癸己庚之底癸辛庚之底癸庚壬癸辛之底壬辛皆平圜正弦也子己與戊己比丑庚與癸庚比卯辛與壬辛比皆如短徑與長徑比則子丑己與戊癸己比丑己庚與癸己庚比丑辛庚與癸辛庚比卯丑辛與壬癸辛比亦皆如短徑與長徑比故子丑卯辛己與戊癸壬辛己二全積比亦如短徑與長徑比　角辰未亢形依垂線補成午辰未酉形角巳申亢形依垂線

庚，卯丑辛之底卯辛，皆橢圜正弦也。戊癸己之底戊己，癸己庚之底、癸辛庚之底癸庚，壬癸辛之底壬辛，皆平圜正弦也。子己與戊己比，丑庚與癸庚比，卯辛與壬辛比，皆如短徑與長徑比。則子丑己與戊癸己比，丑己庚與癸己庚比，丑辛庚與癸辛庚比，卯丑辛與壬癸辛比，亦皆如短徑與長徑比。故子丑卯辛己與戊癸壬辛己二全積比，亦如短徑與長徑比。

角辰未亢形，依垂線補成午辰未酉形；角巳申亢形，依垂線

補成午巳申酉形。辰午與巳午比，未酉與申酉比，皆如長徑與短徑比。款二。則午辰未酉形與午巳申酉形比，亦如長徑與短徑比。理詳前。而辰午角、巳午角二三角形比，未酉亢、申酉亢二三角形比，亦皆如長徑與短徑比。理詳前。則其較積角辰未亢與角巳申亢二形比，必如長徑與短徑比矣。

房戊氐女形，依垂線分爲一四邊、二三角形；房心斗女形亦分爲一四邊、二三角形。其垂線戊亥與心亥比，氐尾與斗尾比，皆如長徑與短徑比。則亥戊氐尾與亥心斗尾二四邊形比，亥

戌房亥心房二三角形比尾氐女尾斗女二三角形比亦皆如長徑與短徑比故其和積房戌氐女與房心斗女二形比亦必如長徑與短徑比也

凡橢圜及斜徑上平圜二圜內所有三角及諸邊形若同用一底在斜徑內切圜周諸角作線一與屬徑平行一正交斜徑俱遇于斜徑內一點則其面積之比恒如屬徑股與斜徑比款七

甲乙丙爲平圜內三角形甲丁丙爲橢圜內三角形同用一甲丙底在午

戌房、亥心房二三角形比，尾氐女、尾斗女二三角形比，亦皆如長徑與短徑比。故其和積房戌氐女與房心斗女二形比，亦必如長徑與短徑比也。

凡橢圜及斜徑上平圜二圜内所有三角及諸邊形，若同用一底在斜徑内，切圜周諸角作線，一與屬徑平行，一正交斜徑，俱遇于斜徑内一點。則其面積之比，恒如屬徑股與斜徑比。款七。

甲乙丙爲平圜内三角形，甲丁丙爲橢圜内三角形，同用一甲丙底，在午

未斜徑內切圜周乙角作線正交斜徑于戊切橢圜周丁角作線與申酉屬徑平行亦交斜徑于戊又己庚辛壬爲平圜內四邊形己子癸壬爲橢圜內四邊形同用一己壬底在斜徑內圜周庚辛二角作線正交斜徑于丑于卯橢圜周子癸二角作線與屬徑申酉平行亦交斜徑于丑于卯款言甲丁丙甲乙丙二三角比己子癸壬己庚辛壬二四邊形比皆如屬徑股與斜徑比

試于丁點作丁角線正交斜徑又作半屬徑股申亢則有比例如左用三款例

未斜徑內。切圜周乙角作線，正交斜徑于戊；切橢圜周丁角作線，與申酉屬徑平行，亦交斜徑于戊。又己庚辛壬爲平圜內四邊形，己子癸壬爲橢圜內四邊形，同用一己壬底，在斜徑內。圜周庚、辛二角作線，正交斜徑于丑、于卯；橢圜周子、癸二角作線，與屬徑申酉平行，亦交斜徑于丑、于卯。款言：甲丁丙、甲乙丙二三角比，己子癸壬、己庚辛壬二四邊形比，皆如屬徑股與斜徑比。

試于丁點作丁角線，正交斜徑，又作半屬徑股申亢，則有比例如左：用三款例。

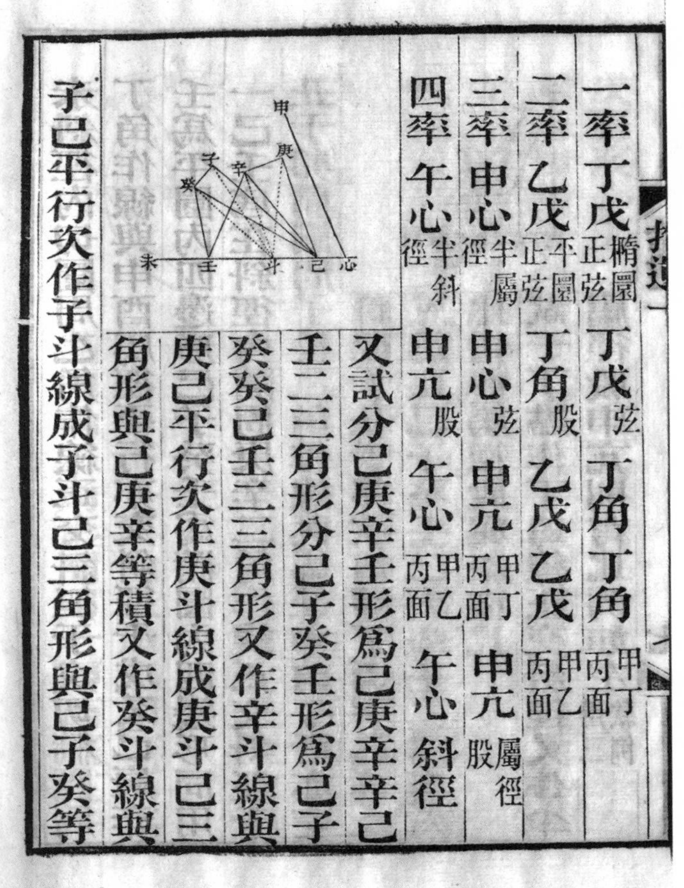

一率	丁戊橢圜正弦	丁戊弦	丁角	丁角甲丁丙面
二率	乙戊平圜正弦	丁角股	乙戊	乙戊甲乙丙面
三率	申心半屬徑	申心弦	申亢甲丁丙面	申亢屬徑股
四率	午心半斜徑	申亢股	午心甲乙丙面	午心斜徑[1]

又試分己庚辛壬形爲己庚辛、辛己壬二三角形；分己子癸壬形爲己子癸、癸己壬二三角形。又作辛斗線與庚己平行，次作庚斗線成庚斗己三角形，與己庚辛等積。又作癸斗線與子己平行，次作子斗線成子斗己三角形，與己子癸等

1 斜徑，底本大字，依體例改作小字。

積準前三角例本款則得
一率 癸己壬 子斗己即己子癸 己子癸壬
二率 辛己壬 庚斗己即己庚辛 併之 己庚辛壬
三率 屬徑股 屬徑股 得 屬徑股
四率 斜徑 斜徑 斜徑
橢圜正交長徑之正弦與長徑上平圜正弦比如短徑上平圜餘弦與橢圜餘弦比款八
卯辰爲橢圜正弦寅辰爲長徑上平圜正弦卯午爲橢圜餘弦巳午爲短徑上平圜餘弦卯辰與寅辰比若小半徑與大半徑比款一巳午與卯午比亦若小半徑與大

積。準前三角例，本款。則得：

一率	癸己壬	子斗己即己子癸	併之得	己子癸壬
二率	辛己壬	庚斗己即己庚辛		己庚辛壬
三率	屬徑股	屬徑股		屬徑股
四率	斜徑	斜徑		斜徑

橢圜正交長徑之正弦與長徑上平圜正弦比，如短徑上平圜餘弦與橢圜餘弦比。款八。

卯辰爲橢圜正弦，寅辰爲長徑上平圜正弦，卯午爲橢圜餘弦，巳午爲短徑上平圜餘弦。卯辰與寅辰比，若小半徑與大半徑比。款一。巳午與卯午比，亦若小半徑與大

半徑比。款二。故卯辰與寅辰比，若巳午與卯午比也。

橢圜交斜徑之正弦與斜徑上平圜正弦比，如屬徑上平圜餘弦與橢圜餘弦比。款九。

甲乙爲斜徑，丙丁爲屬徑。子丑爲交斜徑正弦，子卯爲斜徑上平圜正弦；丑寅爲斜餘弦，辰寅爲屬徑上平圜

餘弦子丑與子卯比若半屬徑心丁與半斜徑心甲比款三辰寅與丑寅比亦若半屬徑心丁與半斜徑心甲比款三故子丑與子卯比若辰寅與丑寅比也

短徑方長徑方之中率爲容橢圜之長方款十

短徑方與長方比長方與長徑方比皆如短徑與長徑比故長方爲中率

斜徑乘斜徑股屬徑乘屬徑股其中率爲容橢圜之斜方

餘弦。子丑與子卯比，若半屬徑心丁。與半斜徑心甲。比，款三。辰寅與丑寅比，亦若半屬徑心丁。與半斜徑心甲。比。款三。故子丑與子卯比，若辰寅與丑寅比也。

短徑方、長徑方之中率，爲容橢圜之長方。款十。

短徑方與長方比，長方與長徑方比，皆如短徑與長徑比，故長方爲中率。

斜徑乘斜徑股，屬徑乘屬徑股，其中率爲容橢圜之斜方。

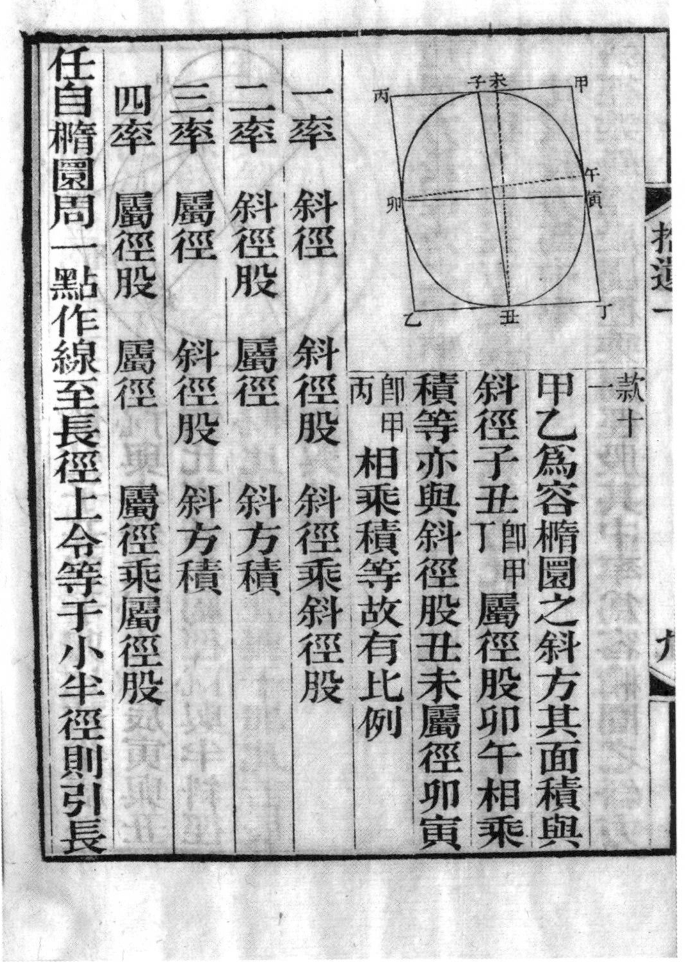

款十一。

甲乙爲容橢圜之斜方，其面積與斜徑子丑即甲丁。屬徑股卯午相乘積等，亦與斜徑股丑未屬徑卯寅即甲丙。相乘積等。故有比例：

一率	斜徑	斜徑股	斜徑乘斜徑股
二率	斜徑股	屬徑	斜方積
三率	屬徑	斜徑股	斜方積
四率	屬徑股	屬徑	屬徑乘屬徑股

任自橢圜周一點作線至長徑上，令等于小半徑，則引長

之至短徑，必等于大半徑。款十二。

任于楕圜周子點作線至長徑丑點，令子丑等于小半徑，則引長之至短徑寅點，子寅必等大半徑。

試于長短二徑上各作平圜，又于子點作楕圜正弦子卯，餘弦子辰。午卯爲長徑上平圜正弦，未辰爲短徑上平圜餘弦。辰心等于子卯，卯心等于子辰。子卯與午卯比，若未辰與子辰比，款八。則未辰心、午卯心爲同式句股形。以午心、未心大小二半徑爲弦，子丑既等于小半徑未心，則必與

未心平行蓋同以子辰卯心二平行線爲界故也引長
之至寅必與大半徑午心等蓋既與午心平行又同以
午卯辰寅二平行線爲界故也用十字槽作橢圜周即
此款之理也
大半徑減兩心差爲卑徑大半徑加兩心差爲高徑兩心
各出線遇于橢圜周爲二交徑自遇點作正弦分長徑
爲二分爲大小二矢二交徑內各減卑徑爲大小二徑
較以二交徑各減高徑亦爲大小二徑較
大小二徑較比如大小二矢比款十三
甲丙甲丁爲二交徑庚乙爲小矢辛乙爲大矢丁己等

未心平行，蓋同以子辰、卯心二平行線爲界故也。引長之至寅，必與大半徑午心等，蓋既與午心平行，又同以午卯、辰寅二平行線爲界故也。用十字槽作橢圜周，即此款之理也。

大半徑減兩心差爲卑徑，大半徑加兩心差爲高徑。兩心各出線遇于橢圜周，爲二交徑。自遇點作正弦，分長徑爲二分，爲大小二矢。二交徑内各減卑徑，爲大小二徑較；以二交徑各減高徑，亦爲大小二徑較。

大小二徑較比，如大小二矢比。款十三。

甲丙、甲丁爲二交徑，庚乙爲小矢，辛乙爲大矢。丁己等

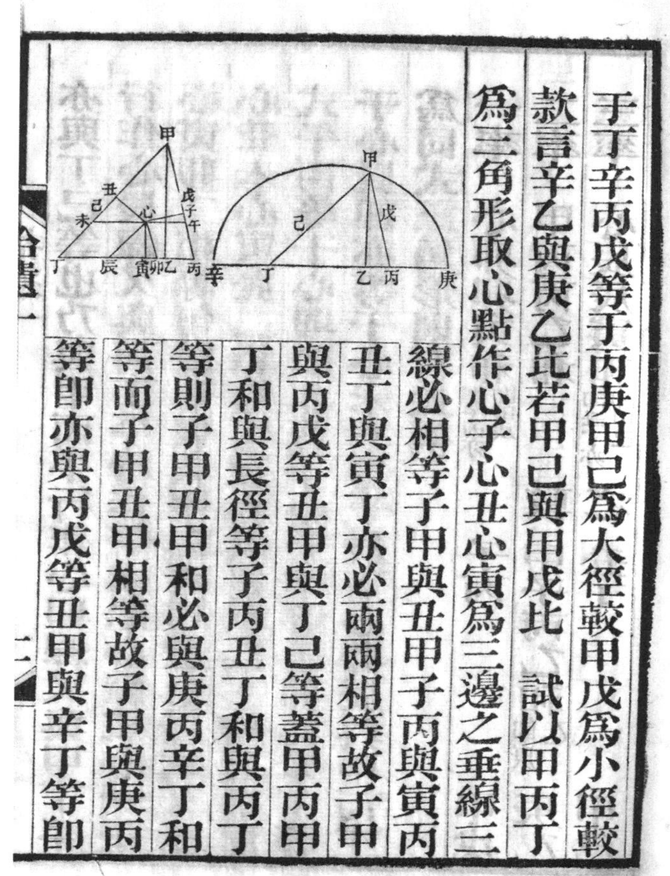

于丁辛，丙戊等于丙庚，甲己爲大徑較，甲戊爲小徑較。款言：辛乙與庚乙比，若甲己與甲戊比。

試以甲丙丁爲三角形，取心點，作心子、心丑、心寅爲三邊之垂線，三線必相等。子甲與丑甲，子丙與寅丙，丑丁與寅丁，亦必兩兩相等，故子甲與丙戊等，丑甲與丁己等。蓋甲丙、甲丁和與長徑等，子丙、丑丁和與丙丁等，則子甲、丑甲和必與庚丙、辛丁和等。而子甲、丑甲相等，故子甲與庚丙等，即亦與丙戊等；丑甲與辛丁等，即亦與丁己等也乃與甲丙平行作心卯線又與甲丁平行作心辰線又與丙丁平行作午未過心線成心子午心寅卯二相等句股形俱與甲乙丙句股形同式又成心丑未心寅辰二相等句股形俱與甲乙丁句股形同式午丙等于心卯卽亦等于心午亦等于卯丙未丁等于心辰卽亦等于心未亦等于辰丁心卯辰與甲丙丁爲同式三角形則有比例

一率　心卯卯寅和卽子丙亦卽甲戌　子丙　甲戌
二率　甲丙丙乙和　較　甲子丙乙和卽庚乙　庚乙
三率　心辰辰寅和卽丑丁亦卽甲己　之　丑丁　甲己

亦與丁己等也。乃與甲丙平行作心卯線，又與甲丁平行作心辰線，又與丙丁平行作午未。過心線成心子午、心寅卯二相等句股形，俱與甲乙丙句股形同式。又成心丑未、心寅辰二相等句股形，俱與甲乙丁句股形同式。午丙等于心卯，即亦等于心午，亦等于卯丙；未丁等于心辰，即亦等于心未，亦等于辰丁。心卯辰與甲丙丁爲同式三角形，則有比例：

一率	心卯、卯寅和即子丙，亦即甲戌		子丙	甲戌
二率	甲丙、丙乙和	較	甲子、丙乙和即庚乙	庚乙
三率	心辰、辰寅和即丑丁，亦即甲己	之	丑丁	甲己

四率　甲丁、丁乙和　　　　　　甲丑、丁乙和即辛乙　　　　辛乙

徑較與矢比，恒如倍兩心差與長徑比。最卑後用卑徑較，最高後用高徑較。款十四。

準前款圖有比例：

一率心辰、辰寅和即丁丑		心辰、辰寅和徑較
二率甲丁、丁乙和	較	甲丑、丁乙和矢
三率心辰、辰卯、卯心和即丑丁、子丙和	之	心辰、辰卯、卯心和倍兩心差丁丙
四率甲丁、丁丙、丙甲和		甲丑、丁丙、子甲和長徑

二交徑與倍兩心差成三角形，自形心作三邊之垂線，名心垂線。

心垂線與正弦比，恒如兩心差與高徑比。款十五。

心子、心丑、心寅俱相等，爲心垂線。甲乙爲正弦，丙丁爲倍兩心差，半之即兩心差。丙己、戊丁相等，爲高徑。款言：心子與甲乙比，若半个丙丁與丁戊比。

準平三角例，丙丁乘甲乙，等于心子乘甲丁、丁丙、丙甲和，故有比例：

一率	心子		心子
二率	甲乙	三四兩率各半之	甲乙
三率	丙丁		兩心差

四率　甲丁、丁丙、丙甲和　　　　　　　　高徑

任取交徑之一爲距心線，距心線爲一率，卑徑較爲二率，卑徑爲三率，得四率爲矢率。高徑爲一率，倍兩心差爲二率，卑徑爲三率，得四率爲徑率。

矢率與徑率比，恒如實引矢與全徑比。款十六。

準十五款有比例：

一率	高徑	高徑	
二率	兩心差	兩心差	甲乙丁、心子己爲同式句股形故也
三率	甲乙	甲丁	
四率	心子	心己	

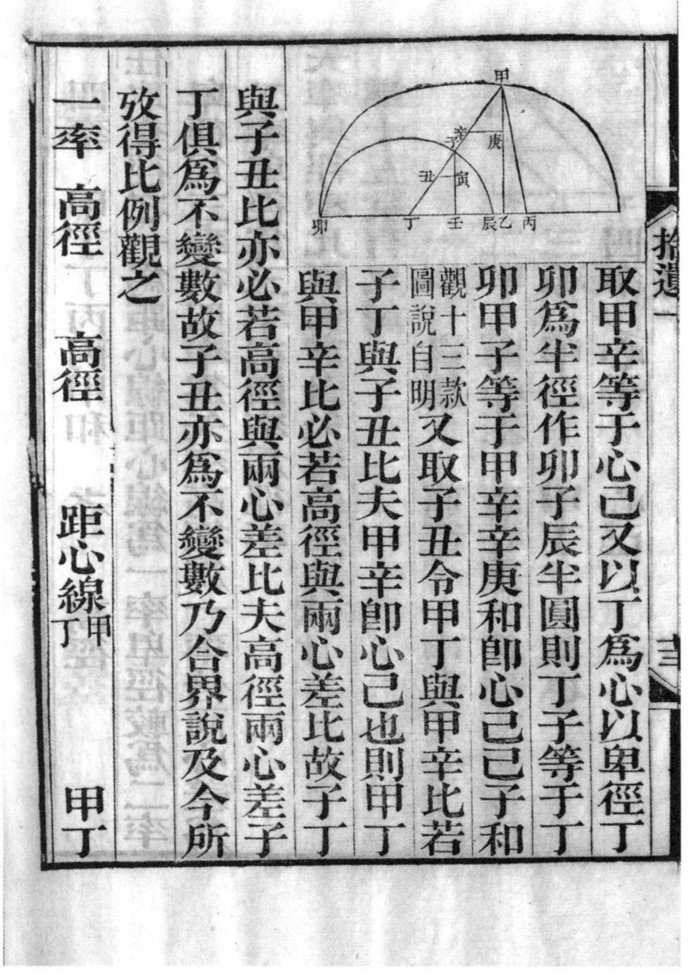

拾遺一

取甲辛等于心己又以丁爲心以卑徑丁卯爲半徑作卯子辰半圜則丁子等于丁卯甲子等于甲辛辛庚和卽心己己子和觀十三款圖說自明又取子丑令甲丁與甲辛比若子丁與子丑比夫甲辛卽心己也則甲丁與甲辛比必若高徑與兩心差比故子丁與子丑比亦必若高徑與兩心差比夫高徑兩心差子丁俱爲不變數故子丑亦爲不變數乃合界說及今所攷得比例觀之

一率　高徑　高徑　距心線甲丁　甲丁

取甲辛等于心己，又以丁爲心，以卑徑丁卯爲半徑，作卯子辰半圓。則丁子等于丁卯，甲子等于甲辛、辛庚和，即心己、己子和。觀十三款圖説自明。又取子丑，令甲丁與甲辛比，若子丁與子丑比。夫甲辛即心己也，則甲丁與甲辛比，必若高徑與兩心差比。故子丁與子丑比，亦必若高徑與兩心差比。夫高徑兩心差子丁，俱爲不變數，故子丑亦爲不變數，乃合界説及今所攷得比例觀之：

一率　高徑　　高徑　　距心線甲丁　　甲丁

二率　兩心差　倍兩心差　卑徑較甲子卽甲辛辛庚和　甲辛
三率　子丁卽卑徑　卑徑　卑徑子丁　子丁
四率　子丑　徑率倍子丑　矢率子丑丑寅和　子丑
甲辛庚子丑寅爲同式句股形故二率爲弦則四率亦爲弦甲辛與子丑是也二率爲句弦和則四率亦爲句弦和卑徑與矢率是也
卯丁甲爲最卑後實引角若卯丁爲半徑則卯壬爲實引角之矢卽子丁丁壬和也子丑寅子丁壬爲同式句股形故有比例
一率　子丑丑寅和　矢率

二率	兩心差	倍兩心差	卑徑較甲子即甲辛、辛庚和	甲辛
三率	子丁即卑徑	卑徑	卑徑子丁	子丁
四率	子丑	徑率倍子丑	矢率子丑、丑寅和	子丑

甲辛庚、子丑寅爲同式句股形，故二率爲弦，則四率亦爲弦，甲辛與子丑是也。二率爲句弦和，則四率亦爲句弦和，卑徑與矢率是也。

卯丁甲爲最卑後實引角，若卯丁爲半徑，則卯壬爲實引角之矢，即子丁、丁壬和也。子丑寅、子丁壬爲同式句股形，故有比例：

一率　子丑、丑寅和　　矢率

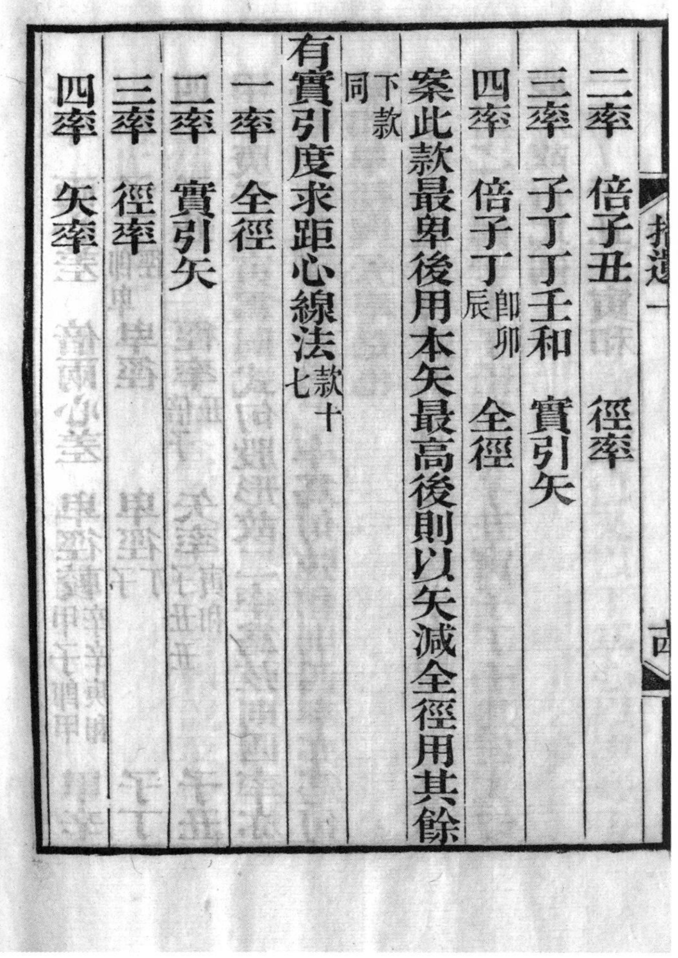

二率　倍子丑　　　　　　　徑率
三率　子丁、丁壬和　　　　實引矢
四率　倍子丁即卯辰　　　　全徑

案：此款最卑後用本矢，最高後則以矢減全徑，用其餘。下款同。

有實引度求距心線法。款十七。

一率　全徑
二率　實引矢
三率　徑率
四率　矢率

以矢率減卑徑得較率

一率　較率

二率　卑徑

三率　卑徑

四率　距心線

解曰矢率與卑徑比若卑徑較與距心線比前款界說今卑徑較不可得而卑徑者卑徑較減距心線所餘也故亦以矢率減卑徑用其餘爲一率卑徑爲二率而以距心線之減餘爲三率則四率必得距心線矣

卑徑爲一率高徑爲二率心垂線爲三率得四率爲高句

以矢率減卑徑得較率。

一率　較率

二率　卑徑

三率　卑徑

四率　距心線

解曰：矢率與卑徑比，若卑徑較與距心線比。前款界說。今卑徑較不可得，而卑徑者，卑徑較減距心線所餘也。故亦以矢率減卑徑，用其餘爲一率，卑徑爲二率，而以距心線之減餘爲三率，則四率必得距心線矣。

卑徑爲一率，高徑爲二率，心垂線爲三率，得四率爲高句。

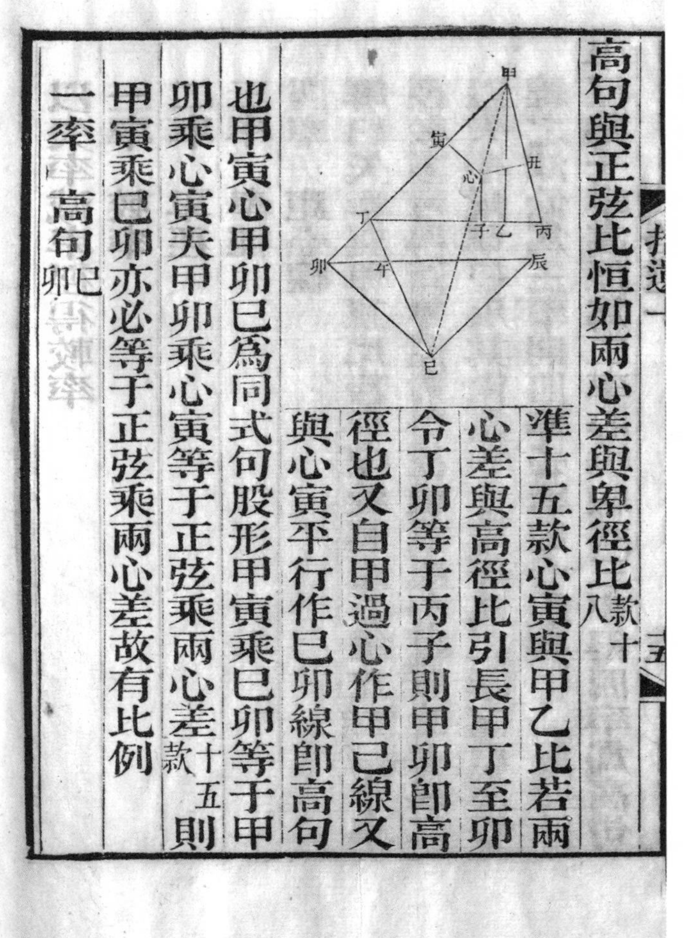

高句與正弦比，恒如兩心差與卑徑比。款十八。

準十五款，心寅與甲乙比，若兩心差與高徑比。引長甲丁至卯，令丁卯等于丙子，則甲卯即高徑也。又自甲過心作甲巳線，又與心寅平行作巳卯線，即高句也。甲寅心、甲卯巳爲同式句股形，甲寅乘巳卯等于甲卯乘心寅。夫甲卯乘心寅，等于正弦乘兩心差，十五款。則甲寅乘巳卯，亦必等于正弦乘兩心差，故有比例：

一率　高句巳卯

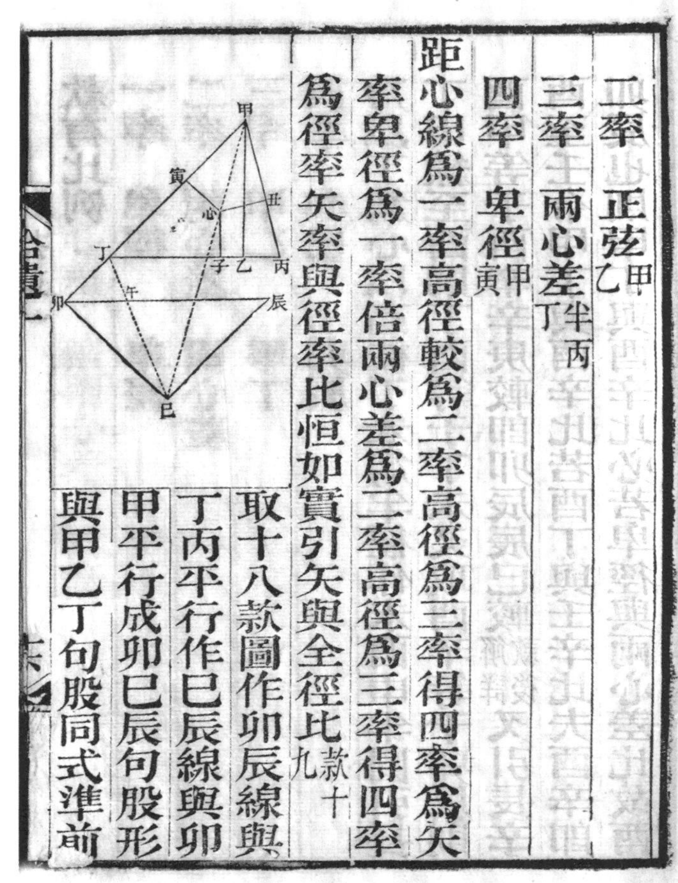

二率　正弦甲乙

三率　兩心差半丙丁

四率　卑徑甲寅

距心線爲一率，高徑較爲二率，高徑爲三率，得四率爲矢率。卑徑爲一率，倍兩心差爲二率，高徑爲三率，得四率爲徑率。矢率與徑率比，恒如實引矢與全徑比。款十九。

取十八款圖，作卯辰線與丁丙平行，作巳辰線與卯甲平行，成卯巳辰句股形，與甲乙丁句股同式。準前

款有比例
一率　卑徑　卑徑
二率　兩心差　兩心差
三率　甲乙　甲丁
四率　卯巳　卯辰
乃以丁爲心以高徑丁未爲半徑作未酉申半圜引長丁甲線至酉則丁酉等于丁未又取酉辛等于卯辰則酉甲等于酉辛辛庚較即卯辰辰巳較解詳款後又引長辛酉至壬令甲丁與酉辛比若酉丁與壬辛比夫酉辛即卯辰也則甲丁與酉辛比必若卑徑與兩心差比故酉

款有比例：

一率	卑徑	卑徑
二率	兩心差	兩心差
三率	甲乙	甲丁
四率	卯巳	卯辰

乃以丁爲心，以高徑丁未爲半徑，作未酉申半圜。引長丁甲線至酉，則丁酉等于丁未。又取酉辛等于卯辰，則酉甲等于酉辛、辛庚較即卯辰、辰巳較。解詳款後。又引長辛酉至壬，令甲丁與酉辛比，若酉丁與壬辛比。夫酉辛即卯辰也，則甲丁與酉辛比，必若卑徑與兩心差比。故酉

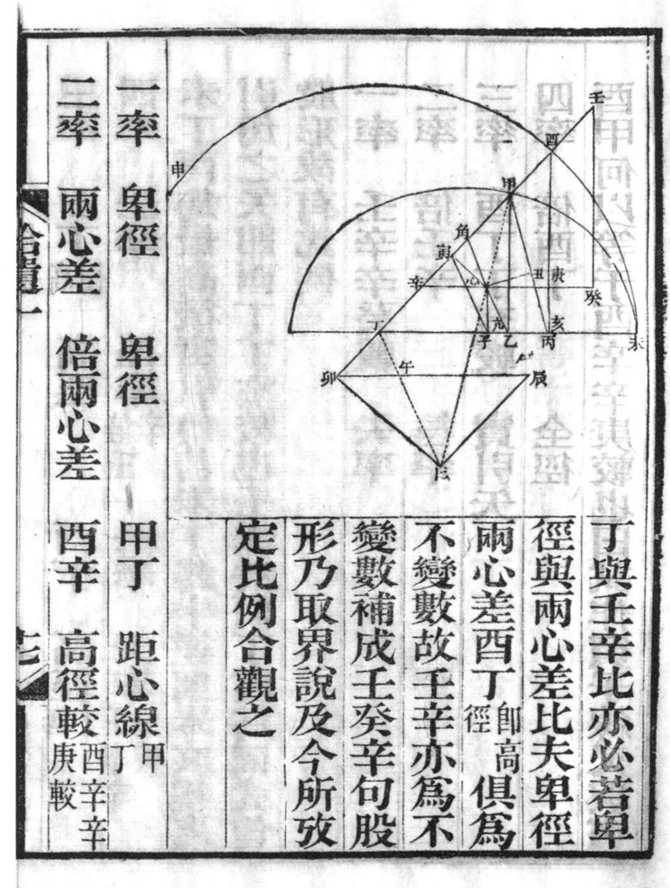

丁與壬辛比，亦必若卑徑與兩心差比。夫卑徑、兩心差、酉丁，即高徑。俱爲不變數，故壬辛亦爲不變數，補成壬癸辛句股形，乃取界説及今所攷定比例合觀之：

一率	卑徑	卑徑	甲丁	距心線甲丁
二率	兩心差	倍兩心差	酉辛	高徑較酉辛、辛庚較

三率　西丁高徑　高徑　　西丁　高徑西丁

四率　壬辛　　　徑率倍壬辛　壬辛　矢率壬辛、辛癸較

未丁酉爲最高後實引角，若未丁爲半徑，則未亥爲實引角之矢，即酉丁、丁亥較也。壬辛癸、酉丁亥爲同式句股形，故有比例：

一率　壬辛辛癸較　矢率

二率　倍壬辛　　　徑率

三率　酉丁丁亥較　實引矢

四率　倍酉丁　　　全徑

酉甲何以等于酉辛、辛庚較也？曰：試作寅子線，又與寅子平行作角心亢線則角心甲角必等于亢丙心角亢心丙角必等于角甲心角蓋甲丙丁三角合之得半周三半角合之得一象限而甲角心三角合之亦得半周于角角內去一氐角心象限角尚餘一象限爲角甲心甲角氐角心甲三角之和而角甲心者甲角之半也甲角氐者丁角之半也則角心甲必爲丙角之半與亢丙心角等矣亢心丙等于角甲心理同故甲角心心亢丙爲同式三角形角甲乘亢丙必等于角心乘亢心即角心方也丁心爲分角線故角

子平行，作角心亢線，則角心甲角必等于亢丙心角，亢心丙角必等于角甲心角。蓋甲、丙、丁三角合之得半周，三半角合之得一象限。而甲、角、心三角合之亦得半周，于角角內去一氐角心象限角，尚餘一象限爲角甲心、甲角氐、角心甲三角之和。而角甲心者，甲角之半也；甲角氐者，丁角之半也。則角心甲必爲丙角之半，與亢丙心角等矣。亢心丙等于角甲心，理同。故甲角心、心亢丙爲同式三角形。角甲乘亢丙，必等于角心乘亢心，即角心方也。丁心爲分角線，故角

拾遺一

心亢心等角寅乘角丁亦得角心方丁心角心寅角爲同式句股形故也角寅
等于亢子故丙子乘甲角等于角寅乘甲丁角寅乘甲丁得一角
心方加一角寅乘甲角丙子乘甲角亦得一角心方加一角寅乘甲角也然則甲丁與丙子
比必若甲角與角寅比丁卯等于丙子甲寅心甲卯巳
爲同式句股形甲丁與丁卯甲角與角寅比例又同則
丁巳線必與角亢平行卽與寅子平行寅丁等于子丁
則丁卯必等于午卯午辰必等于巳辰因巳辰與卯甲
卯辰與丁未俱平行故也故卯午爲卯辰辰巳較酉甲
爲高徑較等于丙子亦等于丁卯卽等于卯午故酉甲
爲酉辛辛庚較卽卯辰辰巳較也

心、亢心等。角寅乘角丁，亦得角心方。丁心角、心寅角爲同式句股形故也。角寅等于亢子，故丙子乘甲角，等于角寅乘甲丁。角寅乘甲丁，得一角心方加一。角寅乘甲角，丙子乘甲角，亦得一角心方加一。角寅乘甲角也。然則甲丁與丙子比，必若甲角與角寅比。丁卯等于丙子，甲寅心、甲卯巳爲同式句股形，甲丁與丁卯、甲角與角寅比例又同。則丁巳線必與角亢平行，即與寅子平行，寅丁等于子丁。則丁卯必等于午卯，午辰必等于巳辰，因巳辰與卯甲、卯辰與丁未俱平行故也。故卯午爲卯辰、辰巳較，酉甲爲高徑較，等于丙子，亦等于丁卯，即等于卯午。故酉甲爲酉辛、辛庚較，即卯辰、辰巳較也。

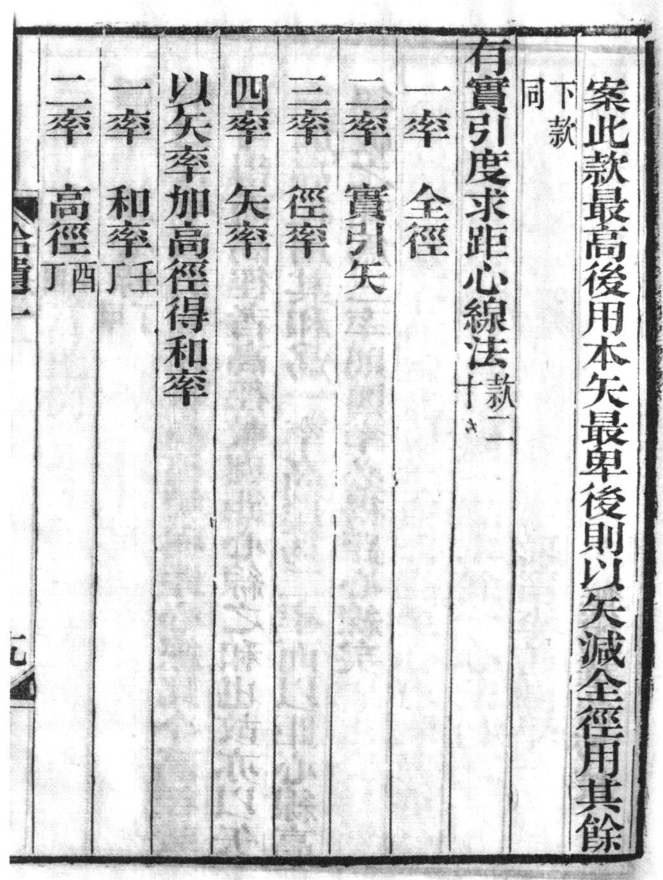

案：此款最高後用本矢，最卑後則以矢減全徑，用其餘。下款同。

有實引度求距心線法。款二十。

一率　全徑

二率　實引矢

三率　徑率

四率　矢率

以矢率加高徑，得和率。

一率　和率壬丁

二率　高徑酉丁

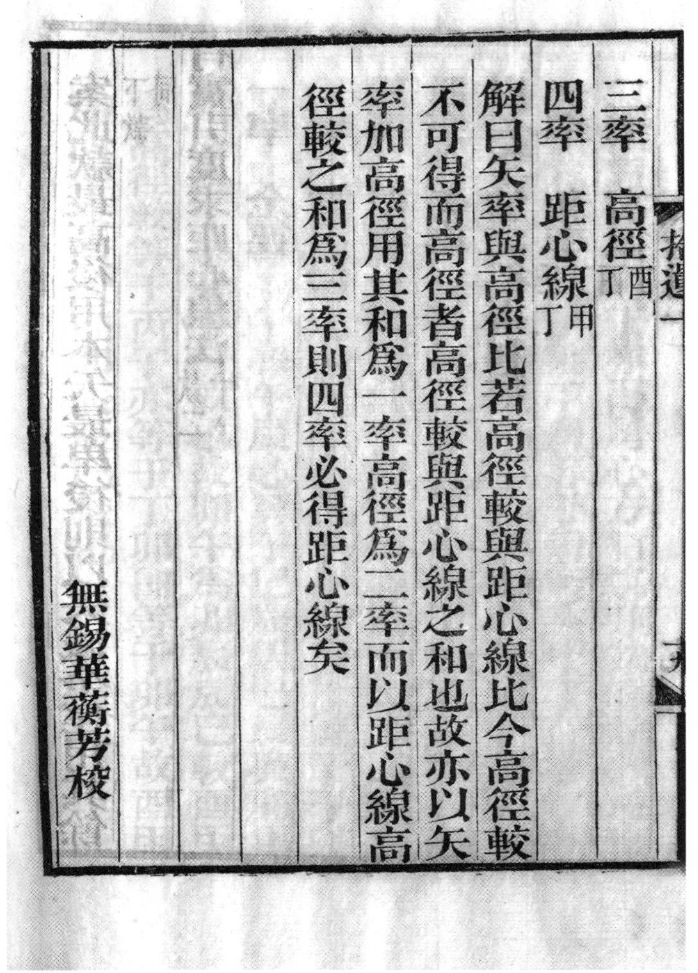

三率　高徑酉丁

四率　距心線甲丁

解曰：矢率與高徑比，若高徑較與距心線比。今高徑較不可得，而高徑者，高徑較與距心線之和也。故亦以矢率加高徑，用其和爲一率，高徑爲二率，而以距心線、高徑較之和爲三率，則四率必得距心線矣。

無錫華蘅芳校

橢圓拾遺卷二　則古昔齋算學九

海甯李善蘭學

有一心有最卑點有橢圓周一點求餘一心法款二十一

自最卑點至心作線爲卑徑自周點至心作線爲距心線以卑徑減距心線爲卑徑較自周點作線正交卑徑若距心線與卑徑成鈍角則正交卑徑引長線交點至卑點爲橢圓矢以卑徑較減矢爲矢較較乃以矢較較爲一率卑徑較爲二率倍卑徑爲三率得四率爲倍兩心差以倍兩心差加卑徑得餘一心

解曰準十四款有比例

橢圓拾遺卷二

則古昔齋算學九

海寧李善蘭學

有一心，有最卑點，有橢圓周一點，求餘一心法。款二十一。

自最卑點至心作線，爲卑徑。自周點至心作線，爲距心線。以卑徑減距心線，爲卑徑較。自周點作線正交卑徑，若距心線與卑徑成鈍角，則正交卑徑引長線。交點至卑點，爲橢圓矢。以卑徑較減矢，爲矢較較。乃以矢較較爲一率，卑徑較爲二率，倍卑徑爲三率，得四率爲倍兩心差。以倍兩心差加卑徑，得餘一心。

解曰：準十四款，有比例：

一率　卑徑較
二率　矢
三率　倍兩心差
四率　長徑

一、二率之較爲矢較較，
三、四率之較爲倍卑徑，
即得比例：

一率　矢較較
二率　卑徑較
三率　倍卑徑
四率　倍兩心差

若卑徑較與矢相等，則爲拋物線；卑徑較大于矢，則爲雙曲線。

有一心，有最高點，有橢圜周一點，求餘一心。款二十二。

高點距心，爲高徑。周點距心，爲距心線。周點出線正交高徑，高點距交點爲矢。以距心線減高徑，爲高徑較。以高徑較加矢，爲矢較和。乃以矢較和爲一率，高徑較爲二率，倍高徑爲三率，得四率爲倍兩心差。以倍兩心差減高徑，得餘一心。

解曰：準十四款，有比例：

一率	高徑較	一、二率之和爲矢較和，	矢較和
二率	矢	三、四率之和爲倍高徑，	徑較
三率	倍兩心差	即得比例：	倍高徑
四率	長徑		倍兩心差

有一心，有橢圜周二點，其一點并知切線，求餘一心。款二十三。

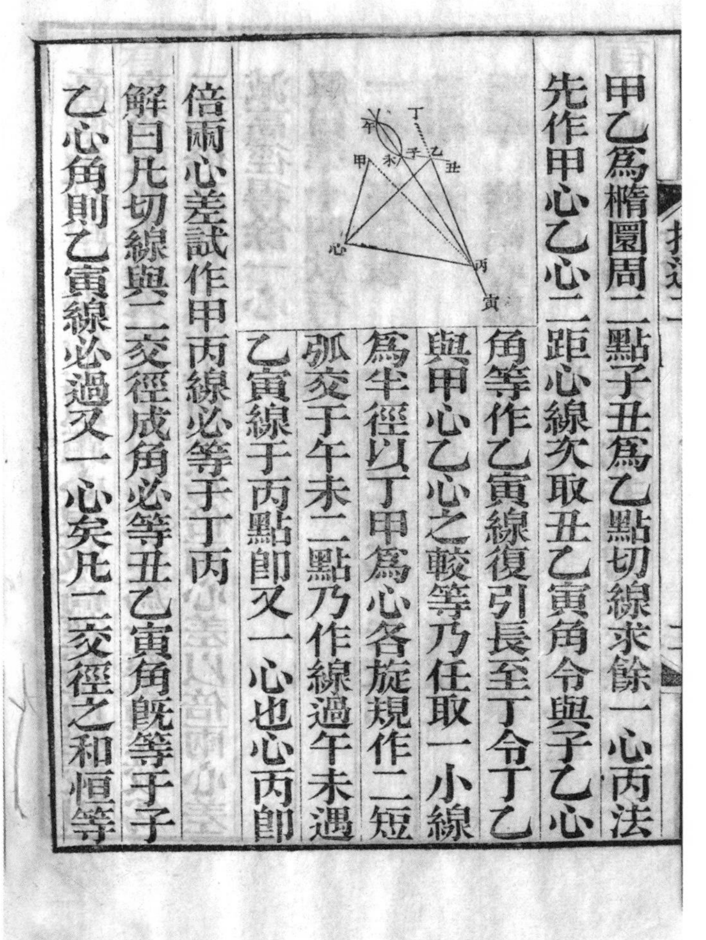

甲、乙爲橢圜周二點，子丑爲乙點切線，求餘一心丙。法先作甲心、乙心二距心線，次取丑乙寅角，令與子乙心角等。作乙寅線，復引長至丁，令丁乙與甲心、乙心之較等。乃任取一小線爲半徑，以丁甲爲心，各旋規作二短弧，交于午、未二點。乃作線過午未，遇乙寅線于丙點，即又一心也。心丙即倍兩心差，試作甲丙線，必等于丁丙。

解曰：凡切線與二交徑成角，必等丑乙寅角，既等于子乙心角，則乙寅線必過又一心矣。凡二交徑之和恒等于全徑，故心甲、甲丙和與心乙、乙丙和等。心乙較心甲，既多丁乙一分，則丙乙較丙甲，必少丁乙一分。故以丁乙加乙丙爲丁丙，與丙甲等。若以丙爲平圓心，丙甲、丙丁俱半徑也，作午未二小弧，作午未丙線，即平圜三點，求心法也。今已有乙寅過心線，故有二點即可求也。若午未丙線與乙寅平行，則爲抛物線；若交點丙在切線之外，則爲雙曲線。

有一心，有橢圜周三點，求餘一心。款二十四。

甲、乙、丙爲橢圜周三點。法先作心甲、心乙、心丙三距心線，次取心丁，令與心甲等。作甲丁線，復引長心乙至己，令心己與心丙等，次作甲乙庚線，次作己庚線與甲丁

于全徑故心甲甲丙和與心乙乙丙和等心乙較心甲
既多丁乙一分則丙乙較丙甲必少丁乙一分故以丁
乙加乙丙爲丁丙與丙甲等若以丙爲平圓心丙甲丙
丁俱半徑也作午未二小弧作午未丙線卽平圜三點
求心法也今已有乙寅過心線故有二點卽可求也若午未丙線與乙寅平行則爲拋物線若交點丙在切線之外則爲雙曲線
有一心有橢圜周三點求餘一心款二十四
甲乙丙爲橢圜周三點法先作心甲心乙心丙三距心
線次取心丁令與心甲等作甲丁線復引長心乙至己
令心己與心丙等次作甲乙庚線次作己庚線與甲丁

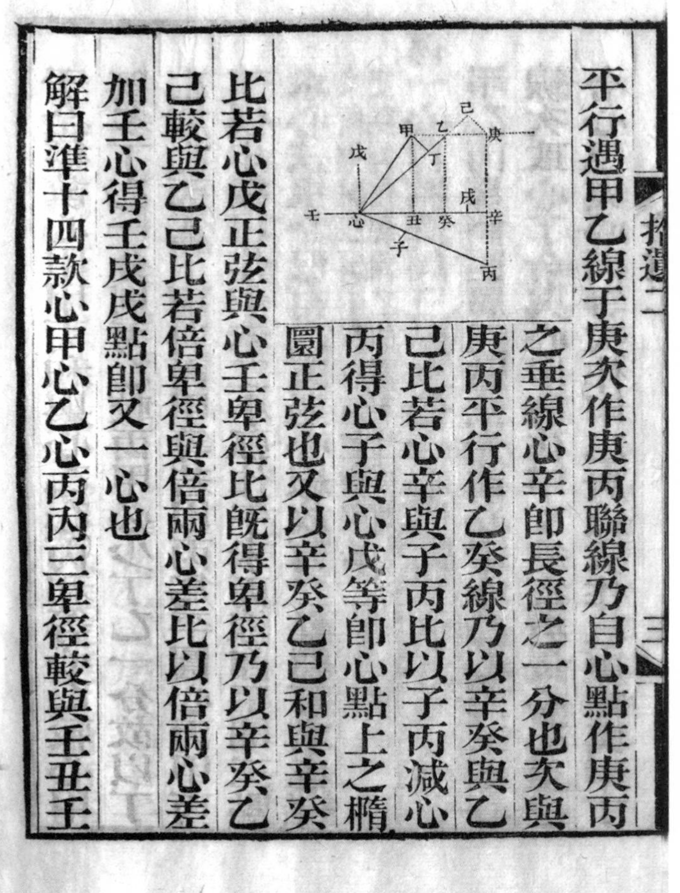

平行遇甲乙線于庚次作庚丙聯線乃自心點作庚丙之垂線心辛卽長徑之一分也次與庚丙平行作乙癸線乃以辛癸與乙己比若心辛與子丙比以子丙減心丙得心子與心戊等卽心點上之橢圜正弦也又以辛癸乙己和與辛癸比若心戊正弦與心壬卑徑比既得卑徑乃以辛癸乙己較與乙己比若倍卑徑與倍兩心差比以倍兩心差加壬心得壬戌戌點卽又一心也

解曰準十四款心甲心乙心丙內三卑徑較與壬丑壬

平行，遇甲乙線于庚。次作庚丙聯線，乃自心點作庚丙之垂線，心辛即長徑之一分也。次與庚丙平行作乙癸線，乃以辛癸與乙己比，若心辛與子丙比。以子丙減心丙，得心子，與心戊等，即心點上之橢圜正弦也。又以辛癸、乙己和與辛癸比，若心戊正弦與心壬卑徑比，既得卑徑，乃以辛癸、乙己較與乙己比，若倍卑徑與倍兩心差比，以倍兩心差加壬心，得壬戌，戌點即又一心也。

解曰：準十四款，心甲、心乙、心丙内三卑徑較與壬丑、壬癸、壬辛三矢比，皆如倍兩心差與長徑比。則心甲、心乙内二卑徑較較丁乙。與心乙、心丙内二卑徑較較乙己。比，必如壬丑、壬癸二矢較丑癸。與壬癸、壬辛二矢較癸辛。比。甲丁乙、庚己乙爲同式三角形，則乙丁與己乙比，又必如甲乙與乙庚比。故甲乙與乙庚比，亦如丑癸與癸辛比，而庚丙聯綫，必正交長徑也。

心戊正弦内卑徑較與壬心比，亦如倍兩心差與長徑比，故有比例：

一率　辛癸壬癸、壬辛二矢較

二率　乙己心乙、心丙内二卑徑較較

三率　心辛壬心、壬辛二矢較

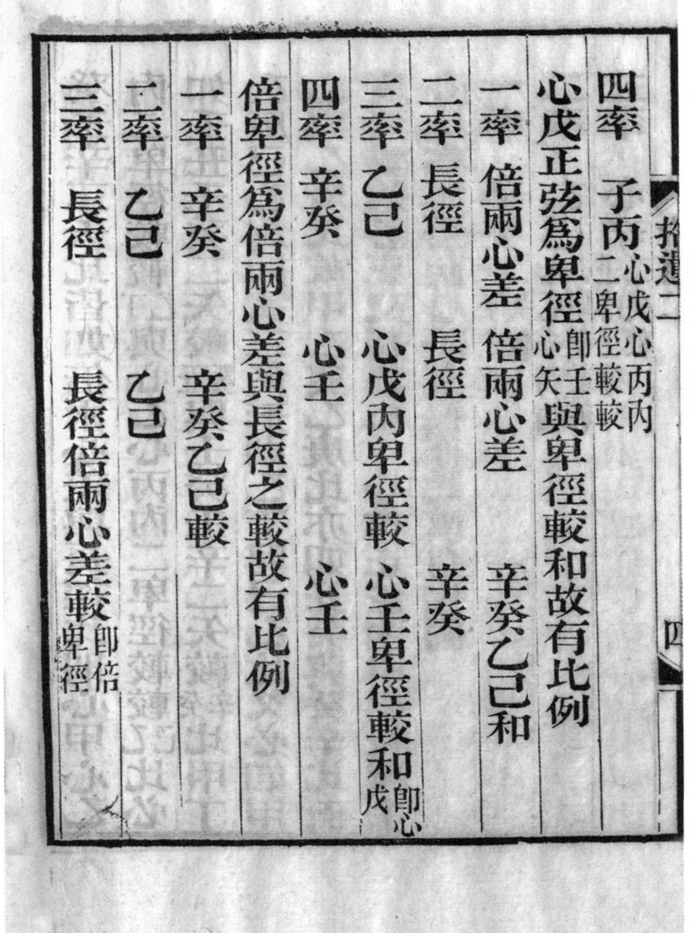
拾遺二　四

四率　子丙心戊心丙內二卑徑較較
心戊正弦爲卑徑即壬心矢與卑徑較和故有比例
一率　倍兩心差　倍兩心差　辛癸乙己和
二率　長徑　長徑　辛癸
三率　乙己　心戊內卑徑較　心壬卑徑較和即心戊
四率　辛癸　心壬　心壬
倍卑徑爲倍兩心差與長徑之較故有比例
一率　辛癸　辛癸乙己較
二率　乙己　乙己
三率　長徑　長徑倍兩心差較即倍卑徑

四率　子丙心戊、心丙內二卑徑較較

心戊正弦，爲卑徑即壬心矢。與卑徑較和，故有比例：

一率　倍兩心差　倍兩心差　辛癸乙己和
二率　長徑　長徑　辛癸
三率　乙己　心戊內卑徑較　心壬卑徑較和即心戊
四率　辛癸　心壬　心壬

倍卑徑，爲倍兩心差與長徑之較，故有比例：

一率　辛癸　辛癸乙己較
二率　乙己　乙己
三率　長徑　長徑倍兩心差較即倍卑徑

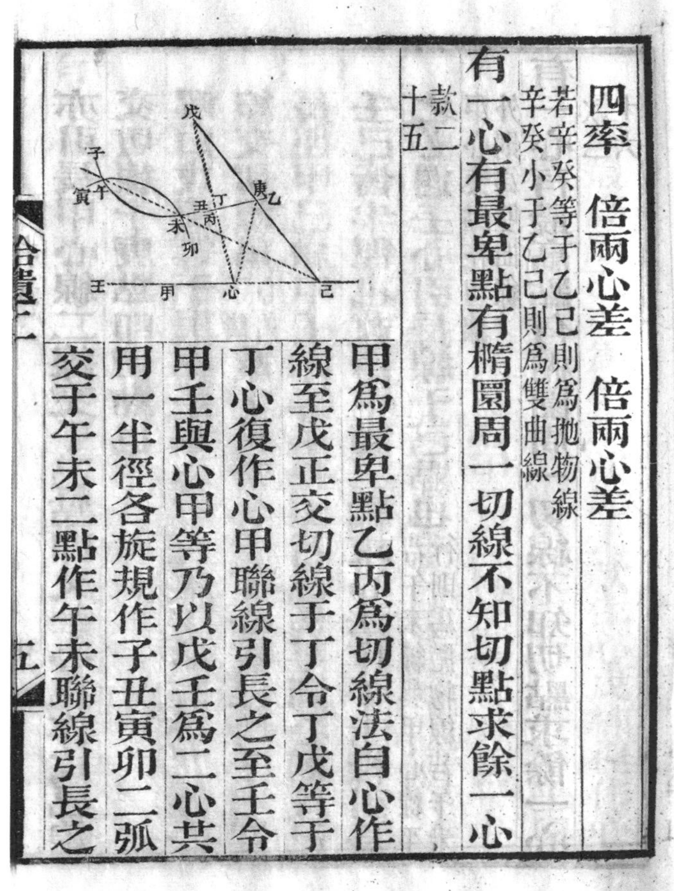

四率　倍兩心差　倍兩心差

若辛癸等于乙己，則爲抛物線；辛癸小于乙己，則爲雙曲線。

有一心，有最卑點，有橢圜周一切線，不知切點，求餘一心。款二十五。

甲爲最卑點，乙丙爲切線。法自心作線至戊，正交切線于丁，令丁戊等于丁心。復作心甲聯線引長之至壬，令甲壬與心甲等。乃以戊、壬爲二心，共用一半徑，各旋規作子丑、寅卯二弧，交于午、未二點。作午未聯線引長之，亦引長甲心線，二線交于己點，即又一心也。作戊己線，交切線于庚點，即切點也。

解曰：戊庚等于庚點距本心線，戊庚丁角等于二距心線交切線角。丁庚心角。故丁戊當等于丁心，戊己等于橢圜長徑，甲己加甲壬，亦等于長徑。若己爲平圜心，則戊己、壬己皆半徑也。故用平圜三點求心法，作午未線引長之，必遇壬心引長線于己點也。若午未線與甲心線平行，則爲拋物線；若午未甲心交點在切線外，則爲雙曲線。

有一心，有最高點，有橢圜周一切線，不知切點，求餘一心。款二十六。

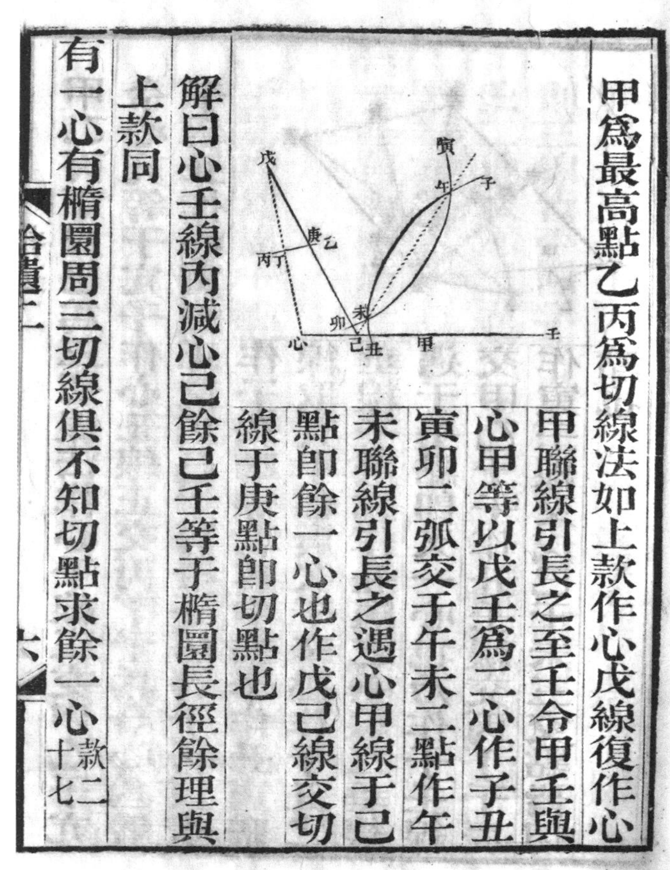

甲爲最高點，乙丙爲切線。法如上款，作心戊線，復作心甲聯線引長之至壬，令甲壬與心甲等。以戊、壬爲二心，作子丑、寅卯二弧，交于午、未二點。作午未聯線引長之，遇心甲線于己點，即餘一心也。作戊己線交切線于庚點，即切點也。

解曰：心壬線内減心己餘己壬，等于橢圜長徑，餘理與上款同。

有一心，有橢圜周三切線，俱不知切點，求餘一心。款二十七。

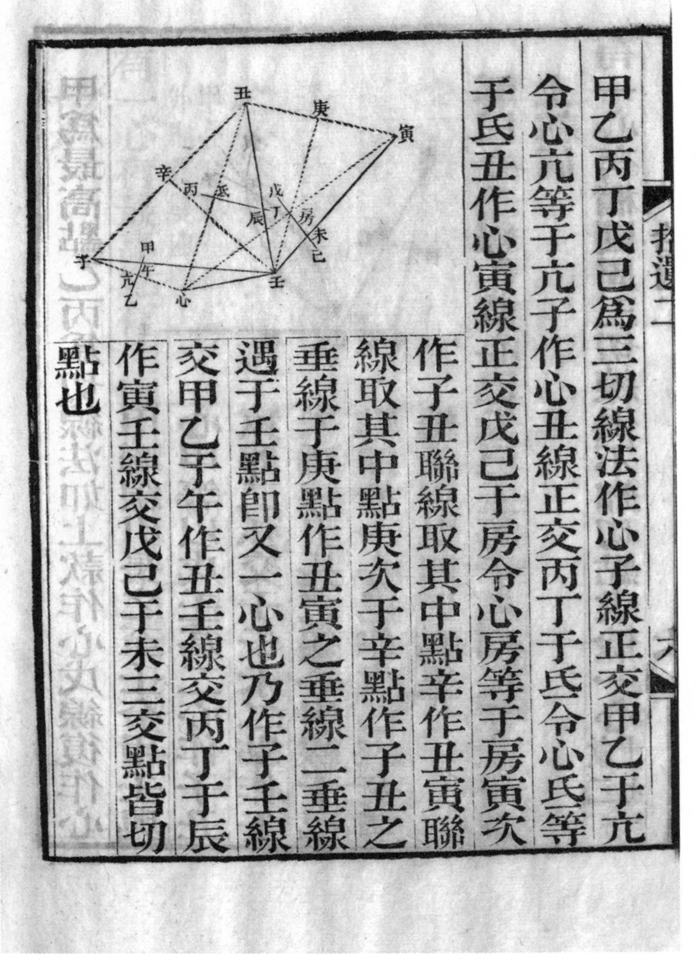

甲乙丙丁戊己爲三切線法作心子線正交甲乙于亢令心亢等于亢子作心丑線正交丙丁于氐令心氐等于氐丑作心寅線正交戊己于房令心房等于房寅次作子丑聯線取其中點辛作丑寅聯線取其中點庚次于辛點作子丑之垂線于庚點作丑寅之垂線二垂線遇于壬點即又一心也乃作子壬線交甲乙于午作丑壬線交丙丁于辰作寅壬線交戊己于未三交點皆切點也

甲乙、丙丁、戊己爲三切線。法作心子線正交甲乙于亢，令心亢等于亢子。作心丑線正交丙丁于氐，令心氐等于氐丑。作心寅線正交戊己于房，令心房等于房寅。次作子丑聯線，取其中點辛，作丑寅聯線，取其中點庚，次于辛點作子丑之垂線，于庚點作丑寅之垂線，二垂線遇于壬點，即又一心也。乃作子壬線交甲乙于午，作丑壬線交丙丁于辰，作寅壬線交戊己于未，三交點皆切點也。

解曰子壬丑壬寅壬皆與橢圜長徑等若壬爲平圜心則三線皆平圜半徑也作子丑丑寅二聯線作辛壬庚壬二垂線亦三點求心法也若二垂線平行則爲拋物線若二垂線之交點在切線外則爲雙曲線

有一心有橢圜周一點有二切線俱不知切點求餘一心款二十八

壬爲橢圜周一點甲乙丙丁爲二切線法作心戊心已二線正交丙丁甲乙令心庚與庚戊等心辛與辛已等次作戊已聯線中分之于寅次于寅點作戊已之垂線寅卯次取戊子令等于心壬以戊爲心以子爲界旋規

解曰：子壬、丑壬、寅壬皆與橢圜長徑等，若壬爲平圜心，則三線皆平圜半徑也。作子丑、丑寅二聯線，作辛壬、庚壬二垂線，亦三點求心法也。若二垂線平行，則爲拋物線；若二垂線之交點在切線外，則爲雙曲線。

有一心，有橢圜周一點，有二切線，俱不知切點，求餘一心。款二十八。

壬爲橢圜周一點，甲乙、丙丁爲二切線。法作心戊、心已二線正交丙丁、甲乙，令心庚與庚戊等，心辛與辛已等。次作戊已聯線中分之于寅，次于寅點作戊已之垂線寅卯。次取戊子，令等于心壬，以戊爲心，以子爲界，旋規

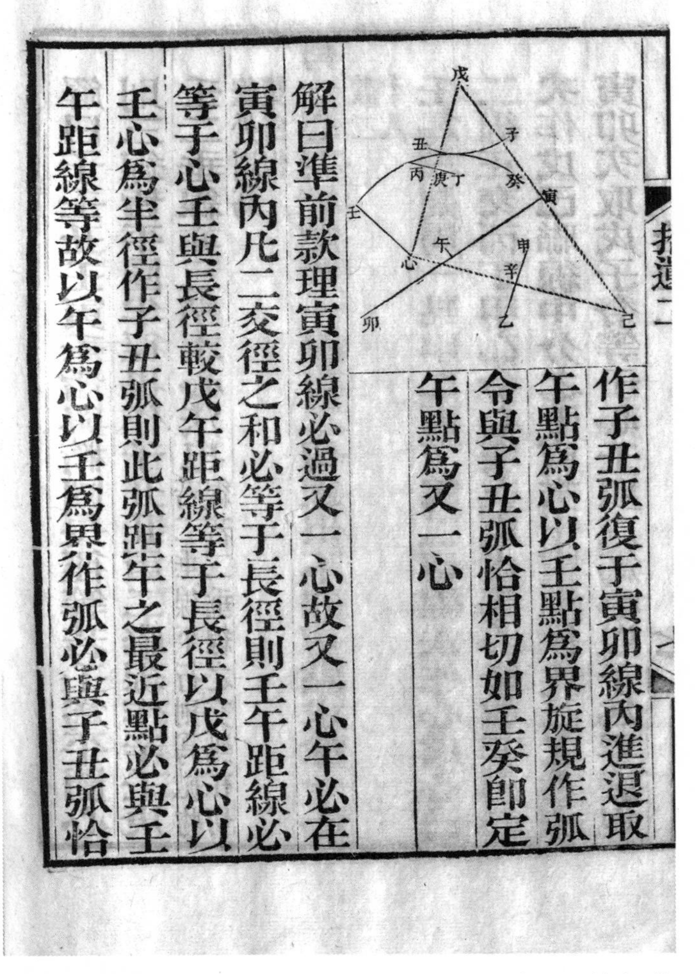

作子丑弧。復于寅卯線内進退取午點爲心，以壬點爲界，旋規作弧，令與子丑弧恰相切如壬癸，即定午點爲又一心。

解曰：準前款理，寅卯線必過又一心，故又一心午必在寅卯線内。凡二交徑之和，必等于長徑，則壬午距線必等于心壬與長徑較，戊午距線等于長徑。以戊爲心，以壬心爲半徑，作子丑弧，則此弧距午之最近點，必與壬午距線等。故以午爲心，以壬爲界，作弧必與子丑弧恰

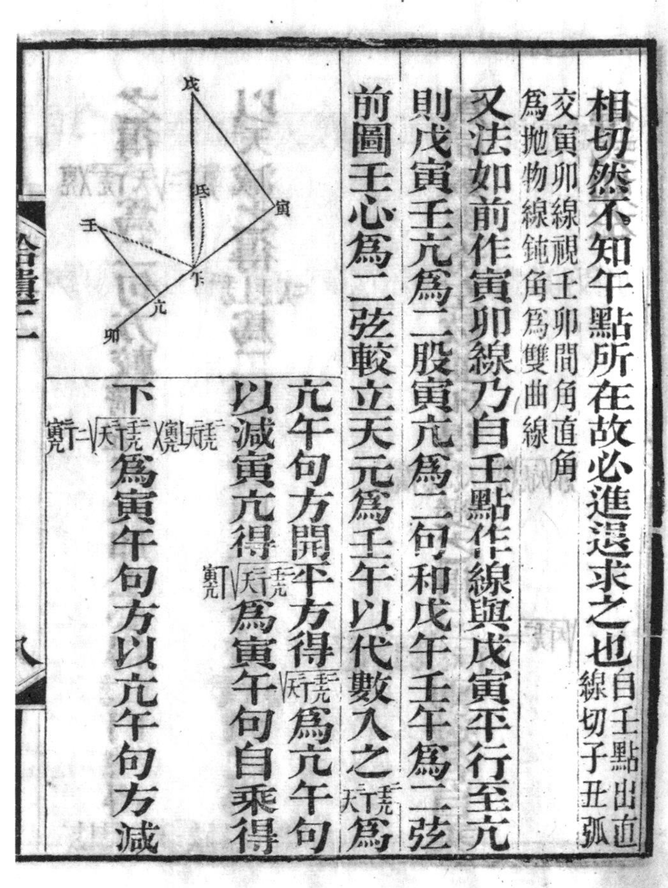

相切。然不知午點所在，故必進退求之也。自壬點出直線，切子丑弧，交寅卯線，視壬卯間角，直角爲拋物線，鈍角爲雙曲線。

又法：如前作寅卯線，乃自壬點作線與戊寅平行至亢，則戊寅、壬亢爲二股，寅亢爲二句和，戊午、壬午爲二弦。前圖壬心爲二弦較，立天元爲壬午，以代數入之。[1] $\text{天}^{\text{二}}\top\frac{\text{壬}}{\text{亢}}^{\text{二}}$ 爲亢午句方，開平方，得$\sqrt{\text{天}^{\text{二}}\top\frac{\text{壬}}{\text{亢}}^{\text{二}}}$，爲亢午句。以減寅亢，得$\frac{\text{寅}}{\text{亢}}\top\sqrt{\text{天}^{\text{二}}\top\frac{\text{壬}}{\text{亢}}^{\text{二}}}$，爲寅午句。自乘，得下$\frac{\text{寅}}{\text{亢}}^{\text{二}}\top^{\text{二}}\sqrt{\text{天}^{\text{二}}\top\frac{\text{壬}}{\text{亢}}^{\text{二}}}\times\frac{\text{寅}}{\text{亢}}\perp\text{天}^{\text{二}}\top\frac{\text{壬}}{\text{亢}}^{\text{二}}$，爲寅午句方。以亢午句方減

1 爲證款 28，據原圖，設壬午 $=x$，亢午 $=a_1$，壬亢 $=b_1$，寅午 $=a_2$，戊寅 $=b_2$，寅亢 $=c$，壬心 $=d$。由已知推得二句較 $=c^2-2c\sqrt{x^2-b_1^2}$，二弦方較 $=2xd+d^2$，二股方較 $=b_2^2-b_1^2$。

$\because$ 二弦方較 $-$ 二股方較 $=$ 二句方較，$\therefore$ 列方程，化簡得：

$4(d^2-c^2)x^2+4d(d^2+b_1^2-c^2-b_2^2)x+2c^2(b_2^2-d^2-b_1^2)+2d^2(b_1^2-b_2^2)-2b_1^2b_2^2+c^4+d^4+b_2^4+b_1^4+4b_1^2c^2=0$。

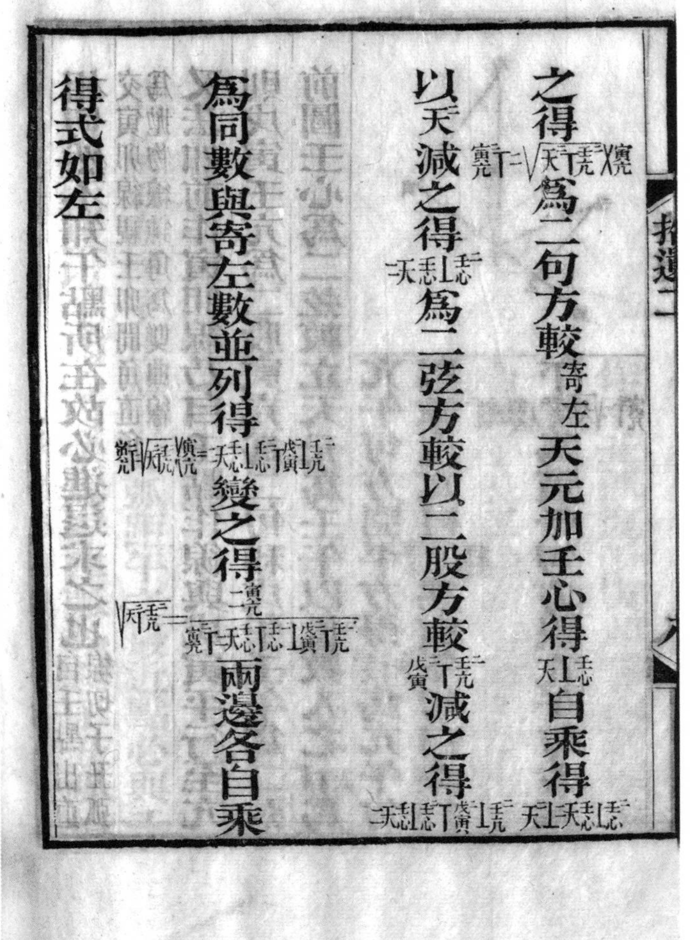

之，得$\frac{寅}{亢}^{二}丅^{二}\sqrt{天^{二}丅\frac{壬}{亢}^{二}}\times\frac{寅}{亢}$，爲二句方較。寄左。天元加壬心，得天$丄\frac{壬}{心}$。自乘，得$天^{二}丄^{二}天\frac{壬}{心}丄\frac{壬}{心}^{二}$；以$天^{二}$減之，得$二天\frac{壬}{心}丄\frac{壬}{心}^{二}$；爲二弦方較。以二股方較$\frac{戊}{寅}^{二}丅\frac{壬}{亢}^{二}$；減之，得$二天\frac{壬}{心}丄\frac{壬}{心}^{二}丅\frac{戊}{寅}^{二}丄\frac{壬}{亢}^{二}$；爲同數。與寄左數並列，得$\frac{寅}{亢}^{二}丅^{二}\sqrt{天^{二}丅\frac{壬}{亢}^{二}}\times\frac{寅}{亢}=二天\frac{壬}{心}丄\frac{壬}{心}^{二}丅\frac{戊}{寅}^{二}丄\frac{壬}{亢}^{二}$；變之，得：

$$\sqrt{天^{二}丅\frac{壬}{亢}^{二}}=\frac{二\frac{寅}{亢}}{\frac{寅}{亢}^{二}丅二天\frac{壬}{心}丅\frac{壬}{心}^{二}丄\frac{戊}{寅}^{二}丅\frac{壬}{亢}^{二}}；$$

兩邊各自乘，得式如左：

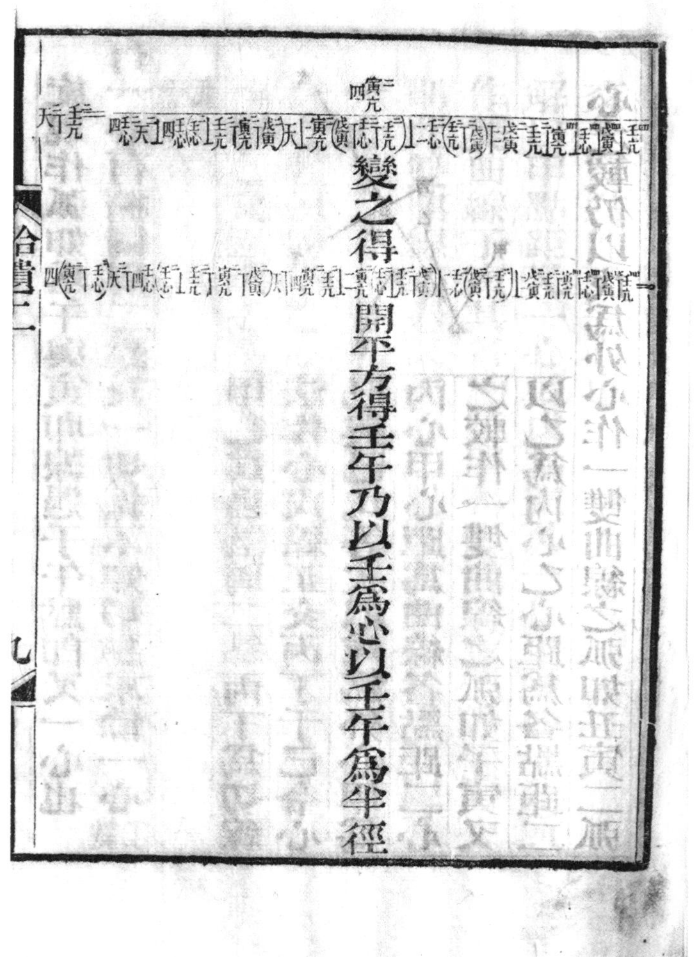

$$\text{天}^{\text{二}}\top\frac{\text{壬}^{\text{二}}}{\text{亢}}=\frac{\text{四}\frac{\text{寅}^{\text{二}}}{\text{亢}}}{\text{四}\frac{\text{壬}^{\text{二}}}{\text{心}}\text{天}^{\text{二}}\bot\text{四}\frac{\text{壬}}{\text{心}}\left(\frac{\text{壬}^{\text{二}}}{\text{心}}\bot\frac{\text{壬}^{\text{二}}}{\text{亢}}\top\frac{\text{寅}^{\text{二}}}{\text{亢}}\top\frac{\text{戊}^{\text{二}}}{\text{寅}}\right)\text{天}\bot\text{二}\frac{\text{寅}^{\text{二}}}{\text{亢}}\left(\frac{\text{戊}}{\text{寅}}\top\frac{\text{壬}^{\text{二}}}{\text{心}}\top\frac{\text{壬}^{\text{二}}}{\text{亢}}\right)\bot\text{二}\frac{\text{壬}^{\text{二}}}{\text{心}}\left(\frac{\text{壬}^{\text{二}}}{\text{亢}}\top\frac{\text{戊}^{\text{二}}}{\text{寅}}\right)\top\text{二}\frac{\text{戊}^{\text{二}}}{\text{寅}}\frac{\text{壬}^{\text{二}}}{\text{亢}}\bot\frac{\text{寅}^{\text{四}}}{\text{亢}}\bot\frac{\text{壬}^{\text{四}}}{\text{心}}\bot\frac{\text{戊}^{\text{四}}}{\text{寅}}\bot\frac{\text{壬}^{\text{四}}}{\text{亢}}}\text{。}$$

變之，得：

$$\text{四}\left(\frac{\text{壬}^{\text{二}}}{\text{心}}\top\frac{\text{寅}^{\text{二}}}{\text{亢}}\right)\text{天}^{\text{二}}\top\text{四}\frac{\text{壬}}{\text{心}}\left(\frac{\text{壬}^{\text{二}}}{\text{心}}\bot\frac{\text{壬}^{\text{二}}}{\text{亢}}\top\frac{\text{寅}^{\text{二}}}{\text{亢}}\top\frac{\text{戊}^{\text{二}}}{\text{寅}}\right)\text{天}\top\text{四}\frac{\text{寅}^{\text{二}}}{\text{亢}}\frac{\text{壬}^{\text{二}}}{\text{亢}}\bot\text{二}\frac{\text{寅}^{\text{二}}}{\text{亢}}\left(\frac{\text{壬}^{\text{二}}}{\text{心}}\bot\frac{\text{壬}^{\text{二}}}{\text{亢}}\top\frac{\text{戊}^{\text{二}}}{\text{寅}}\right)\bot\text{二}\frac{\text{壬}^{\text{二}}}{\text{心}}\left(\frac{\text{戊}^{\text{二}}}{\text{寅}}\top\frac{\text{壬}^{\text{二}}}{\text{亢}}\right)\bot\text{二}\frac{\text{戊}^{\text{二}}}{\text{寅}}\frac{\text{壬}^{\text{二}}}{\text{亢}}\top\frac{\text{寅}^{\text{四}}}{\text{亢}}\top\frac{\text{壬}^{\text{四}}}{\text{心}}\top\frac{\text{戊}^{\text{四}}}{\text{寅}}\top\frac{\text{壬}^{\text{四}}}{\text{亢}}=\bigcirc$$

開平方，得壬午。乃以壬爲心，以壬午爲半徑，

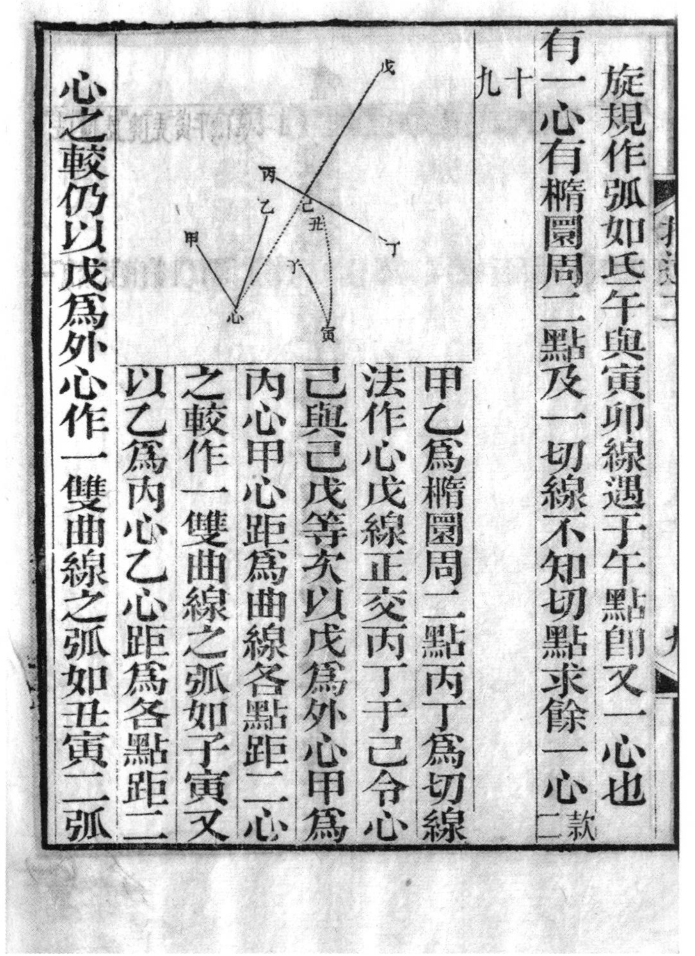

旋規作弧如氐午，與寅卯線遇于午點，即又一心也。

有一心，有橢圜周二點及一切線，不知切點，求餘一心。款二十九。

甲、乙爲橢圜周二點，丙丁爲切線。法作心戊線，正交丙丁于己，令心己與己戊等。次以戊爲外心，甲爲内心，甲心距爲曲線各點距二心之較，作一雙曲線之弧，如子寅。又以乙爲内心，乙心距爲各點距二心之較，仍以戊爲外心，作一雙曲線之弧，如丑寅。二弧

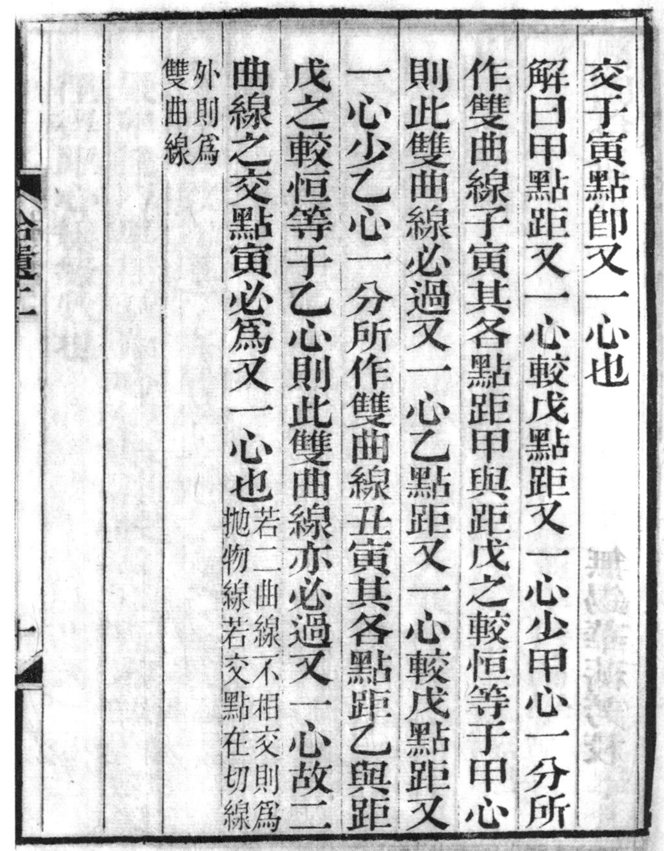

交于寅點，即又一心也。

解曰：甲點距又一心較，戊點距又一心少甲心一分，所作雙曲線子寅，其各點距甲與距戊之較，恒等于甲心，則此雙曲線必過又一心。乙點距又一心較，戊點距又一心少乙心一分，所作雙曲線丑寅，其各點距乙與距戊之較，恒等于乙心，則此雙曲線亦必過又一心。故二曲線之交點寅，必爲又一心也。若二曲線不相交，則爲拋物線；若交點在切線外，則爲雙曲線。

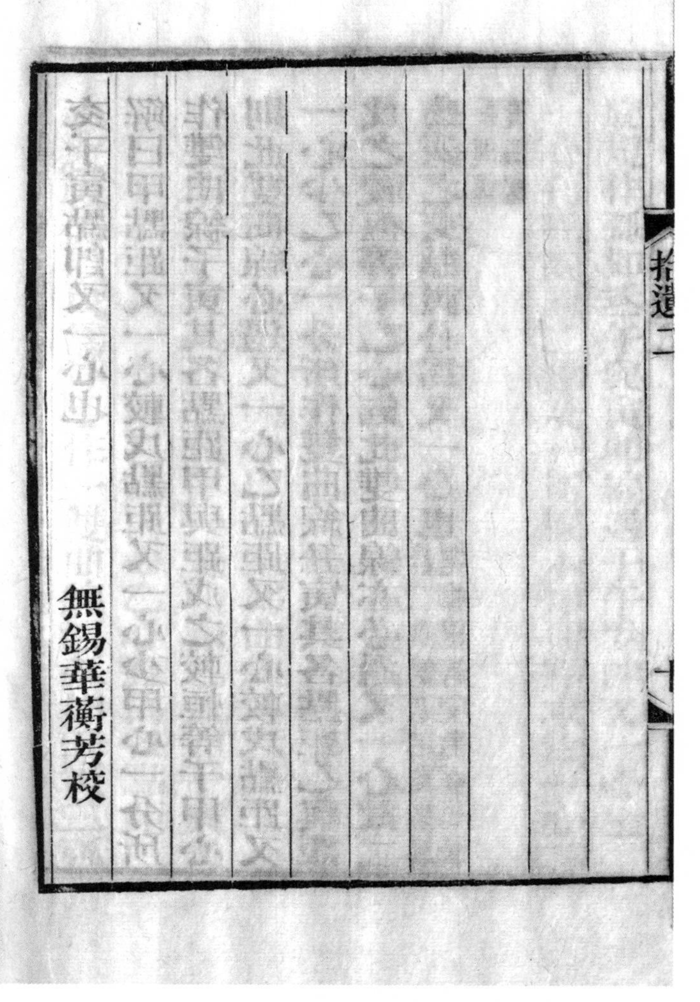

拾遺二　七

無錫華蘅芳校

無錫華蘅芳校

橢圜拾遺卷三　則古昔齋算學九

海甯李善蘭學

以兩心差乘矢之級數半徑除之爲徑較之級數款三十

準十四款長徑與倍兩心差比如矢與徑較比命長徑爲二則半長徑卽平圜半徑也一二率俱半之三四率俱用級數卽爲半徑與兩心差比如矢之級數與徑較級數比也

以徑較級數加卑徑爲最卑後距心線之級數款三十一

最卑後以卑徑減距心線得徑較故以徑較級數加卑徑得距心線級數也

橢圜拾遺卷三

則古昔齋算學九

海寧李善蘭學

以兩心差乘矢之級數，半徑除之，爲徑較之級數。款三十。

準十四款，長徑與倍兩心差比，如矢與徑較比。命長徑爲二，則半長徑即平圜半徑也。一、二率俱半之，三、四率俱用級數，即爲半徑與兩心差比，如矢之級數與徑較級數比也。

以徑較級數加卑徑，爲最卑後距心線之級數。款三十一。

最卑後以卑徑減距心線，得徑較。故以徑較級數加卑徑，得距心線級數也。

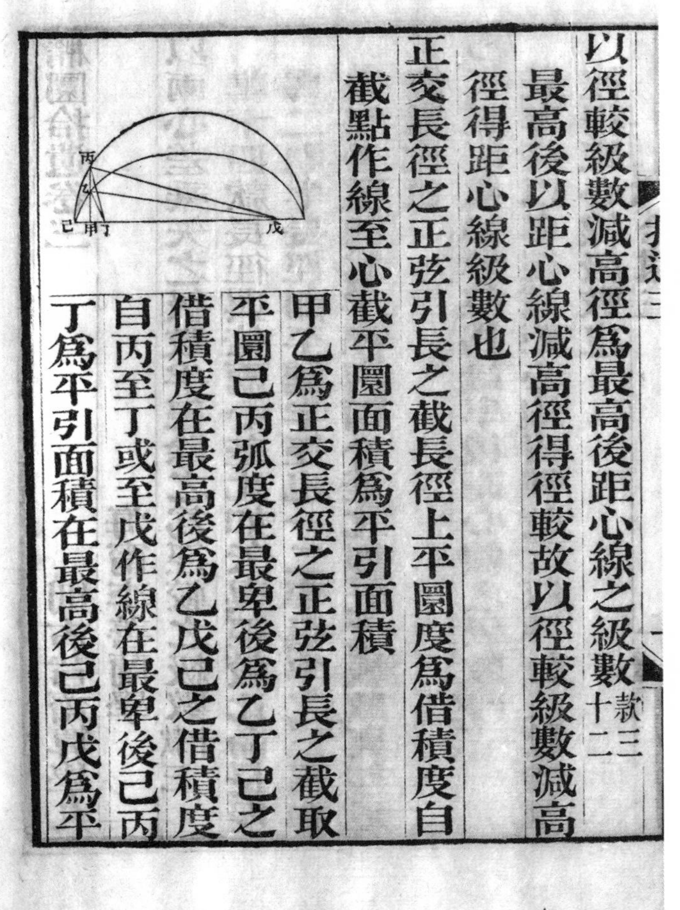

以徑較級數減高徑，爲最高後距心線之級數。款三十二。

最高後以距心線減高徑，得徑較。故以徑較級數減高徑，得距心線級數也。

正交長徑之正弦引長之，截長徑上平圜度，爲借積度。自截點作線至心，截平圜面積，爲平引面積。

甲乙爲正交長徑之正弦引長之，截取平圜己丙弧度，在最卑後爲乙丁己之借積度，在最高後爲乙戊己之借積度。自丙至丁，或至戊作線，在最卑後己丙丁爲平引面積，在最高後己丙戊爲平

引面積
距心線之級數爲借積度求平引面積之微分款三十三
甲乙爲長徑甲戊乙爲長徑上平圜丙丁爲倍兩心差
丙己丁爲倍兩心差上平圜設甲庚爲借積度最卑後
則庚辛爲甲庚丙平引面積之微分試作庚癸切線與
辛丙丙己丁圜內正弦平行作庚癸辛庚癸丙二三角形其積
必等蓋同用一庚癸底又同在庚癸辛丙二平行線內
故也若庚癸底漸小變爲點則切線弧線合爲一而庚
辛庚丙二細三角必仍等積甲庚丙平引面積乃庚丙
等無數細三角所積而成卽庚辛等無數細三角所積

引面積。

距心線之級數爲借積度，求平引面積之微分。款三十三。

甲乙爲長徑，甲戊乙爲長徑上平圜，丙丁爲倍兩心差，丙己丁爲倍兩心差上平圜。設甲庚爲借積度，最卑後則庚辛爲甲庚丙平引面積之微分。試作庚癸切線與辛丙丙己丁圜內正弦。平行，作庚癸辛、庚癸丙二三角形，其積必等。蓋同用一庚癸底，又同在庚癸、辛丙二平行線内故也。若庚癸底漸小變爲點，則切線、弧線合爲一，而庚辛、庚丙二細三角必仍等積。甲庚丙平引面積，乃庚丙等無數細三角所積而成，即庚辛等無數細三角所積

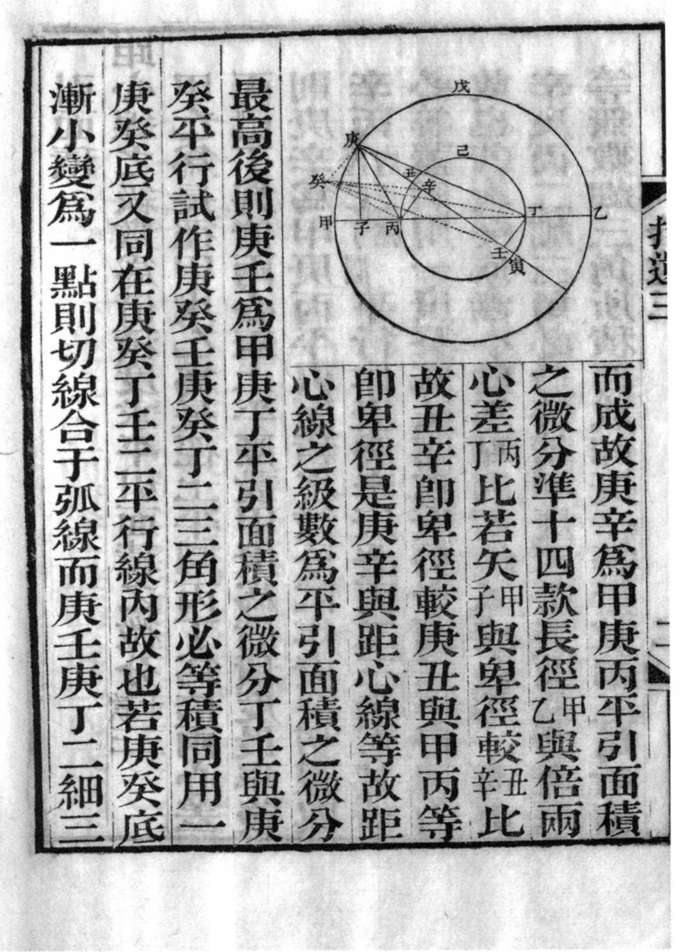

而成，故庚辛爲甲庚丙平引面積之微分。準十四款，長徑甲乙。與倍兩心差丙丁。比，若矢甲子。與卑徑較丑辛。比，故丑辛即卑徑較，庚丑與甲丙等，即卑徑是庚辛，與距心線等。故距心線之級數爲平引面積之微分。

最高後則庚壬爲甲庚丁平引面積之微分。丁壬與庚癸平行，試作庚癸壬、庚癸丁二三角形必等積，同用一庚癸底，又同在庚癸、丁壬二平行線内故也。若庚癸底漸小變爲一點，則切線合于弧線，而庚壬、庚丁二細三

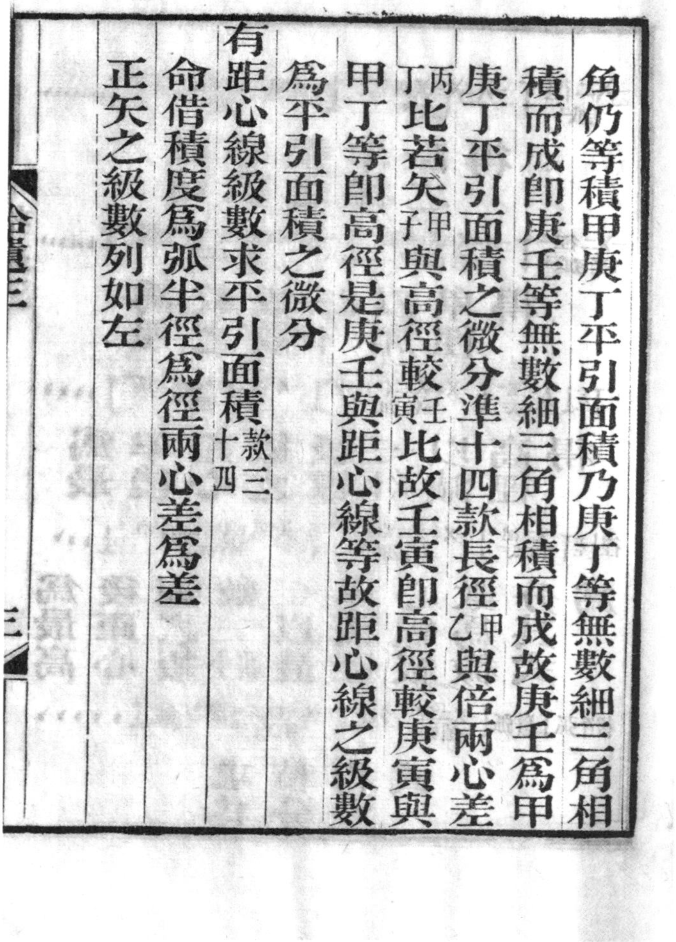

角仍等積甲庚丁平引面積乃庚丁等無數細三角相積而成卽庚壬等無數細三角相積而成故庚壬爲甲庚丁平引面積之微分準十四款長徑甲乙與倍兩心差丙丁比若矢甲子與高徑較壬寅比故壬寅卽高徑較庚寅與甲丁等卽高徑是庚壬與距心線等故距心線之級數爲平引面積之微分

有距心線級數求平引面積款三十四

命借積度爲弧半徑爲徑兩心差爲差

正矢之級數列如左

角仍等積。甲庚丁平引面積，乃庚丁等無數細三角相積而成，即庚壬等無數細三角相積而成，故庚壬爲甲庚丁平引面積之微分。準十四款，長徑甲乙。與倍兩心差丙丁。比，若矢甲子。與高徑較壬寅。比，故壬寅即高徑較，庚寅與甲丁等，即高徑是庚壬，與距心線等。故距心線之級數爲平引面積之微分。

有距心線級數，求平引面積。款三十四。

命借積度爲弧，半徑爲徑，兩心差爲差。

正矢之級數列如左：

$$\frac{\text{一}\times\text{二徑}}{\text{弧}^{\text{二}}}\top\frac{\text{一}\times\text{二}\times\text{三}\times\text{四徑}^{\text{三}}}{\text{弧}^{\text{四}}}\perp\frac{\text{一}\times\text{二}\times\text{三}\times\text{四}\times\text{五}\times\text{六徑}^{\text{五}}}{\text{弧}^{\text{六}}}\top\cdots\cdots$$

以兩心差乘之，半徑除之，得：

$$\frac{\text{一}\times\text{二徑}^{\text{二}}}{\text{差弧}^{\text{二}}}\top\frac{\text{一}\times\text{二}\times\text{三}\times\text{四徑}^{\text{四}}}{\text{差弧}^{\text{四}}}\perp\frac{\text{一}\times\text{二}\times\text{三}\times\text{四}\times\text{五}\times\text{六徑}^{\text{六}}}{\text{差弧}^{\text{六}}}\top\cdots\cdots$$

爲徑較之級數。三十款。以加卑徑，得：

$$\text{徑}\top\text{差}\perp\frac{\text{一}\times\text{二徑}}{\text{差弧}^{\text{二}}}\top\frac{\text{一}\times\text{二}\times\text{三}\times\text{四徑}^{\text{四}}}{\text{差弧}^{\text{四}}}\perp\frac{\text{一}\times\text{二}\times\text{三}\times\text{四}\times\text{五}\times\text{六徑}^{\text{六}}}{\text{差弧}^{\text{六}}}\top\cdots\cdots$$

爲最卑後距心線之級數。三十一款。以減高徑，得：

$$\text{徑}\perp\text{差}\top\frac{\text{一}\times\text{二徑}^{\text{二}}}{\text{差弧}^{\text{二}}}\perp\frac{\text{一}\times\text{二}\times\text{三}\times\text{四徑}^{\text{四}}}{\text{差弧}^{\text{四}}}\top\frac{\text{一}\times\text{二}\times\text{三}\times\text{四}\times\text{五}\times\text{六徑}^{\text{六}}}{\text{差弧}^{\text{六}}}\perp\cdots\cdots$$

爲最高後距心線之級數。三十二款。以最卑後距心線級數爲微分，其式爲：

$$\text{徑亻弧}\top\text{差亻弧}\perp\frac{\text{一}\times\text{二徑}^{\text{二}}}{\text{差弧}^{\text{二}}}\text{亻弧}\top\frac{\text{一}\times\text{二}\times\text{三}\times\text{四徑}^{\text{四}}}{\text{差弧}^{\text{四}}}\text{亻弧}\perp\cdots\cdots$$

求其積分，得左式：

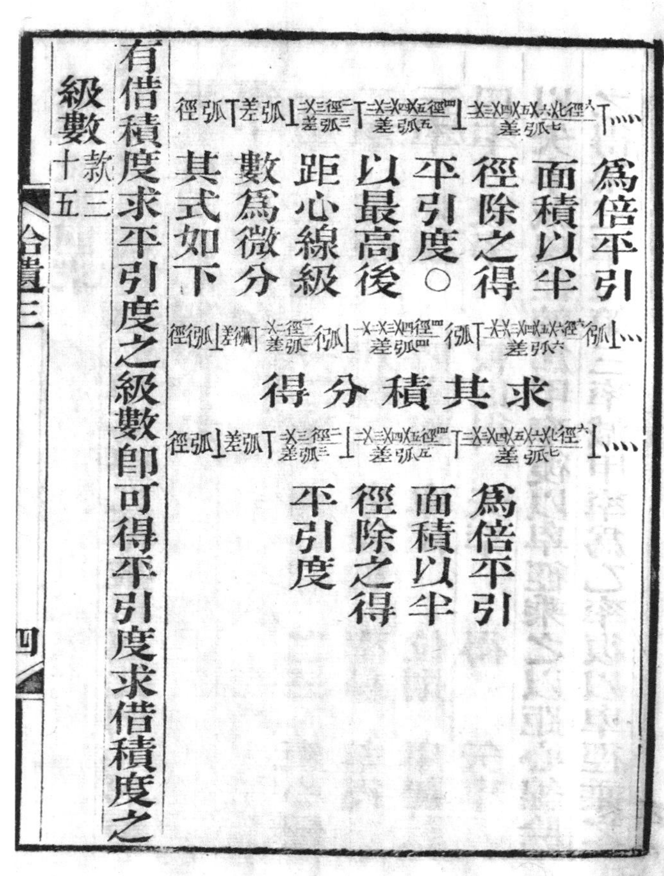

爲倍平引面積以半徑除之得平引度○以最高後距心線級數爲微分其式如下

$$\text{徑弧}\top\text{差弧}\perp\frac{\text{二}\times\text{三徑}^{\text{二}}}{\text{差弧}^{\text{三}}}\top\frac{\text{二}\times\text{三}\times\text{四}\times\text{五徑}^{\text{四}}}{\text{差弧}^{\text{五}}}\perp\frac{\text{二}\times\text{三}\times\text{四}\times\text{五}\times\text{六}\times\text{七徑}^{\text{六}}}{\text{差弧}^{\text{七}}}\top\cdots\cdots$$

$$\text{徑彳弧}\perp\text{差彳弧}\top\frac{\text{一}\times\text{二徑}^{\text{二}}}{\text{差弧}^{\text{二}}}\text{彳弧}\perp\frac{\text{一}\times\text{二}\times\text{三}\times\text{四徑}^{\text{四}}}{\text{差弧}^{\text{四}}}\text{彳弧}\top\frac{\text{一}\times\text{二}\times\text{三}\times\text{四}\times\text{五}\times\text{六徑}^{\text{六}}}{\text{差弧}^{\text{六}}}\text{彳弧}\perp\cdots\cdots$$

求其積分得

$$\text{徑弧}\perp\text{差弧}\top\frac{\text{二}\times\text{三徑}^{\text{二}}}{\text{差弧}^{\text{三}}}\perp\frac{\text{二}\times\text{三}\times\text{四}\times\text{五徑}^{\text{四}}}{\text{差弧}^{\text{五}}}\top\frac{\text{二}\times\text{三}\times\text{四}\times\text{五}\times\text{六}\times\text{七徑}^{\text{六}}}{\text{差弧}^{\text{七}}}\perp\cdots\cdots$$

爲倍平引面積以半徑除之得平引度

有借積度求平引度之級數卽可得平引度求借積度之級數款三十五

拾遺三 四

六五七

$$\text{徑弧}\top\text{差弧}\perp\frac{\text{二}\times\text{三徑}^{\text{二}}}{\text{差弧}^{\text{三}}}\top\frac{\text{二}\times\text{三}\times\text{四}\times\text{五徑}^{\text{四}}}{\text{差弧}^{\text{五}}}\perp\frac{\text{二}\times\text{三}\times\text{四}\times\text{五}\times\text{六}\times\text{七徑}^{\text{六}}}{\text{差弧}^{\text{七}}}\top\cdots\cdots$$

爲倍平引面積。以半徑除之，得平引度。以最高後距心線級數爲微分，其式如下：

$$\text{徑彳弧}\perp\text{差彳弧}\top\frac{\text{一}\times\text{二徑}^{\text{二}}}{\text{差弧}^{\text{二}}}\text{彳弧}\perp\frac{\text{一}\times\text{二}\times\text{三}\times\text{四徑}^{\text{四}}}{\text{差弧}^{\text{四}}}\text{彳弧}\top\frac{\text{一}\times\text{二}\times\text{三}\times\text{四}\times\text{五}\times\text{六徑}^{\text{六}}}{\text{差弧}^{\text{六}}}\text{彳弧}\perp\cdots\cdots$$

求其積分得：

$$\text{徑弧}\perp\text{差弧}\top\frac{\text{二}\times\text{三徑}^{\text{二}}}{\text{差弧}^{\text{三}}}\perp\frac{\text{二}\times\text{三}\times\text{四}\times\text{五徑}^{\text{四}}}{\text{差弧}^{\text{五}}}\top\frac{\text{二}\times\text{三}\times\text{四}\times\text{五}\times\text{六}\times\text{七徑}^{\text{六}}}{\text{差弧}^{\text{七}}}\perp\cdots\cdots$$

爲倍平引面積，以半徑除之，得平引度。[1]

有借積度求平引度之級數，即可得平引度求借積度之級數。款三十五。

1 橢圓長半徑 a，半焦距 c，E 爲借積度。由款31，推得

$$ds_{\text{平引面積}}=\frac{a}{2}\left(a-c+\frac{c\cdot E^2}{2!}-\frac{c\cdot E^4}{4!}+\frac{c\cdot E^6}{6!}-\frac{c\cdot E^8}{8!}+\cdots\right)dE,$$

爲款33結果，積分有

$$s_{\text{平引面積}}=\frac{a}{2}\left[(a-c)E+\frac{c\cdot E^3}{5!}+\frac{c\cdot E^5}{5!}+\frac{c\cdot E^7}{7!}-\frac{c\cdot E^9}{9!}+\cdots\right]。$$

法詳級數回求
最卑後卑徑爲首率矢率爲第二率推得連比例無窮率
數其和與距心線等款三十六
準十七款有比例
一率　距心線　一二率　距心線　二三　距心線
二率　卑徑　相較三　卑徑較　率易　卑徑
三率　卑徑　四率相　卑徑　位則　卑徑較
四率　較率　較則得　矢率　得　矢率
以矢率減卑徑較爲甲率復以卑徑乘之以距心線除
之得第三率以第三率減甲率爲乙率復以卑徑乘之

法詳《級數回求》。

最卑後卑徑爲首率，矢率爲第二率，推得連比例無窮率數，其和與距心線等。款三十六。

準十七款，有比例：

一率	距心線	一、二率相較；三、四率相較，則得	距心線	二、三率易位，則得	距心線
二率	卑徑		卑徑較		卑徑
三率	卑徑		卑徑		卑徑較
四率	較率		矢率		矢率

以矢率減卑徑較，爲甲率，復以卑徑乘之，以距心線除之，得第三率。以第三率減甲率，爲乙率，復以卑徑乘之，

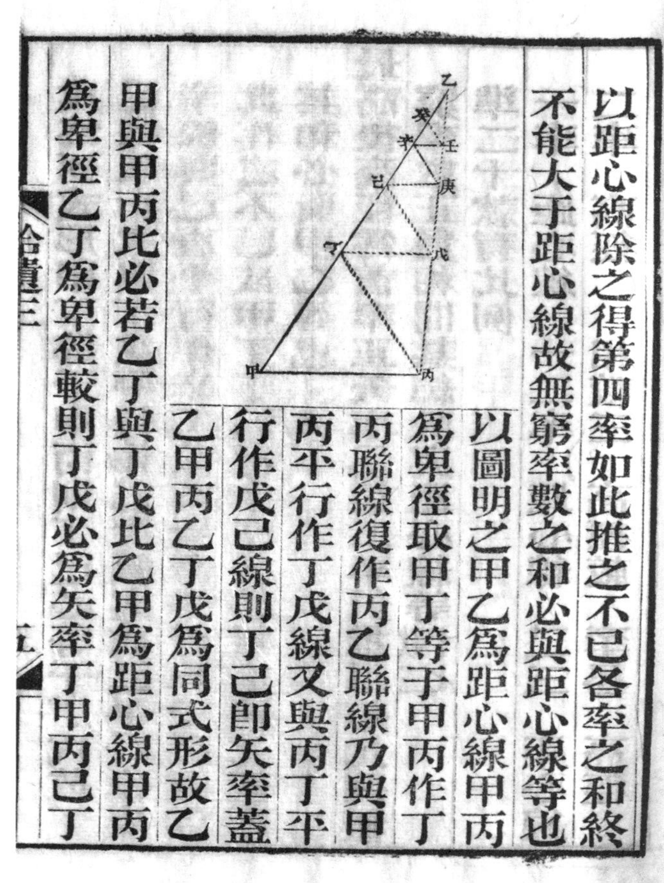

以距心線除之，得第四率。如此推之不已。各率之和終不能大于距心線，故無窮率數之和必與距心線等也。

以圖明之，甲乙爲距心線，甲丙爲卑徑。取甲丁等于甲丙，作丁丙聯線，復作丙乙聯線，乃與甲丙平行作丁戊線，又與丙丁平行作戊己線，則丁己即矢率。蓋乙甲丙、乙丁戊爲同式形，故乙甲與甲丙比，必若乙丁與丁戊比，乙甲爲距心線，甲丙爲卑徑，乙丁爲卑徑較，則丁戊必爲矢率。丁甲丙、己丁

拾遺三　五
戊爲同式形甲丁等于甲丙則丁己必等于丁戊故丁己卽矢率次與丁戊平行作己庚線與戊己平行作庚辛線與己庚平行作辛壬線與庚辛平行作壬癸線如此作之不已成甲丁丁己己辛辛癸等無窮連比例率其和必與甲乙等也
最高後高徑爲首率正矢率爲第二率負推得連比例無窮率數正負相間其總較與距心線等款三十七
準二十款有比例
一率距心線二率高徑一二率相較三率距心線高徑較二三率易位距心線高徑

戊爲同式形，甲丁等于甲丙，則丁己必等于丁戊，故丁己即矢率。次與丁戊平行作己庚線，與戊己平行作庚辛線，與己庚平行作辛壬線，與庚辛平行作壬癸線。如此作之不已，成甲丁、丁己、己辛、辛癸等無窮連比例率，其和必與甲乙等也。

最高後高徑爲首率正，矢率爲第二率負，推得連比例無窮率數，正負相間，其總較與距心線等。款三十七。

準二十款有比例：

一率	距心線	一、二率相較；	距心線	二、三率易位，	距心線
二率	高徑		高徑較	則得	高徑

三率 高徑 四率相 高徑 位則 高徑較

四率 和率 較得 矢率 得 矢率

以高徑較減矢率爲甲率以高徑乘之以距心線除之得第三率以甲率減之爲乙率以高徑乘之以距心線除之得第四率如此推之不已各率正負之總較終不能大于距心線故無窮率數之總較必與距心線等也

以圖明之甲乙爲距心線甲丙爲高徑作甲丙丁等邊三角形作乙丁線又作乙子線令丙乙子角與甲乙丁角等乃與丁甲平行作子戊線則丙戊必爲矢率蓋甲乙丁丙乙子爲同式三角形甲丙丁丙戊子俱爲等邊

三率	高徑	三、四率相較，得	高徑	高徑較
四率	和率		矢率	矢率

以高徑較減矢率，爲甲率，以高徑乘之，以距心線除之，得第三率。以甲率減之，爲乙率，以高徑乘之，以距心線除之，得第四率。如此推之不已。各率正負之總較，終不能大于距心線，故無窮率數之總較，必與距心線等也。

以圖明之，甲乙爲距心線，甲丙爲高徑。作甲丙丁等邊三角形，作乙丁線，又作乙子線，令丙乙子角與甲乙丁角等，乃與丁甲平行作子戊線，則丙戊必爲矢率。蓋甲乙丁、丙乙子爲同式三角形，甲丙丁、丙戊子俱爲等邊

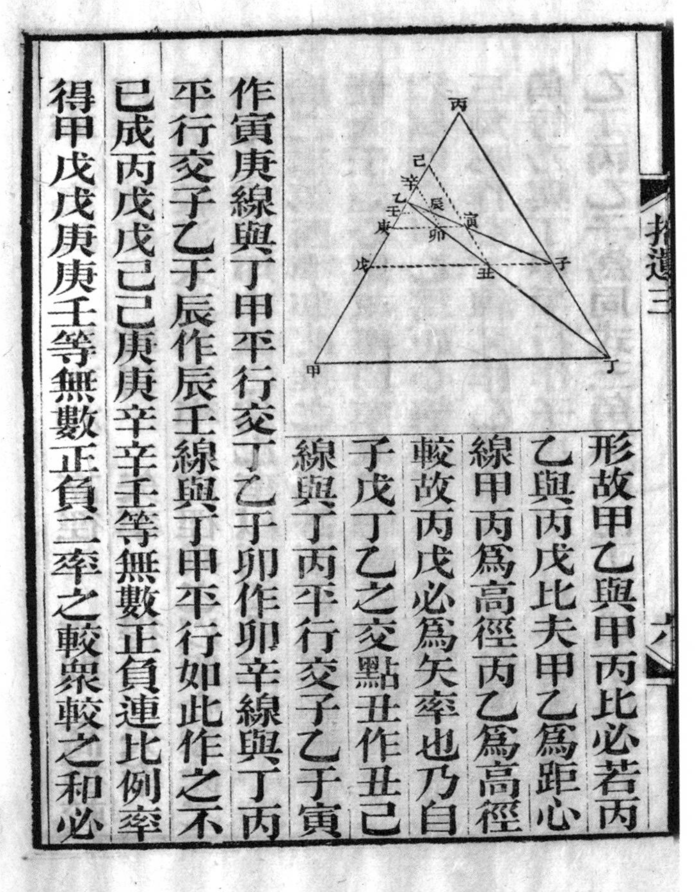

形，故甲乙與甲丙比，必若丙乙與丙戊比。夫甲乙爲距心線，甲丙爲高徑，丙乙爲高徑較，故丙戊必爲矢率也。乃自子戊、丁乙之交點丑，作丑己線與丁丙平行，交子乙于寅；作寅庚線與丁甲平行，交丁乙于卯；作卯辛線與丁丙平行，交子乙于辰；作辰壬線與丁甲平行。如此作之不已，成丙戊、戊己、己庚、庚辛、辛壬等無數正負連比例率，得甲戊、戊庚、庚壬等無數正負二率之較，衆較之和必

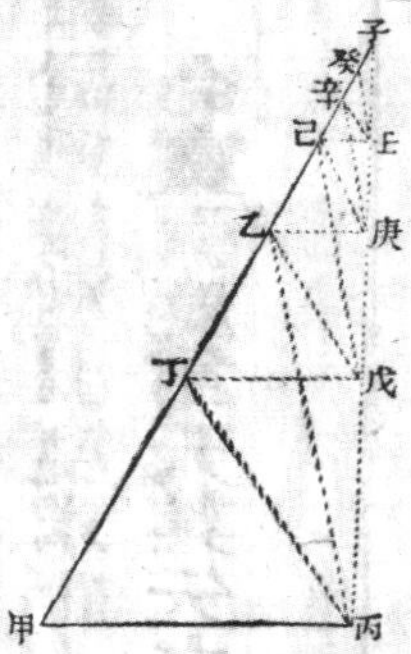

等于甲乙也　又圖甲乙爲高徑甲丙爲距心線取甲丁等甲丙作丁丙乙丙二線次作丁戊線與甲丙平行作乙戊線與丁丙平行二線遇于戊乃與丙乙平行作戊己線與甲乙引長線遇于己丁己爲矢率蓋甲乙丙丁己戊爲同式三角形丙丁戊乙二對角線又平行故甲丁距心線與甲乙高徑比若丁乙與丁己比丁乙爲高徑較則丁己必爲矢率矣乃作丙戊線引長之與甲乙引長線遇于子次作乙庚己壬二線俱與甲

等于甲乙也。

又圖，甲乙爲高徑，甲丙爲距心線。取甲丁等甲丙，作丁丙、乙丙二線，次作丁戊線與甲丙平行，作乙戊線與丁丙平行，二線遇于戊。乃與丙乙平行作戊己線，與甲乙引長線遇于己，丁己爲矢率。蓋甲乙丙、丁己戊爲同式三角形，丙丁、戊乙二對角線又平行，故甲丁距心線與甲乙高徑比，若丁乙與丁己比，丁乙爲高徑較，則丁己必爲矢率矣。乃作丙戊線引長之，與甲乙引長線遇于子。次作乙庚、己壬二線，俱與甲

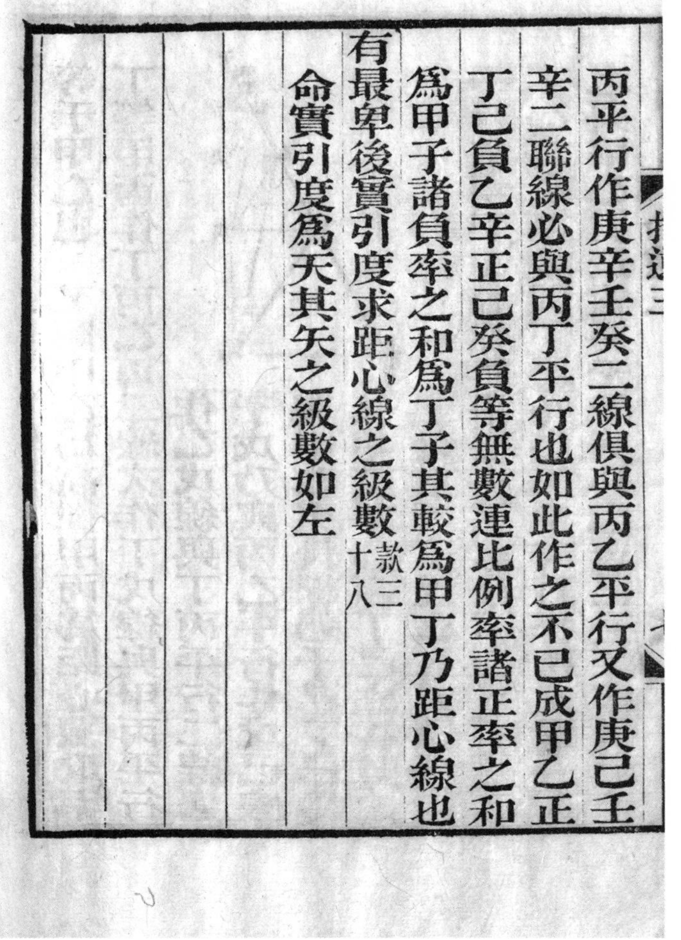
丙平行作庚辛壬癸二線俱與丙乙平行又作庚己壬
辛二聯線必與丙丁平行也如此作之不已成甲乙正
丁己負乙辛正己癸負等無數連比例率諸正率之和
爲甲子諸負率之和爲丁子其較爲甲丁乃距心線也
有最卑後實引度求距心線之級數款三十八
命實引度爲天其矢之級數如左

丙平行；作庚辛、壬癸二線，俱與丙乙平行。又作庚己、壬辛二聯線，必與丙丁平行也。如此作之不已，成甲乙正、丁己負、乙辛正、己癸負等無數連比例率。諸正率之和爲甲子，諸負率之和爲丁子，其較爲甲丁，乃距心線也。

有最卑後實引度，求距心線之級數。款三十八。

命實引度爲天，其矢之級數如左：

$$\frac{一\times二徑}{天^{二}}\top\frac{一\times二\times三\times四徑^{二}}{天^{四}}\bot\frac{一\times二\times三\times四\times五\times六徑^{五}}{天^{六}}\top\cdots\cdots$$

以半徑率$\frac{徑\bot差}{差(徑\top差)}$十六款界说。乘之，得；

$$\frac{一\times二(徑\bot差)徑}{(徑\top差)差天^{一}}\top\frac{一\times二\times三\times四(徑\bot差)徑^{一}}{(徑\top差)差天^{四}}\bot\frac{一\times二\times三\times四\times五\times六(徑\bot差)徑^{五}}{(徑\top差)差天^{六}}\top\cdots\cdots$$

以半徑除之，得下式：

$$\frac{一\times二(徑\bot差)徑^{二}}{(徑\top差)差天^{二}}\top\frac{一\times二\times三\times四(徑\bot差)徑^{四}}{(徑\top差)差天^{四}}\bot\frac{一\times二\times三\times四\times五\times六(徑\bot差)徑^{六}}{(徑\top差)差天^{六}}\top\cdots\cdots$$

爲矢率級數。自乘，得式如下：

$$\frac{四(徑\bot差)^{二}徑^{四}}{(徑\top差)^{二}差^{二}天^{四}}\top\frac{四\times三\times四(徑\bot差)^{二}徑^{六}}{(徑\top差)^{二}差^{二}天^{六}}\bot\frac{四\times三\times四\times五\times六(徑\bot差)^{二}徑^{八}}{(徑\top差)^{二}差^{二}天^{八}}\top\frac{四\times三\times四\times五\times六\times七\times八(徑\bot差)^{二}徑^{一〇}}{(徑\top差)^{二}差^{二}天^{一〇}}\bot\cdots\cdots$$

$$\top\frac{四\times三\times四(徑\bot差)^{二}徑^{二}}{(徑\top差)^{二}差^{二}天^{六}}\bot\frac{四\times九\times一六(徑\bot差)^{二}徑^{八}}{(徑\top差)^{二}差^{二}天^{八}}\top\frac{四\times九\times一六五\times六(徑\bot差)^{二}徑^{一〇}}{(徑\top差)^{二}差^{二}天^{一〇}}\bot\cdots\cdots$$

$$\bot\frac{四\times三\times四\times五\times六(徑\bot差)^{二}徑^{八}}{(徑\top差)^{二}差^{二}天^{八}}\top\frac{四\times九\times一六\times五\times六(徑\bot差)^{二}徑^{一〇}}{(徑\top差)^{二}差^{二}天^{一〇}}\bot\cdots\cdots$$

$$\top\frac{四\times三\times四\times五\times六\times七\times八(徑\bot差)^{二}徑^{一〇}}{(徑\top差)^{二}差^{二}天^{四}}\bot\cdots\cdots$$

依矢率級數通分，併之得：

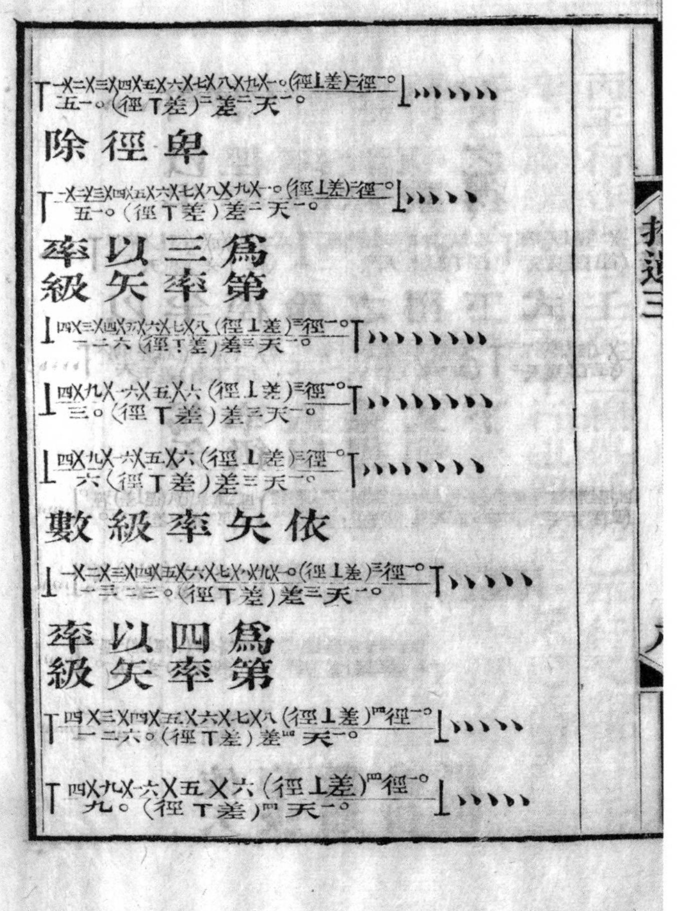

$$\frac{一\times二\times三\times四(徑\perp差)^{二}徑^{四}}{六(徑\top差)^{二}差^{二}天^{四}}\top\frac{一\times二\times三\times四\times五\times六(徑\perp差)^{二}徑^{六}}{三〇(徑\perp差)^{二}差^{二}天^{六}}\perp\frac{一\times二\times三\times四\times五\times六\times七\times八(徑\perp差)^{二}徑^{八}}{一二六(徑\top差)^{二}差^{二}天^{八}}\top\frac{一\times二\times三\times四\times五\times六\times七\times八\times九\times一〇(徑\perp差)^{二}徑^{一〇}}{五一〇(徑\top差)^{二}差^{二}天^{一〇}}\perp\cdots\cdots$$

卑徑除之，得：

$$\frac{一\times二\times三\times四(徑\perp差)^{二}徑^{四}}{六(徑\top差)差^{二}天^{四}}\top\frac{一\times二\times三\times四\times五\times六(徑\perp差)^{二}徑^{六}}{三〇(徑\perp差)差^{二}天^{六}}\perp\frac{一\times二\times三\times四\times五\times六\times七\times八(徑\perp差)^{二}徑^{八}}{一二六(徑\top差)差^{二}天^{八}}\top\frac{一\times二\times三\times四\times五\times六\times七\times八\times九\times一〇(徑\perp差)^{二}徑^{一〇}}{五一〇(徑\top差)差^{二}天^{一〇}}\perp\cdots\cdots$$

爲第三率。以矢率級數乘之，卑徑除之，得：

$$\frac{四三四(徑\perp差)^{三}徑^{六}}{六(徑\top差)差^{三}天^{六}}\top\frac{四\times三\times四\times五\times六(徑\perp差)^{三}径^{八}}{三〇(徑\top差)差^{三}天^{八}}\perp\frac{四\times三\times四\times五\times六\times七\times八(徑\perp差)^{三}徑^{一〇}}{一二六(徑\top差)差^{三}天^{一〇}}\top\cdots\cdots$$

$$\top\frac{四\times九\times一六(徑\perp差)^{三}徑^{八}}{六(徑\top差)差^{三}天^{八}}\perp\frac{四\times九\times一六\times五\times六(徑\perp差)^{三}徑^{一〇}}{三〇(徑\top差)差^{三}天^{一〇}}\perp\cdots\cdots$$

$$\perp\frac{四\times九\times一六\times五\times六(徑\perp差)^{三}徑^{一〇}}{六(徑\top差)差^{三}天^{一〇}}\top\cdots\cdots$$

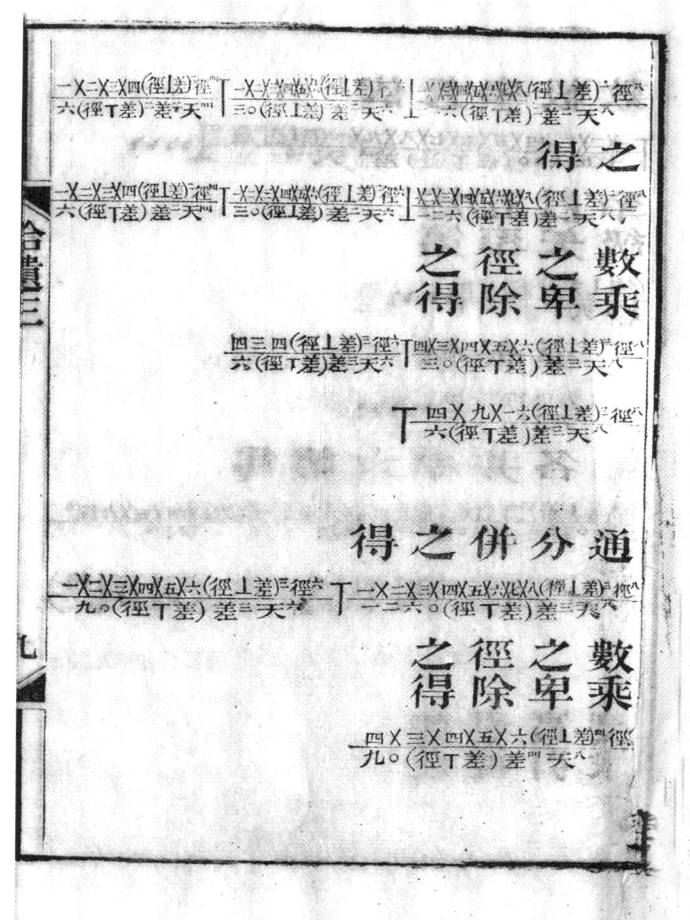

依矢率級數通分，併之得：

$$\frac{\text{一}\times\text{二}\times\text{三}\times\text{四}\times\text{五}\times\text{六}(\text{徑}\bot\text{差})^{\text{三}}\text{徑}^{\text{六}}}{\text{九〇}(\text{徑}\top\text{差})\text{差}^{\text{三}}\text{天}^{\text{六}}}\top\frac{\text{一}\times\text{二}\times\text{三}\times\text{四}\times\text{五}\times\text{六}\times\text{七}\times\text{八}(\text{徑}\bot\text{差})^{\text{三}}\text{徑}^{\text{八}}}{\text{一二六〇}(\text{徑}\top\text{差})\text{差}^{\text{三}}\text{天}^{\text{八}}}\bot\frac{\text{一}\times\text{二}\times\text{三}\times\text{四}\times\text{五}\times\text{六}\times\text{七}\times\text{八}\times\text{九}\times\text{一〇}(\text{徑}\bot\text{差})^{\text{三}}\text{徑}^{\text{一〇}}}{\text{一三二三〇}(\text{徑}\top\text{差})\text{差}^{\text{三}}\text{天}^{\text{一〇}}}\bot\cdots\cdots$$

爲第四率。以矢率級數乘之，卑徑除之，得：

$$\frac{\text{四}\times\text{三}\times\text{四}\times\text{五}\times\text{六}(\text{徑}\bot\text{差})^{\text{四}}\text{徑}^{\text{八}}}{\text{九〇}(\text{徑}\top\text{差})\text{差}^{\text{四}}\text{天}^{\text{八}}}\top\frac{\text{四}\times\text{三}\times\text{四}\times\text{五}\times\text{六}\times\text{七}\times\text{八}(\text{徑}\bot\text{差})^{\text{四}}\text{徑}^{\text{一〇}}}{\text{一二六〇}(\text{徑}\top\text{差})\text{差}^{\text{四}}\text{天}^{\text{一〇}}}\bot\cdots\cdots$$

$$\top\frac{\text{四}\times\text{九}\times\text{一六}\times\text{五}\times\text{六}(\text{徑}\bot\text{差})^{\text{四}}\text{徑}^{\text{一〇}}}{\text{九〇}(\text{徑}\top\text{差})^{\text{四}}\text{天}^{\text{一〇}}}\bot\cdots\cdots$$

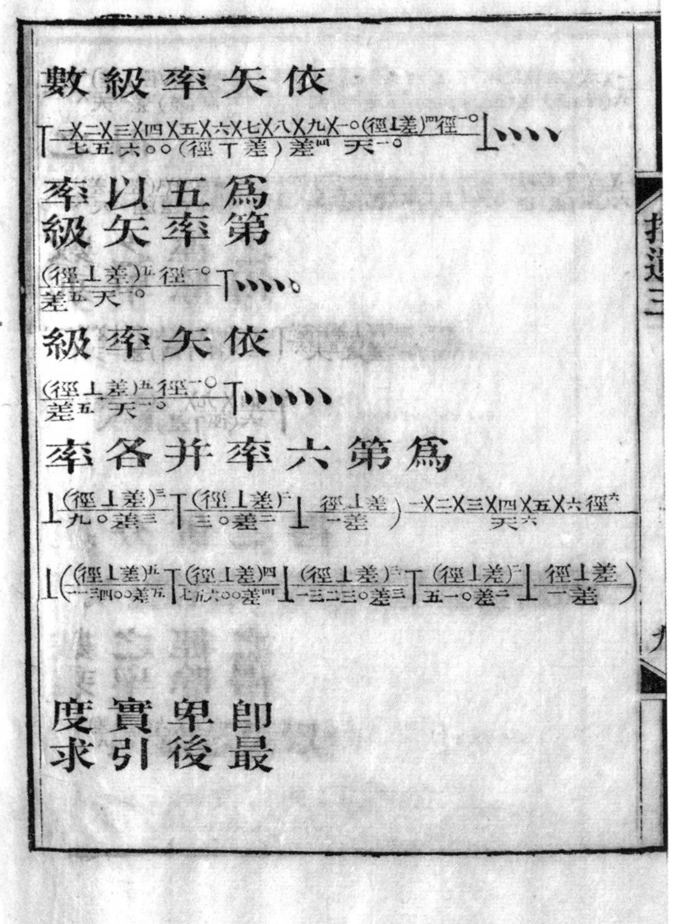

依矢率級數通分，併之得：

$$\frac{\text{一}\times\text{二}\times\text{三}\times\text{四}\times\text{五}\times\text{六}\times\text{七}\times\text{八}(\text{徑}\perp\text{差})^{\text{四}}\text{徑}^{\text{八}}}{\text{二五二〇}(\text{徑}\top\text{差})\text{差}^{\text{四}}\text{天}^{\text{八}}}\top\frac{\text{一}\times\text{二}\times\text{三}\times\text{四}\times\text{五}\times\text{六}\times\text{七}\times\text{八}\times\text{九}\times\text{一〇}(\text{徑}\perp\text{差})^{\text{四}}\text{徑}^{\text{一〇}}}{\text{七五六〇〇}(\text{徑}\top\text{差})\text{差}^{\text{四}}\text{天}^{\text{一〇}}}\perp\cdots\cdots$$

爲第五率。以矢率級數乘之，卑徑除之，得：

$$\frac{\text{四}\times\text{三}\times\text{四}\times\text{五}\times\text{六}\times\text{七}\times\text{八}(\text{徑}\perp\text{差})^{\text{五}}\text{徑}^{\text{一〇}}}{\text{二五二〇}(\text{徑}\top\text{差})\text{差}^{\text{五}}\text{天}^{\text{一〇}}\text{差}^{\text{五}}\text{天}^{\text{一〇}}}\top\cdots\cdots$$

依矢率級數通分，得：

$$\frac{\text{一}\times\text{二}\times\text{三}\times\text{四}\times\text{五}\times\text{六}\times\text{七}\times\text{八}\times\text{九}\times\text{一〇}(\text{徑}\perp\text{差})^{\text{五}}\text{徑}^{\text{一〇}}}{\text{一一三四〇〇}(\text{徑}\top\text{差})\text{差}^{\text{五}}\text{天}^{\text{一〇}}}\top\cdots\cdots$$

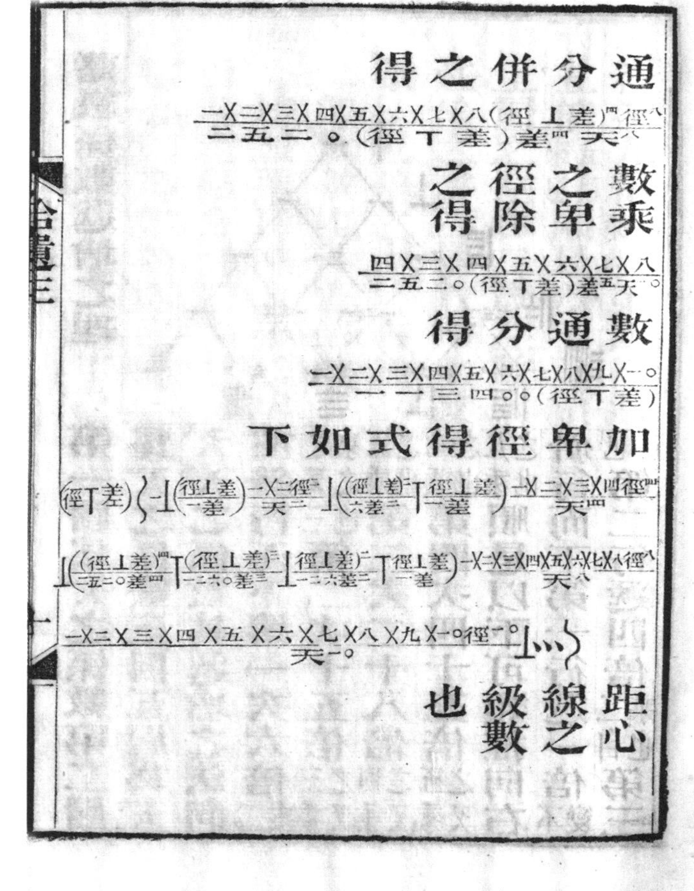
通分併之得

$\frac{\text{一}\times\text{二}\times\text{三}\times\text{四}\times\text{五}\times\text{六}\times\text{七}\times\text{八}(\text{徑}\perp\text{差})^{\text{四}}\text{徑}^{\text{八}}}{\text{二五二〇}(\text{徑}\top\text{差})\text{差}^{\text{四}}\text{天}^{\text{八}}}$

數乘之卑除徑之得

數通分得

加卑徑得式如下

距心線之級數也

爲第六率。并各率加卑徑，得式如下[1]：

$$(\text{徑}\top\text{差})\Bigg[\text{一}\perp\left(\frac{(\text{徑}\perp\text{差})}{\text{一差}}\right)\frac{\text{一}\times\text{二徑}^{\text{二}}}{\text{天}^{\text{二}}}\perp\left(\frac{(\text{徑}\perp\text{差})^{\text{二}}}{\text{六差}^{\text{二}}}\top\frac{\text{徑}\perp\text{差}}{\text{一差}}\right)\frac{\text{一}\times\text{二}\times\text{三}\times\text{四徑}^{\text{四}}}{\text{天}^{\text{四}}}\perp\left(\frac{(\text{徑}\perp\text{差})^{\text{三}}}{\text{九〇差}^{\text{三}}}\top\frac{(\text{徑}\perp\text{差})^{\text{二}}}{\text{三〇差}^{\text{二}}}\perp\frac{\text{徑}\perp\text{差}}{\text{一差}}\right)\frac{\text{一}\times\text{二}\times\text{三}\times\text{四}\times\text{五}\times\text{六徑}^{\text{六}}}{\text{天}^{\text{六}}}$$

$$\perp\left(\frac{(\text{徑}\perp\text{差})^{\text{四}}}{\text{二五二〇差}^{\text{四}}}\top\frac{(\text{徑}\perp\text{差})^{\text{三}}}{\text{一二六〇差}^{\text{三}}}\perp\frac{(\text{徑}\perp\text{差})^{\text{二}}}{\text{一二六差}^{\text{二}}}\top\frac{(\text{徑}\perp\text{差})}{\text{一差}}\right)\frac{\text{一}\times\text{二}\times\text{三}\times\text{四}\times\text{五}\times\text{六}\times\text{七}\times\text{八徑}^{\text{八}}}{\text{天}^{\text{八}}}\perp$$

$$\left(\frac{(\text{徑}\perp\text{差})^{\text{五}}}{\text{一一三四〇〇差}^{\text{五}}}\top\frac{(\text{徑}\perp\text{差})^{\text{四}}}{\text{七五六〇〇差}^{\text{四}}}\perp\frac{(\text{徑}\perp\text{差})^{\text{三}}}{\text{一三二三〇差}^{\text{三}}}\top\frac{(\text{徑}\perp\text{差})^{\text{二}}}{\text{五一〇差}^{\text{二}}}\perp\frac{\text{徑}\perp\text{差}}{\text{一差}}\right)\frac{\text{一}\times\text{二}\times\text{三}\times\text{四}\times\text{五}\times\text{六}\times\text{七}\times\text{八}\times\text{九}\times\text{一〇徑}^{\text{一〇}}}{\text{天}^{\text{一〇}}}\perp\cdots\cdots\Bigg]$$

即最卑後實引度求距心線之級數也。

1 橢圓長半徑 a，短半徑 b，半焦距 c。θ 爲實引角，r 爲距心線。由連比例推得 $r=k\left[1+\frac{\lambda}{k}+\left(\frac{\lambda}{l}\right)^2+\left(\frac{\lambda}{l}\right)^3+\cdots\cdots\right]$，其中 $k=a-c$，$\lambda=k\frac{r-k}{r}$。結合 17 款給出的 $r=\frac{b^2}{a+c\cos\theta}$，有 $\frac{\lambda}{k}=\frac{c}{a+c}\left(\frac{1}{2!}\theta^2-\frac{1}{4!}\theta^4+\frac{1}{6!}\theta^6-\cdots\right)$，代入上面無窮級數，合併整理 $r=(a-c)\left\{1+\left(\frac{c}{a+c}\right)\frac{a^2}{2!}+\left[6\left(\frac{c}{a+c}\right)^2-\left(\frac{c}{a+c}\right)\right]\frac{\theta^4}{4!}+\left[90\left(\frac{c}{a+c}\right)^3-30\left(\frac{c}{a+c}\right)^2+\left(\frac{c}{a+c}\right)\right]\frac{\theta^6}{6!}+\left[2520\left(\frac{c}{a+c}\right)^4-1260\left(\frac{c}{a+c}\right)^3+126\left(\frac{c}{a+c}\right)^2-\left(\frac{c}{a+c}\right)\right]\frac{\theta^8}{8!}+\left[113400\left(\frac{c}{a+c}\right)^5-75600\left(\frac{c}{a+c}\right)^4+13230\left(\frac{c}{a+c}\right)^3-510\left(\frac{c}{a+c}\right)^2+\left(\frac{c}{a+c}\right)\right]\frac{\theta^{10}}{10!}+\cdots\cdots\right\}$

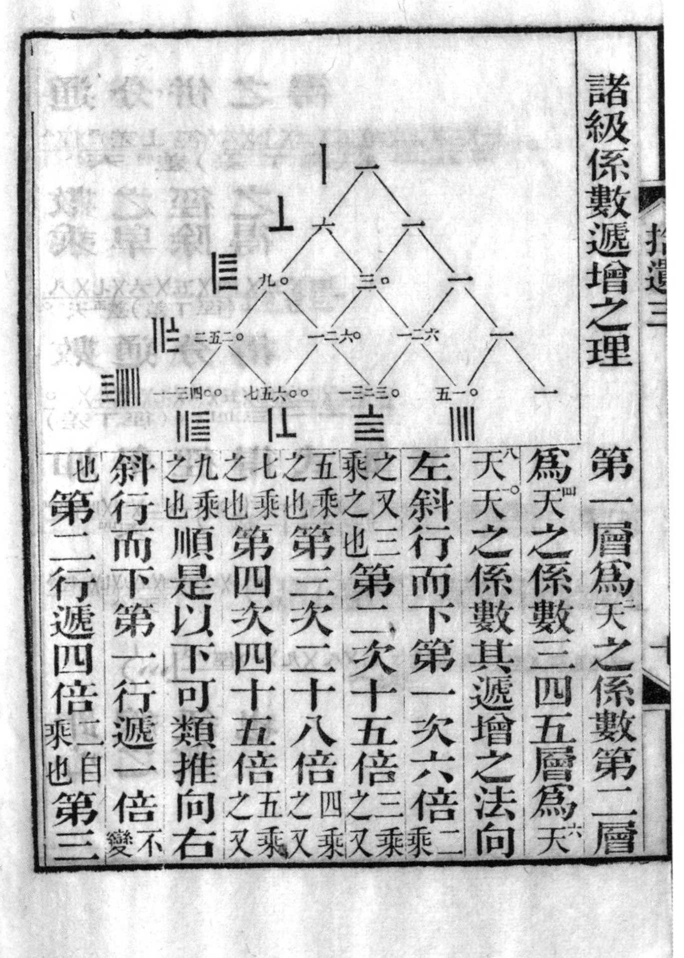

諸級係數遞增之理

第一層爲天^{二}之係數，第二層爲天^{四}之係數，三、四、五層爲天^{六}、天^{八}、天^{一〇}之係數。其遞增之法，向左斜行而下，第一次六倍，二乘之，又三乘之也。第二次十五倍，三乘之，又五乘之也。第三次二十八倍，四乘之，又七乘之也。第四次四十五倍，五乘之，又九乘之也。順是以下可類推。向右斜行而下，第一行遞一倍，不變也。第二行遞四倍，二自乘也。第三行遞九倍，三自乘也。第四行遞十六倍，四自乘也。第五行遞二十五倍，五自乘也。順是以下可類推。設欲求某數，必先有本數上層之左右二數。左數向右斜行，右數向左斜行，各依法倍之，併二倍數，即本數。如求第四層第二數上層，左數九○，九倍之得八一○，右數三○，十五倍之得四五○。併二倍數，得一二六○。即本數也。餘皆仿此。

距心綫級數自乘，大小二半徑各除一次，得實引度，求平引度之微分。款三十九。

甲乙丙爲半橢圜，己爲心，己丁等于半長徑。丁庚戊爲半平圜，亦以己爲心。丁己庚爲最卑後實引角，甲辛己

爲橢圜平引度面積己辛爲距心線庚己半長徑方爲一率辛己距心線方爲二率壬己庚微角積圖不過略明大意其實庚壬相去極微不能辨爲三率得四率癸己辛面積爲甲辛己面積之微分用積分法求得甲辛己積以長徑乘之短徑除之得平圜內平引面積　今求微分不用半長徑方爲一率而用大小二半徑相乘方爲一率則求得積分卽平圜內平引面積不必更以長徑乘短徑除也三率爲一故款中不言也

爲橢圜平引度面積，己辛爲距心線。庚己半長徑方爲一率，辛己距心線方爲二率，壬己庚微角積圖不過略明大意，其實庚壬相去極微，不能辨。爲三率，得四率癸己辛面積，爲甲辛己面積之微分。用積分法求得甲辛己積，以長徑乘之，短徑除之，得平圜内平引面積。

今求微分，不用半長徑方爲一率，而用大小二半徑相乘方爲一率，則求得積分，即平圜内平引面積，不必更以長徑乘、短徑除也，三率爲一，故款中不言也。

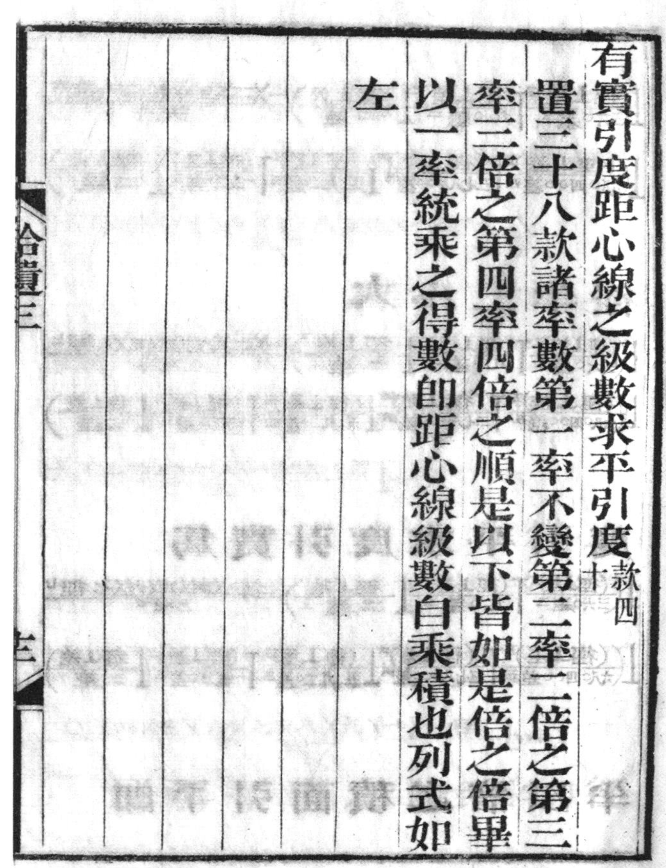

有實引度距心線之級數求平引度款四十

置三十八款諸率數第一率不變第二率二倍之第三率三倍之第四率四倍之順是以下皆如是倍之倍畢以一率統乘之得數即距心線級數自乘積也列式如左

拾遺三

有實引度距心線之級數，求平引度。款四十。

置三十八款諸率數，第一率不變，第二率二倍之，第三率三倍之，第四率四倍之。順是以下，皆如是倍之。倍畢，以一率統乘之，得數即距心線級數自乘積也。列式如左：

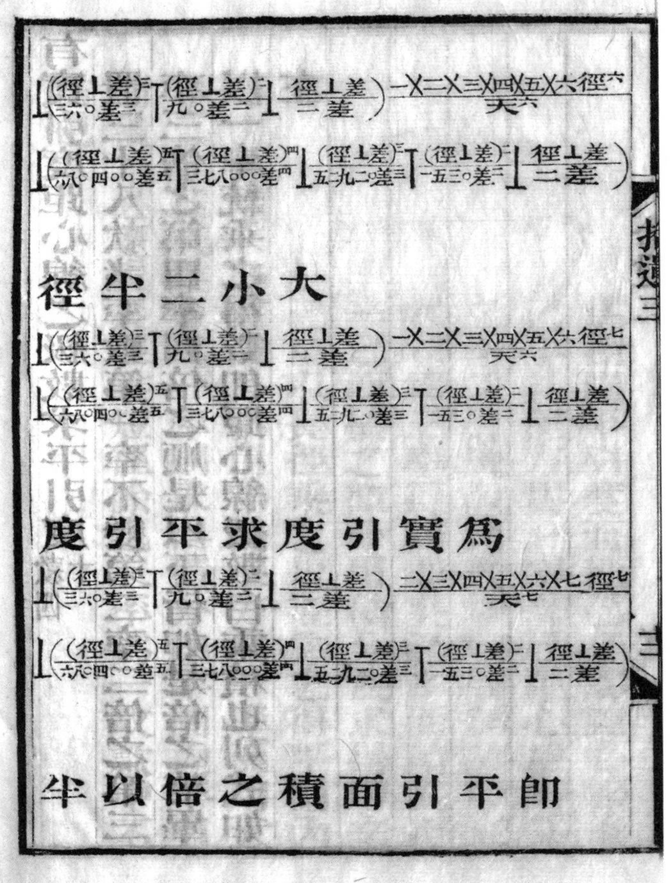

大小二半徑

為實引度求平引度

即平引面積之倍以半

$$
(\text{徑}\top\text{差})^{\text{二}}\left[\begin{array}{l}
\text{一}\perp\left(\frac{\text{徑}\perp\text{差}}{\text{二差}}\right)\frac{\text{一}\times\text{二徑}^{\text{二}}}{\text{天}^{\text{二}}}\perp\left(\frac{(\text{徑}\perp\text{差})^{\text{二}}}{\text{一八差}^{\text{二}}}\top\frac{\text{徑}\perp\text{差}}{\text{二差}}\right)\frac{\text{一}\times\text{二}\times\text{三}\times\text{四徑}^{\text{四}}}{\text{天}^{\text{四}}}\perp\left(\frac{(\text{徑}\perp\text{差})^{\text{三}}}{\text{三六〇差}^{\text{三}}}\top\frac{(\text{徑}\perp\text{差})^{\text{二}}}{\text{九〇差}^{\text{二}}}\perp\frac{\text{徑}\perp\text{差}}{\text{二差}}\right)\frac{\text{一}\times\text{二}\times\text{三}\times\text{四}\times\text{五}\times\text{六徑}^{\text{六}}}{\text{天}^{\text{六}}}\\
\perp\left(\frac{(\text{徑}\perp\text{差})^{\text{四}}}{\text{一二六〇〇差}^{\text{四}}}\top\frac{(\text{徑}\perp\text{差})^{\text{三}}}{\text{五〇四〇差}^{\text{三}}}\perp\frac{(\text{徑}\perp\text{差})^{\text{二}}}{\text{三七八差}^{\text{二}}}\top\frac{\text{徑}\perp\text{差}}{\text{二差}}\right)\frac{\text{一}\times\text{二}\times\text{三}\times\text{四}\times\text{五}\times\text{六}\times\text{七}\times\text{八徑}^{\text{八}}}{\text{天}^{\text{八}}}\perp\\
\left(\frac{(\text{徑}\perp\text{差})^{\text{五}}}{\text{六八〇四〇〇差}^{\text{五}}}\top\frac{(\text{徑}\perp\text{差})^{\text{四}}}{\text{三七八〇〇〇差}^{\text{四}}}\perp\frac{(\text{徑}\perp\text{差})^{\text{三}}}{\text{五二九二〇差}^{\text{三}}}\top\frac{(\text{徑}\perp\text{差})^{\text{二}}}{\text{一五三〇差}^{\text{二}}}\perp\frac{\text{徑}\perp\text{差}}{\text{二差}}\right)\frac{\text{一}\times\text{二}\times\text{三}\times\text{四}\times\text{五}\times\text{六}\times\text{七}\times\text{八}\times\text{九}\times\text{一〇徑}^{\text{一〇}}}{\text{天}^{\text{一〇}}}\perp\cdots\cdots
\end{array}\right]
$$

大小二半徑各除一次，得：

$$
\frac{\text{小徑}}{(\text{徑}\top\text{差})^{\text{二}}}\left[\begin{array}{l}
\text{一}\perp\left(\frac{\text{徑}\perp\text{差}}{\text{二差}}\right)\frac{\text{一}\times\text{二徑}^{\text{三}}}{\text{天}^{\text{二}}}\perp\left(\frac{(\text{徑}\perp\text{差})^{\text{二}}}{\text{一八差}^{\text{二}}}\top\frac{\text{徑}\perp\text{差}}{\text{二差}}\right)\frac{\text{一}\times\text{二}\times\text{三}\times\text{四徑}^{\text{五}}}{\text{天}^{\text{四}}}\perp\left(\frac{(\text{徑}\perp\text{差})^{\text{三}}}{\text{三六〇差}^{\text{三}}}\top\frac{(\text{徑}\perp\text{差})^{\text{二}}}{\text{九〇差}^{\text{二}}}\perp\frac{\text{徑}\perp\text{差}}{\text{二差}}\right)\frac{\text{一}\times\text{二}\times\text{三}\times\text{四}\times\text{五}\times\text{六徑}^{\text{七}}}{\text{天}^{\text{六}}}\perp\\
\left(\frac{(\text{徑}\perp\text{差})^{\text{四}}}{\text{一二六〇〇差}^{\text{四}}}\top\frac{(\text{徑}\perp\text{差})^{\text{三}}}{\text{五〇四〇差}^{\text{三}}}\perp\frac{(\text{徑}\perp\text{差})^{\text{二}}}{\text{三七八差}^{\text{二}}}\top\frac{\text{徑}\perp\text{差}}{\text{二差}}\right)\frac{\text{一}\times\text{二}\times\text{三}\times\text{四}\times\text{五}\times\text{六}\times\text{七}\times\text{八徑}^{\text{九}}}{\text{天}^{\text{八}}}\perp\\
\left(\frac{(\text{徑}\perp\text{差})^{\text{五}}}{\text{六八〇四〇〇差}^{\text{五}}}\top\frac{(\text{徑}\perp\text{差})^{\text{四}}}{\text{三七八〇〇〇差}^{\text{四}}}\perp\frac{(\text{徑}\perp\text{差})^{\text{三}}}{\text{五二九二〇差}^{\text{三}}}\top\frac{(\text{徑}\perp\text{差})^{\text{二}}}{\text{一五三〇差}^{\text{二}}}\perp\frac{\text{徑}\perp\text{差}}{\text{二差}}\right)\frac{\text{一}\times\text{二}\times\text{三}\times\text{四}\times\text{五}\times\text{六}\times\text{七}\times\text{八}\times\text{九}\times\text{一〇徑}^{\text{一一}}}{\text{天}^{\text{一〇}}}\perp\cdots\cdots
\end{array}\right]\text{彳天}
$$

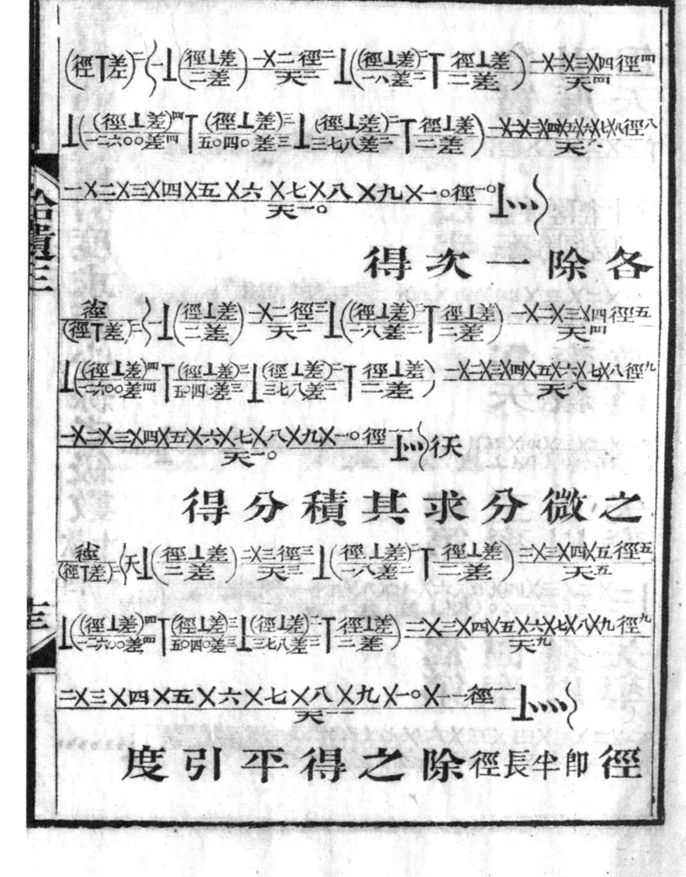

各除一次得

之微分求其積分得

徑即半長徑除之得平引度

爲實引度求平引度之微分。求其積分得：

$$\frac{\text{小徑}}{(\text{徑丅差})^{\text{二}}}\left[\begin{array}{l}\text{天}\perp\left(\frac{\text{徑}\perp\text{差}}{\text{二差}}\right)\frac{\text{二}\times\text{三徑}^{\text{三}}}{\text{天}^{\text{三}}}\perp\left(\frac{(\text{徑}\perp\text{差})^{\text{二}}}{\text{一八差}^{\text{二}}}\top\frac{\text{徑}\perp\text{差}}{\text{二差}}\right)\frac{\text{二}\times\text{三}\times\text{四}\times\text{五徑}^{\text{五}}}{\text{天}^{\text{五}}}\perp\left(\frac{(\text{徑}\perp\text{差})^{\text{三}}}{\text{三六〇差}^{\text{三}}}\top\frac{(\text{徑}\perp\text{差})^{\text{二}}}{\text{九〇差}^{\text{二}}}\perp\frac{\text{徑}\perp\text{差}}{\text{二差}}\right)\frac{\text{二}\times\text{三}\times\text{四}\times\text{五}\times\text{六}\times\text{七徑}^{\text{七}}}{\text{天}^{\text{七}}}\\ \perp\left(\frac{(\text{徑}\perp\text{差})^{\text{四}}}{\text{一二六〇〇差}^{\text{四}}}\top\frac{(\text{徑}\perp\text{差})^{\text{三}}}{\text{五〇四〇差}^{\text{三}}}\perp\frac{(\text{徑}\perp\text{差})^{\text{二}}}{\text{三七八差}^{\text{二}}}\top\frac{\text{徑}\perp\text{差}}{\text{二差}}\right)\frac{\text{一}\times\text{二}\times\text{三}\times\text{四}\times\text{五}\times\text{六}\times\text{七}\times\text{八}\times\text{九徑}^{\text{九}}}{\text{天}^{\text{九}}}\perp\\ \left(\frac{(\text{徑}\perp\text{差})^{\text{五}}}{\text{六八〇四〇〇差}^{\text{五}}}\top\frac{(\text{徑}\perp\text{差})^{\text{四}}}{\text{三七八〇〇〇差}^{\text{四}}}\perp\frac{(\text{徑}\perp\text{差})^{\text{三}}}{\text{五二九二〇差}^{\text{三}}}\top\frac{(\text{徑}\perp\text{差})^{\text{二}}}{\text{一五三〇差}^{\text{二}}}\perp\frac{\text{徑}\perp\text{差}}{\text{二差}}\right)\frac{\text{二}\times\text{三}\times\text{四}\times\text{五}\times\text{六}\times\text{七}\times\text{八}\times\text{九}\times\text{一〇}\times\text{一一徑}^{\text{一一}}}{\text{天}^{\text{一一}}}\perp\cdots\cdots\end{array}\right]$$

即平引面積之倍，以半徑即半長徑。除之，得平引度。[1]

1 設 y 爲平引角，因款 39 給出 $\mathrm{d}y=\frac{r^2}{ab}\mathrm{d}\theta$，所以 $y=\frac{1}{ab}\int_0^\theta r^2\mathrm{d}\theta$。把款 38 結論代入，積分得 $y=\frac{(a-c)^2}{ab}\left\{1+2\times\left(\frac{c}{a+c}\right)\frac{\theta^3}{3!}+\left[3\times6\left(\frac{c}{a+c}\right)^2-2\times\left(\frac{c}{a+c}\right)\right]\frac{\theta^5}{5!}+\left[4\times90\left(\frac{c}{a+c}\right)^3-3\times30\left(\frac{c}{a+c}\right)^3-3\times30\left(\frac{c}{a+c}\right)^2+2\times\left(\frac{c}{a+c}\right)\right]\frac{\theta^7}{7!}+\left[5\times2520\left(\frac{c}{a+c}\right)^4-4\times1260\left(\frac{c}{a+c}\right)^3+3\times126\left(\frac{c}{a+c}\right)^2-2\times\left(\frac{c}{a+c}\right)\right]\frac{\theta^9}{9!}+\left[6\times113400\left(\frac{c}{a+c}\right)^5-5\times75600\left(\frac{c}{a+c}\right)^4+4\times13230\left(\frac{c}{a+c}\right)^3-3\times510\left(\frac{c}{a+c}\right)^2+2\times\left(\frac{c}{a+c}\right)\right]\frac{\theta^{11}}{11!}+\cdots\cdots\right\}$

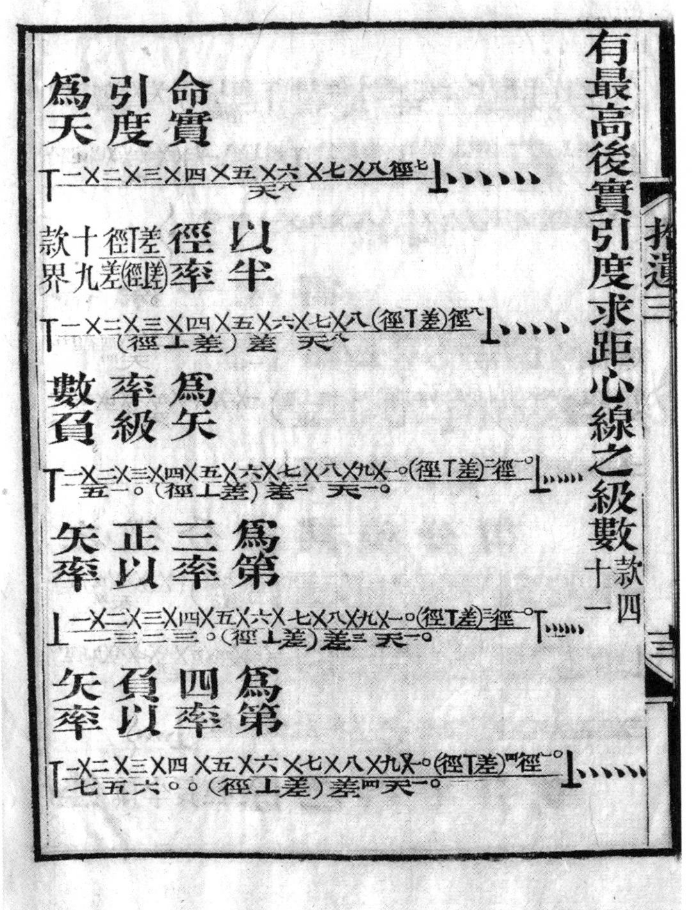

有最高後實引度求距心線之級數款四十一

命實引度爲天

以半徑率 $\frac{徑⊤差}{差(徑⊥差)}$ 十九款界

爲矢率級數負

爲第三率以正矢率

爲第四率以負矢率

有最高後實引度，求距心線之級數。款四十一。

命實引度爲天，其矢之級數爲：

$$\frac{一×二徑}{天^{二}}⊤\frac{一×二×三×四徑^{三}}{天^{四}}⊥\frac{一×二×三×四×五×六徑^{五}}{天^{六}}⊤\frac{一×二×三×四×五×六×七×八徑^{七}}{天^{八}}⊥\cdots\cdots$$

以半徑率 $\frac{(徑⊤差)}{差(徑⊥差)}$ 十九款界說。乘之，以半徑除之，得

$$\frac{一×二(徑⊤差)徑^{二}}{(徑⊥差)差天^{二}}⊤\frac{一×二×三×四(徑⊤差)徑^{四}}{(徑⊥差)差天^{四}}⊥\frac{一×二×三×四×五×六(徑⊤差)徑^{六}}{(徑⊥差)差天^{六}}⊤\frac{一×二×三×四×五×六×七×八(徑⊤差)徑^{八}}{(徑⊥差)差天^{八}}⊥\cdots\cdots$$

爲矢率級數負。自乘，高徑除之，得：

$$\frac{一×二×三×四(徑⊤差)^{二}徑^{四}}{六(徑⊥差)差^{二}天^{四}}⊤\frac{一×二×三×四×五×六(徑⊤差)^{二}徑^{六}}{三〇(徑⊥差)差^{二}天^{六}}⊥\frac{一×二×三×四×五×六×七×八(徑⊤差)^{二}徑^{八}}{一二六(徑⊥差)差^{二}天^{八}}⊤\frac{一×二×三×四×五×六×七×八×九×一〇(徑⊤差)^{二}徑^{一〇}}{五一〇(徑⊥差)差^{二}天^{一〇}}⊥\cdots\cdots$$

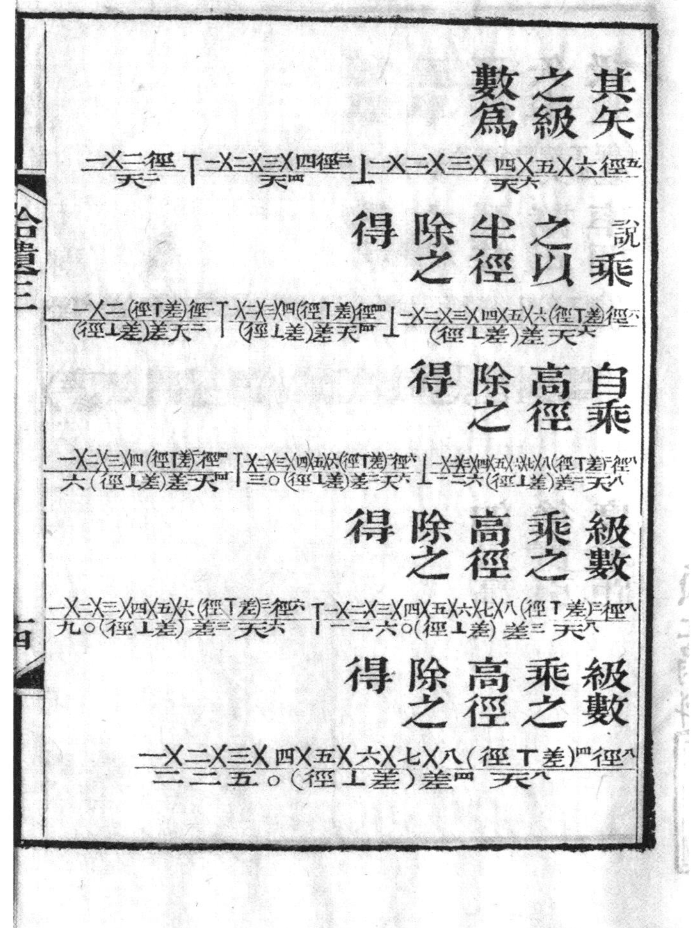

爲第三率正。以矢率級數乘之，高徑除之，得：

$$\frac{\text{一}\times\text{二}\times\text{三}\times\text{四}\times\text{五}\times\text{六}(\text{徑}\top\text{差})^{\text{三}}\text{徑}^{\text{六}}}{\text{九〇}(\text{徑}\perp\text{差})\text{差}^{\text{三}}\text{天}^{\text{六}}}\top\frac{\text{一}\times\text{二}\times\text{三}\times\text{四}\times\text{五}\times\text{六}\times\text{七}\times\text{八}(\text{徑}\top\text{差})^{\text{三}}\text{徑}^{\text{八}}}{\text{一二六〇}(\text{徑}\perp\text{差})\text{差}^{\text{三}}\text{天}^{\text{八}}}\perp\frac{\text{一}\times\text{二}\times\text{三}\times\text{四}\times\text{五}\times\text{六}\times\text{七}\times\text{八}\times\text{九}\times\text{一〇}(\text{徑}\top\text{差})^{\text{三}}\text{徑}^{\text{一〇}}}{\text{一三二三〇}(\text{徑}\perp\text{差})\text{差}^{\text{三}}\text{天}^{\text{一〇}}}\top\cdots\cdots$$

爲第四率負。以矢率級數乘之，高徑除之，得：

$$\frac{\text{一}\times\text{二}\times\text{三}\times\text{四}\times\text{五}\times\text{六}\times\text{七}\times\text{八}(\text{徑}\top\text{差})^{\text{四}}\text{徑}^{\text{八}}}{\text{二二五〇}(\text{徑}\perp\text{差})\text{差}^{\text{四}}\text{天}^{\text{八}}}\top\frac{\text{一}\times\text{二}\times\text{三}\times\text{四}\times\text{五}\times\text{六}\times\text{七}\times\text{八}\times\text{九}\times\text{一〇}(\text{徑}\top\text{差})^{\text{四}}\text{徑}^{\text{一〇}}}{\text{七五六〇〇}(\text{徑}\perp\text{差})\text{差}^{\text{四}}\text{天}^{\text{一〇}}}\perp\cdots\cdots$$

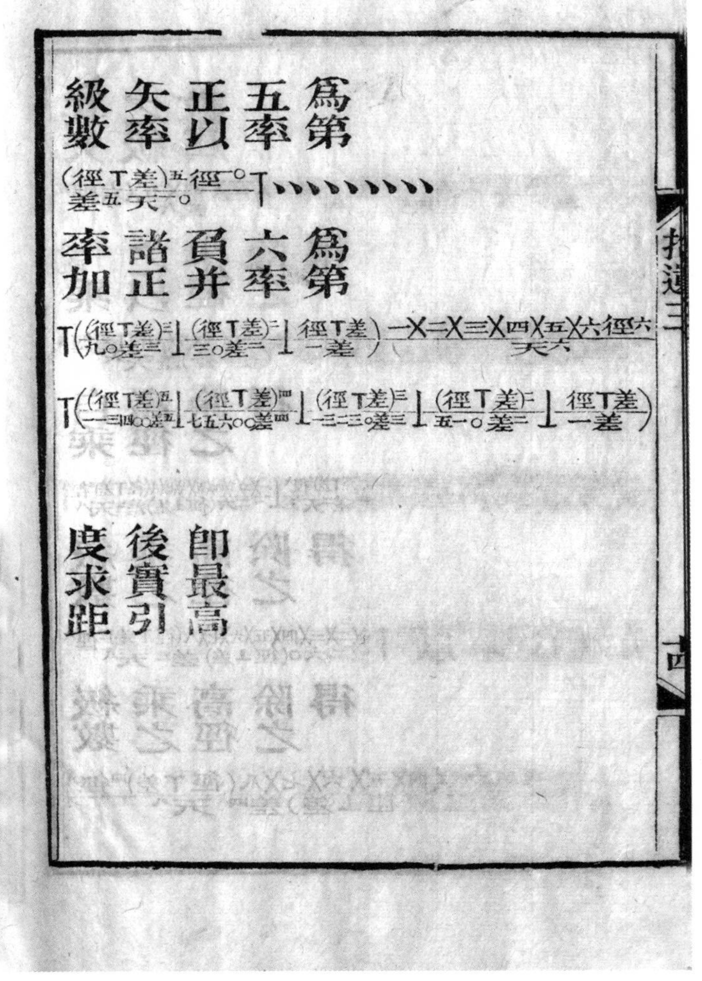

爲第五率正以矢率級數

爲第六率負并諸正率加

即最高後實引度求距

爲第五率正。以矢率級數乘之，高徑除之，得：

$$\frac{一\times二\times三\times四\times五\times六\times七\times八\times九\times一〇(徑丅差)^{五}徑^{一〇}}{一一三四〇〇(徑丄差)差^{五}天^{一〇}}丅\cdots\cdots$$

爲第六率負。并諸正率，加高徑，減諸負率，其式爲：

$$(徑丄差)\left[\begin{array}{l}一丅\left(\frac{徑丅差}{一差}\right)\frac{一\times二徑^{二}}{天^{二}}丄\left(\frac{(徑丅差)^{二}}{六差^{二}}丄\frac{徑丅差}{一差}\right)\frac{一\times二\times三\times四徑^{四}}{天^{四}}丅\left(\frac{(徑丅差)^{三}}{九〇差^{三}}丄\frac{(徑丅差)^{二}}{三〇差^{二}}丄\frac{徑丅差}{一差}\right)\frac{一\times二\times三\times四\times五\times六徑^{六}}{天^{六}}\\ 丄\left(\frac{(徑丅差)^{四}}{二五二〇差^{四}}丄\frac{(徑丅差)^{三}}{一二六〇差^{三}}丄\frac{(徑丅差)^{二}}{一二六差^{二}}丄\frac{徑丅差}{一差}\right)\frac{一\times二\times三\times四\times五\times六\times七\times八徑^{八}}{天^{八}}\\ 丅\left(\frac{(徑丅差)^{五}}{一一三四〇〇差^{五}}丄\frac{(徑丅差)^{四}}{七五六〇〇差^{四}}丄\frac{(徑丅差)^{三}}{一三二三〇差^{三}}丄\frac{(徑丅差)^{二}}{五一〇差^{二}}丄\frac{徑丅差}{一差}\right)\frac{一\times二\times三\times四\times五\times六\times七\times八\times九\times一〇徑^{一〇}}{天^{一〇}}丄\cdots\cdots\end{array}\right]$$

即最高後實引度求距心線之級數也。

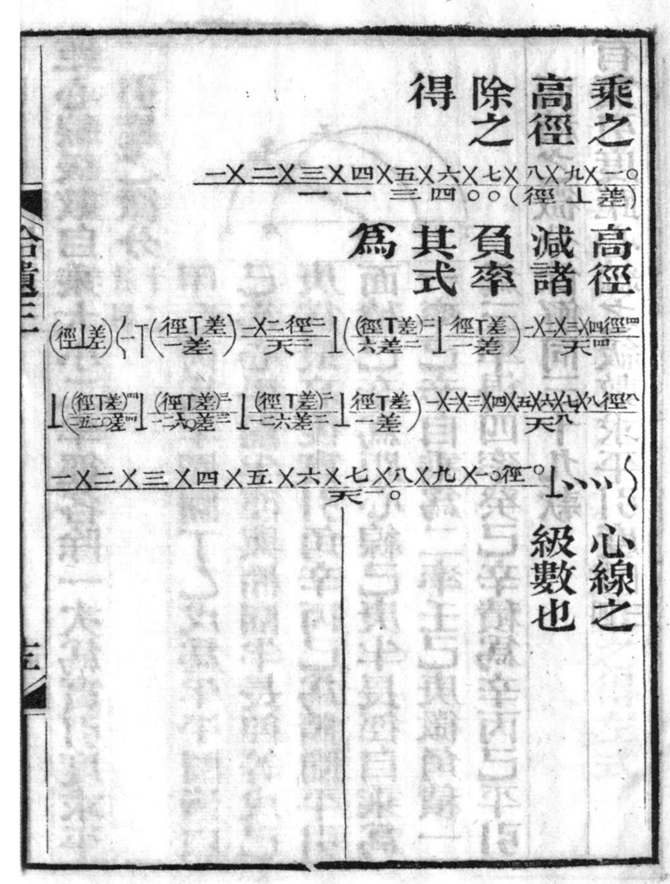

乘之高徑除之得

高徑減諸負率其式爲

心線之級數也

距心線級數自乘，大小二半徑各除一次，爲實引度求平引度之微分。款四十二。

甲乙丙爲半橢圜，丁乙戊爲半平圜，皆以己爲心。平圜半徑與橢圜半長徑等，戊己庚爲最高後實引角，辛丙己爲橢圜平引面積，己辛爲距心線。己庚半長徑自乘爲一率，己辛自乘爲二率，壬己庚微角積一爲三率，得四率癸己辛積，爲辛丙己平引面積之微分。餘解同三十九款。

有實引度距心線之級數，求平引度。款四十三。

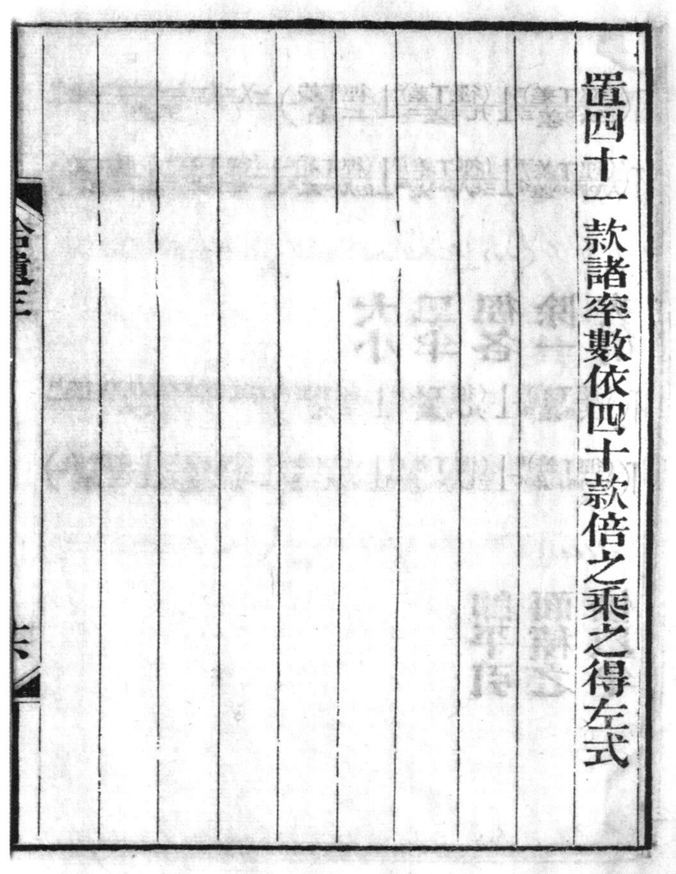

置四十一款諸率數，依四十款倍之，乘之，得左式：

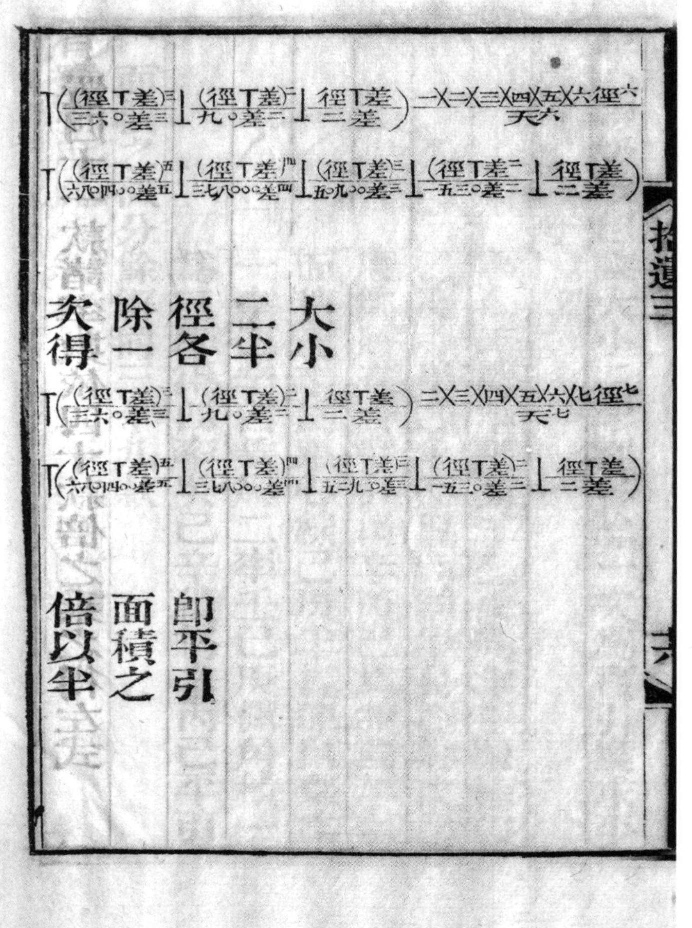

大小二半徑各除一次得

即平引面積之倍以半

$$(\text{徑}\perp\text{差})^{二}\left[\begin{array}{l}\text{一}\top\left(\dfrac{\text{徑}\top\text{差}}{\text{二差}}\right)\dfrac{\text{一}\times\text{二徑}^{二}}{\text{天}^{二}}{}^{1}\perp\left(\dfrac{(\text{徑}\top\text{差})^{二}}{\text{一八差}^{二}}\perp\dfrac{\text{徑}\top\text{差}}{\text{二差}}\right)\dfrac{\text{一}\times\text{二}\times\text{三}\times\text{四徑}^{四}}{\text{天}^{四}}\top\left(\dfrac{(\text{徑}\top\text{差})^{三}}{\text{三六〇差}^{三}}\perp\dfrac{(\text{徑}\top\text{差})^{二}}{\text{九〇差}^{二}}\perp\dfrac{\text{徑}\top\text{差}}{\text{二差}}\right)\dfrac{\text{一}\times\text{二}\times\text{三}\times\text{四}\times\text{五}\times\text{六徑}^{六}}{\text{天}^{六}}\\ \perp\left(\dfrac{(\text{徑}\top\text{差})^{四}}{\text{一二六〇〇差}^{四}}\perp\dfrac{(\text{徑}\top\text{差})^{三}}{\text{五〇四〇差}^{三}}\perp\dfrac{(\text{徑}\top\text{差})^{二}}{\text{三七八差}^{二}}\perp\dfrac{\text{徑}\top\text{差}}{\text{二差}}\right)\dfrac{\text{一}\times\text{二}\times\text{三}\times\text{四}\times\text{五}\times\text{六}\times\text{七}\times\text{八徑}^{八}}{\text{天}^{八}}\top\\ \left(\dfrac{(\text{徑}\top\text{差})^{五}}{\text{六八〇四〇〇差}^{五}}\perp\dfrac{(\text{徑}\top\text{差})^{四}}{\text{三七八〇〇〇差}^{四}}\perp\dfrac{(\text{徑}\top\text{差})^{三}}{\text{五二九二〇差}^{三}}\perp\dfrac{(\text{徑}\top\text{差})^{二}}{\text{一五三〇差}^{二}}\perp\dfrac{\text{徑}\top\text{差}}{\text{二差}}\right)\dfrac{\text{一}\times\text{二}\times\text{三}\times\text{四}\times\text{五}\times\text{六}\times\text{七}\times\text{八}\times\text{九}\times\text{一〇}}{\text{天}^{一〇}{}^{2}}\perp\cdots\cdots\end{array}\right]$$

大小二半徑，各除一次，得微分。求其積分，得

1 此式中，52920 底本誤作 50900，據演算改。

2 原文漏了“〇”，应为“天一〇”。

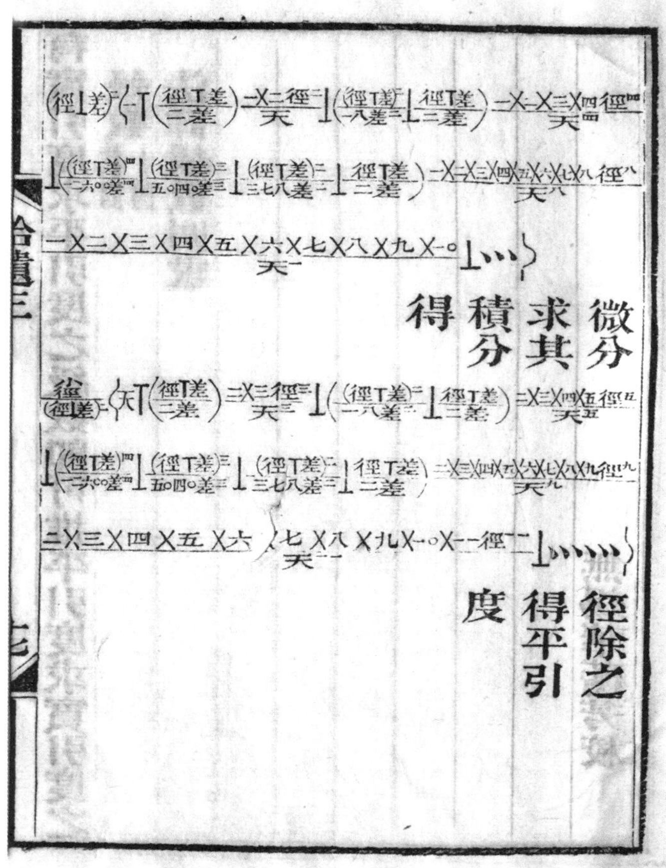

$$\frac{\text{小徑}}{(\text{徑}\perp\text{差})^{\text{二}}}=\left[\begin{array}{l}\text{天}\top\left(\frac{\text{徑}\top\text{差}}{\text{二差}}\right)\frac{\text{二}\times\text{三徑}^{\text{三}}}{\text{天}^{\text{三}}}\perp\left(\frac{(\text{徑}\top\text{差})^{\text{二}}}{\text{一八差}^{\text{二}}}\perp\frac{\text{徑}\top\text{差}}{\text{二差}}\right)\frac{\text{二}\times\text{三}\times\text{四}\times\text{五徑}^{\text{五}}}{\text{天}^{\text{五}}}\top\left(\frac{(\text{徑}\top\text{差})^{\text{三}}}{\text{三六〇差}^{\text{三}}}\perp\frac{(\text{徑}\top\text{差})^{\text{二}}}{\text{九〇差}^{\text{二}}}\perp\frac{\text{徑}\top\text{差}}{\text{二差}}\right)\frac{\text{二}\times\text{三}\times\text{四}\times\text{五}\times\text{六}\times\text{七徑}^{\text{七}}}{\text{天}^{\text{七}}}\\ \perp\left(\frac{(\text{徑}\top\text{差})^{\text{四}}}{\text{一二六〇〇差}^{\text{四}}}\perp\frac{(\text{徑}\top\text{差})^{\text{三}}}{\text{五〇四〇差}^{\text{三}}}\perp\frac{(\text{徑}\top\text{差})^{\text{二}}}{\text{三七八差}^{\text{二}}}\perp\frac{\text{徑}\top\text{差}}{\text{二差}}\right)\frac{\text{二}\times\text{三}\times\text{四}\times\text{五}\times\text{六}\times\text{七}\times\text{八}\times\text{九徑}^{\text{九}}}{\text{天}^{\text{九}}}\top\\ \left(\frac{(\text{徑}\top\text{差})^{\text{五}}}{\text{六八〇四〇〇差}^{\text{五}}}\perp\frac{(\text{徑}\top\text{差})^{\text{四}}}{\text{三七八〇〇〇差}^{\text{四}}}\perp\frac{(\text{徑}\top\text{差})^{\text{三}}}{\text{五二九二〇差}^{\text{三}}}\perp\frac{(\text{徑}\top\text{差})^{\text{二}}}{\text{一五三〇差}^{\text{二}}}\perp\frac{\text{徑}\top\text{差}}{\text{二差}}\right)\frac{\text{二}\times\text{三}\times\text{四}\times\text{五}\times\text{六}\times\text{七}\times\text{八}\times\text{九}\times\text{一〇}\times\text{一一徑}^{\text{一一}}}{\text{天}^{\text{一一}}}\perp\cdots\cdots\end{array}\right]$$

即平引面積之倍。以半徑除之，得平引度。

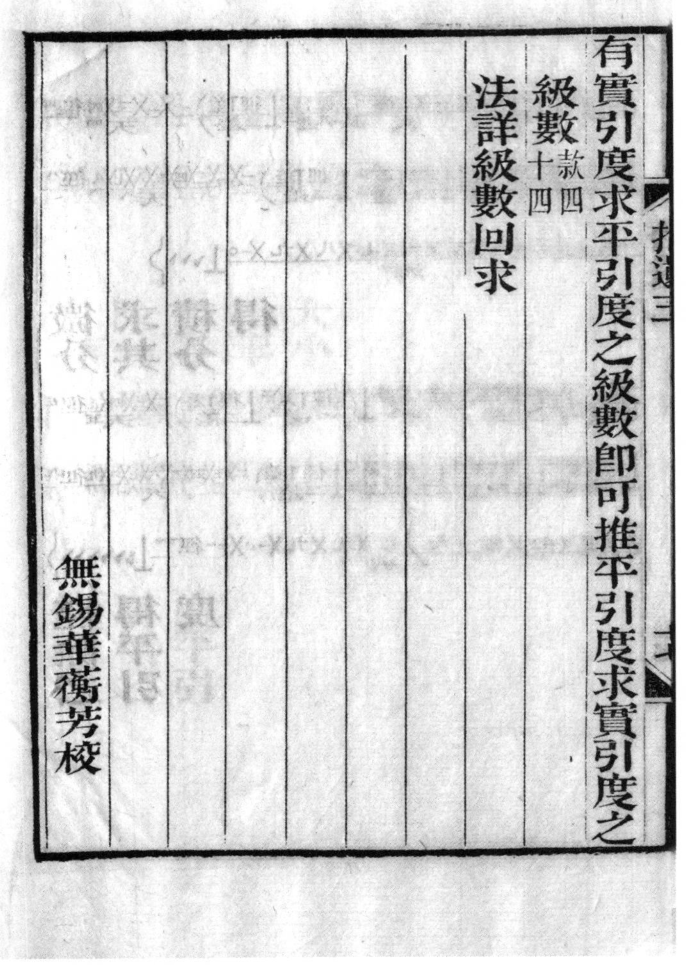

有實引度求平引度之級數，即可推平引度求實引度之級數。款四十四。

法詳《級數回求》。

無錫華蘅芳校

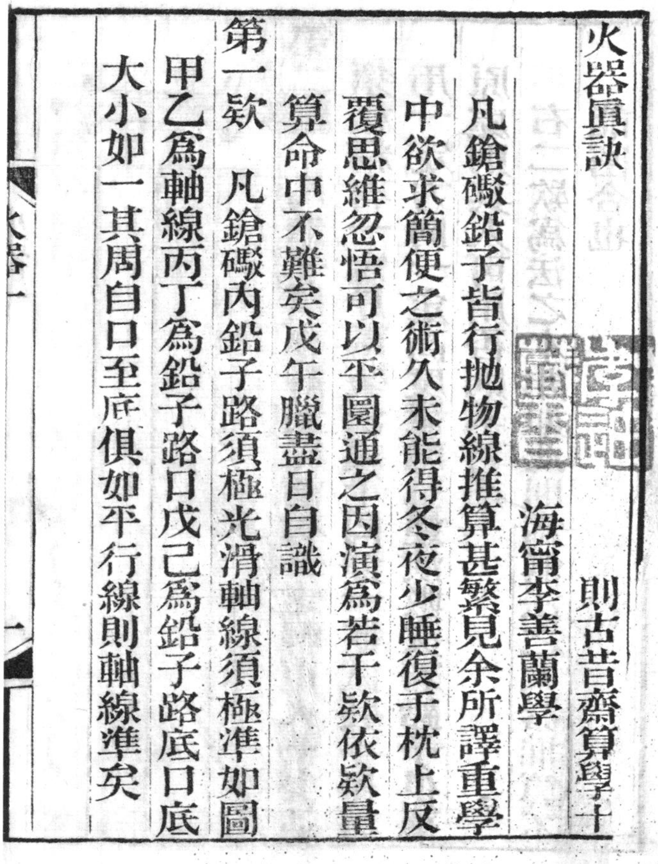

火器眞訣 則古昔齋算學十
海甯李善蘭學
凡鎗礟鉛子皆行抛物線推算甚繁見余所譯重學中欲求簡便之術久未能得冬夜少睡復于枕上反覆思維忽悟可以平圜通之因演爲若干欵依欵量算命中不難矣戊午臘盡日自識
第一欵 凡鎗礟內鉛子路須極光滑軸線須極準如圖甲乙爲軸線丙丁爲鉛子路口戊己爲鉛子路底口底大小如一其周自口至底俱如平行線則軸線準矣
火器 一

火器真訣

則古昔齋算學十

海寧李善蘭學

凡鎗礮鉛子，皆行抛物線，推算甚繁，見餘所譯《重學》中。欲求簡便之術，久未能得。冬夜少睡，復于枕上反覆思維，忽悟可以平圜通之。因演爲若干欵，依欵量算，命中不難矣。戊午臘盡日自識。

第一欵　凡鎗礮内，鉛子路須極光滑，軸線須極準。

如圖，甲乙爲軸線，丙丁爲鉛子路口，戊己爲鉛子路底。口底大小如一，其周自口至底俱如平行線，則軸線準矣。

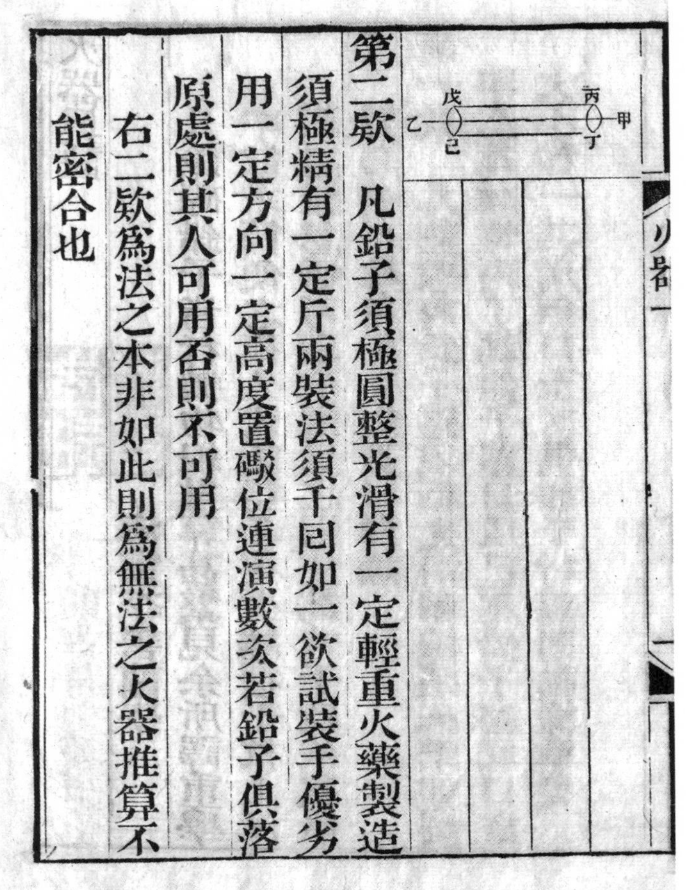

第二欵　凡鉛子須極圓整光滑，有一定輕重；火藥製造須極精，有一定斤兩；裝法須千同如一。欲試裝手優劣，用一定方向、一定高度置礮位，連演數次，若鉛子俱落原處，則其人可用，否則不可用。

右二欵爲法之本，非如此，則爲無法之火器，推算不能密合也。

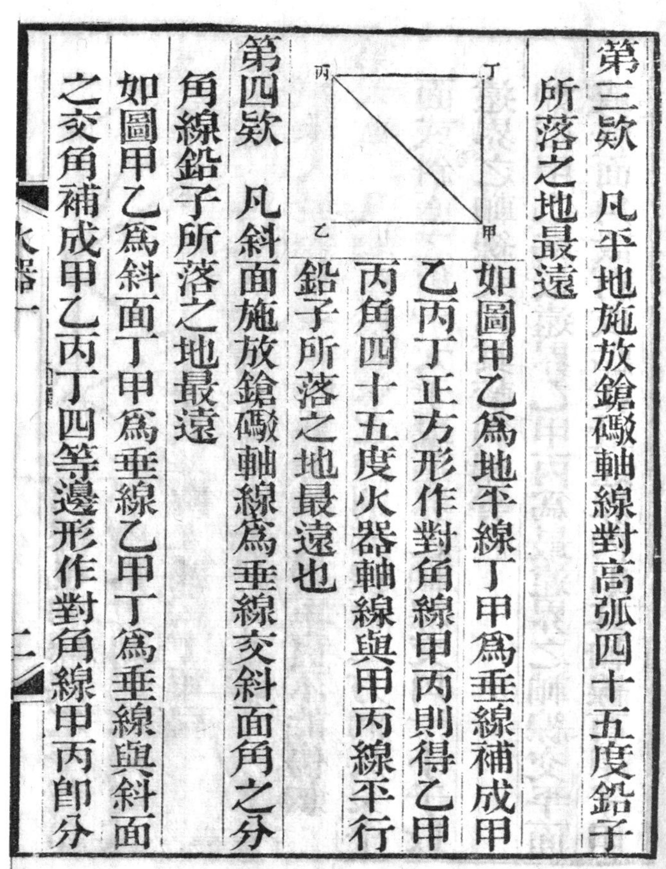

第三欵　凡平地施放鎗礮，軸線對高弧四十五度，鉛子所落之地最遠。

如圖，甲乙爲地平線，丁甲爲垂線，補成甲乙丙丁正方形。作對角線甲丙，則得乙甲丙角四十五度。火器軸線與甲丙線平行，鉛子所落之地最遠也。

第四欵　凡斜面施放鎗礮，軸線爲垂線交斜面角之分角線，鉛子所落之地最遠。

如圖，甲乙爲斜面，丁甲爲垂線，乙甲丁爲垂線與斜面之交角，補成甲乙丙丁四等邊形，作對角線甲丙，即分

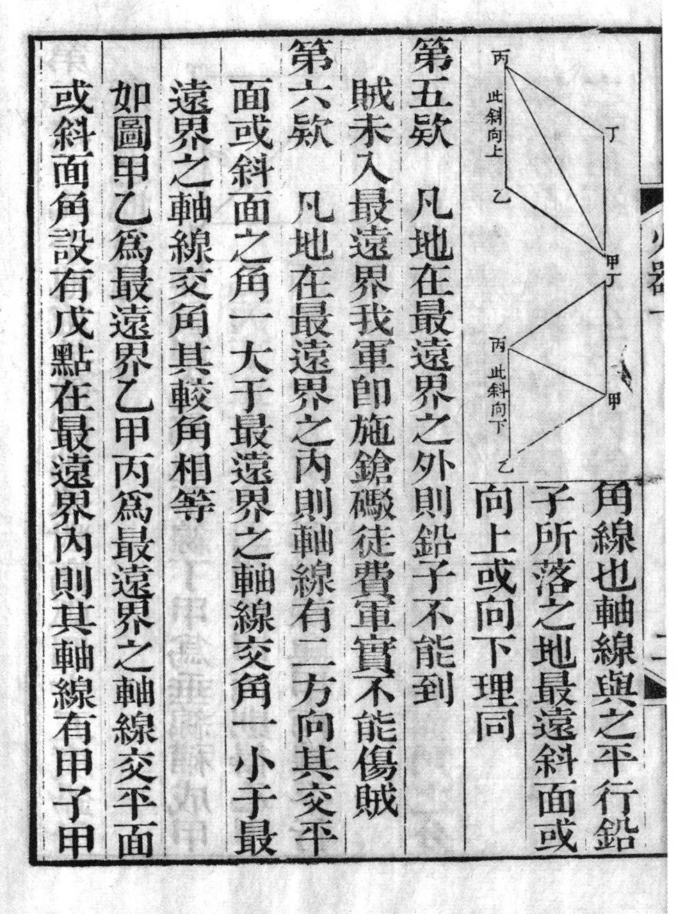

角線也軸線與之平行鉛子所落之地最遠斜面或向上或向下理同

第五欵　凡地在最遠界之外則鉛子不能到

賊未入最遠界我軍即施鎗礮徒費軍實不能傷賊

第六欵　凡地在最遠界之内則軸線有二方向其交平面或斜面之角一大于最遠界之軸線交角一小于最遠界之軸線交角其較角相等

如圖甲乙爲最遠界乙甲丙爲最遠界之軸線交平面或斜面角設有戊點在最遠界内則其軸線有甲子甲

角線也。軸線與之平行，鉛子所落之地最遠。斜面或向上或向下，理同。

第五欵　凡地在最遠界之外，則鉛子不能到。

賊未入最遠界，我軍即施鎗礮，徒費軍實，不能傷賊。

第六欵　凡地在最遠界之内，則軸線有二方向，其交平面或斜面之角，一大于最遠界之軸線交角，一小于最遠界之軸線交角，其較角相等。

如圖，甲乙爲最遠界，乙甲丙爲最遠界之軸線，交平面或斜面角。設有戊點在最遠界内，則其軸線有甲子、甲

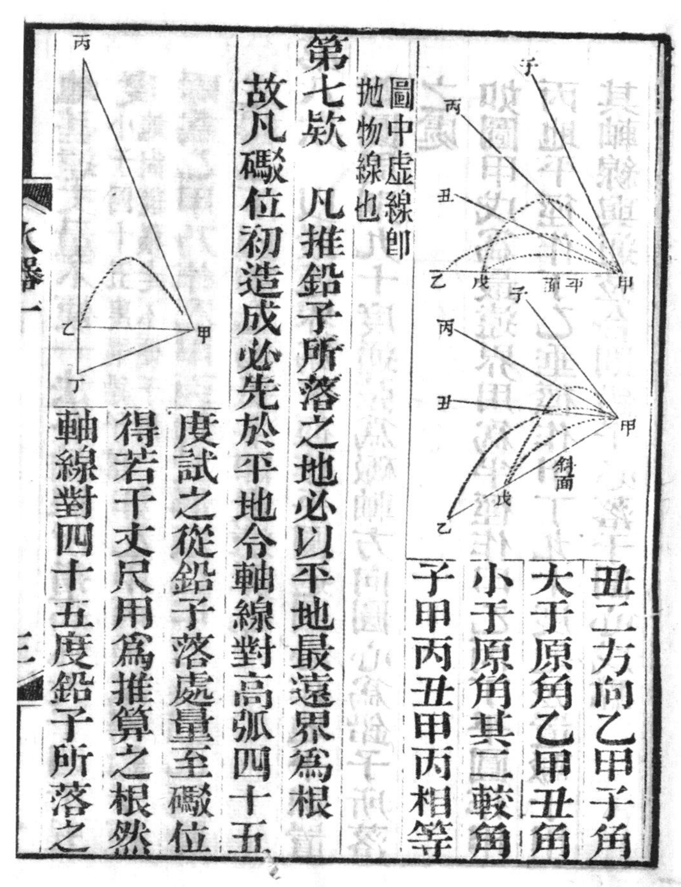

丑二方向。乙甲子角大于原角，乙甲丑角小于原角，其二較角子甲丙、丑甲丙相等。圖中虛線即拋物線也。

第七欵　凡推鉛子所落之地，必以平地最遠界爲根。

故凡礮位初造成，必先於平地令軸線對高弧四十五度試之，從鉛子落處量至礮位，得若干丈尺，用爲推算之根。然軸線對四十五度鉛子所落之地甚遠丈量不便一法令軸線所指高弧大于四十五度小于四十五度則鉛子落地尚能橫走不便于用如乙甲丙角試得鉛子距礮爲乙甲乃作乙甲丙句股形以乙甲自乘以乙丙除之得乙丁以加乙丙折半卽最遠界也
第八欵　以最遠界爲半徑作平圓過圓心作地平線置礮圓周則九十度通弦爲礮軸方向圓心爲鉛子所落之處
如圖甲戊爲最遠界用爲半徑作甲乙丙丁平圓作甲丙地平徑作丁乙垂徑作甲丁九十度通弦置礮于甲其軸線與通弦合則鉛子必落于圓心戊點

地甚遠，丈量不便。一法令軸線所指高弧大于四十五度，小于四十五度，則鉛子落地尚能橫走，不便于用。如乙甲丙角，試得鉛子距礮爲乙甲，乃作乙甲丙句股形，以乙甲自乘，以乙丙除之，得乙丁，以加乙丙，折半，即最遠界也。

第八欵　以最遠界爲半徑作平圓，過圓心作地平線，置礮圓周，則九十度通弦爲礮軸方向，圓心爲鉛子所落之處。

如圖，甲戊爲最遠界，用爲半徑，作甲乙丙丁平圓，作甲丙地平徑，作丁乙垂徑，作甲丁九十度通弦。置礮于甲，其軸線與通弦合，則鉛子必落于圓心戊點。

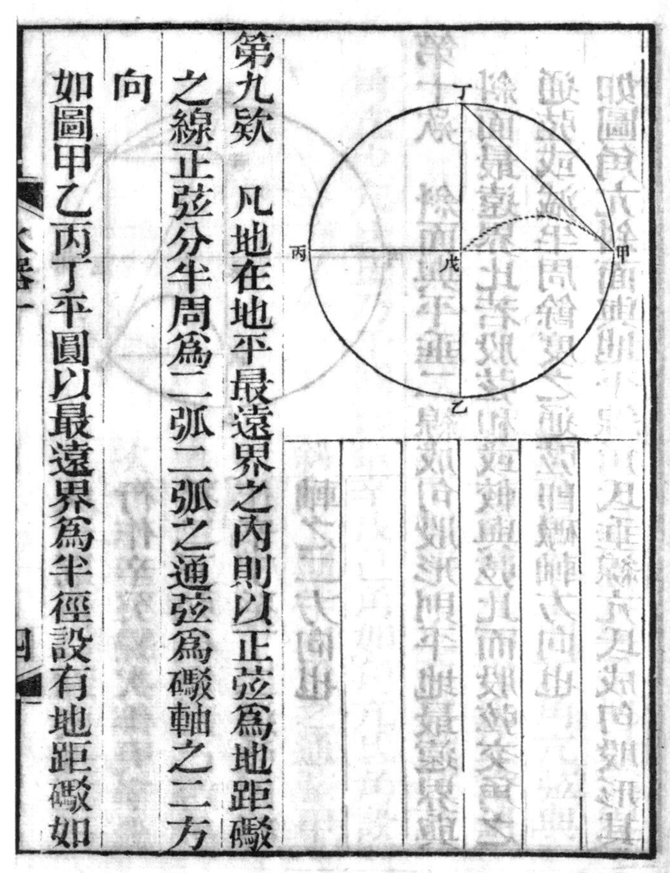

第九欵　凡地在地平最遠界之内，則以正弦爲地距礮之線，正弦分半周爲二弧，二弧之通弦爲礮軸之二方向。

如圖，甲乙丙丁平圓，以最遠界爲半徑，設有地距礮如

戊己，則自己點與垂徑平行作辛癸線，次作庚辛、壬癸二正弦，俱與戊己等。次作辛丁、癸丁二通弦，即礮軸之二方向也。

第十欵　斜面與平垂二線成句股形，則平地最遠界與斜面最遠界比，若股弦和或較與弦比，而股弦交角之通弦或減半周餘度之通弦，即礮軸方向也。

如圖，角亢斜面與地平線角氐、垂線亢氐成句股形，其

斜面最遠界與平地最遠界比，設斜向上，則若角亢弦與股弦和角亢加亢氐比；設斜向下，則若角亢弦與股弦較角亢少亢氐比。乃于圓面取辛戊己角如角亢氐角，設斜向上，則作本角之通弦甲辛；前圖。設斜向下，則作外角之通弦甲辛。後圖。俱礮軸方向也。

次作辛己正弦，又作甲庚線令與辛庚等，與辛戊半徑正交即得。則

辛己與甲庚比若平地最遠界與斜面最遠界比前圖之辛己股弦和也後圖之辛己股弦較也　案若下斜之面交地平角大于三十度則庚點在圜周之外

第十一欵　凡地在斜面最遠界內則自最遠界端量取其數作點于此點與前欵正弦平行作通弦自通弦二端至正弦端作二線卽礮軸之二方向也

如圖甲庚爲斜面最遠界設有地在最遠界內如庚辛

辛己與甲庚比，若平地最遠界與斜面最遠界比。前圖之辛己，股弦和也；後圖之辛己，股弦較也。

案：若下斜之面交地平角大于三十度，則庚點在圜周之外。

第十一欵　凡地在斜面最遠界内，則自最遠界端量取其數作點，于此點與前欵正弦平行作通弦，自通弦二端至正弦端作二線，即礮軸之二方向也。

如圖，甲庚爲斜面最遠界，設有地在最遠界内，如庚辛，

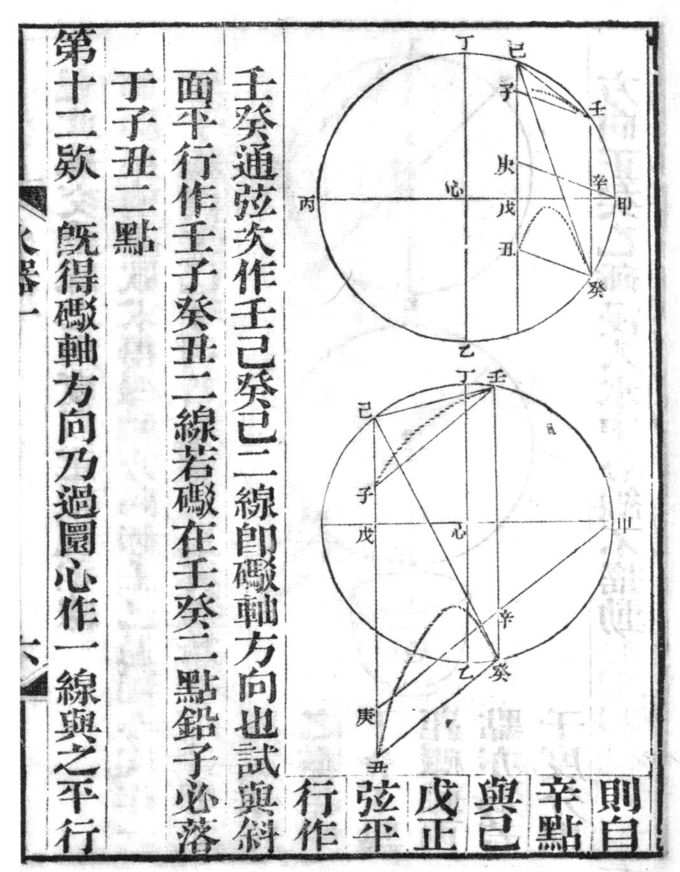

則自辛點與己戊正弦平行作壬癸通弦。次作壬己、癸己二線，即礟軸方向也。試與斜面平行作壬子、癸丑二線，若礟在壬癸二點，鉛子必落于子、丑二點。

第十二欵　既得礟軸方向，乃過圜心作一線與之平行，

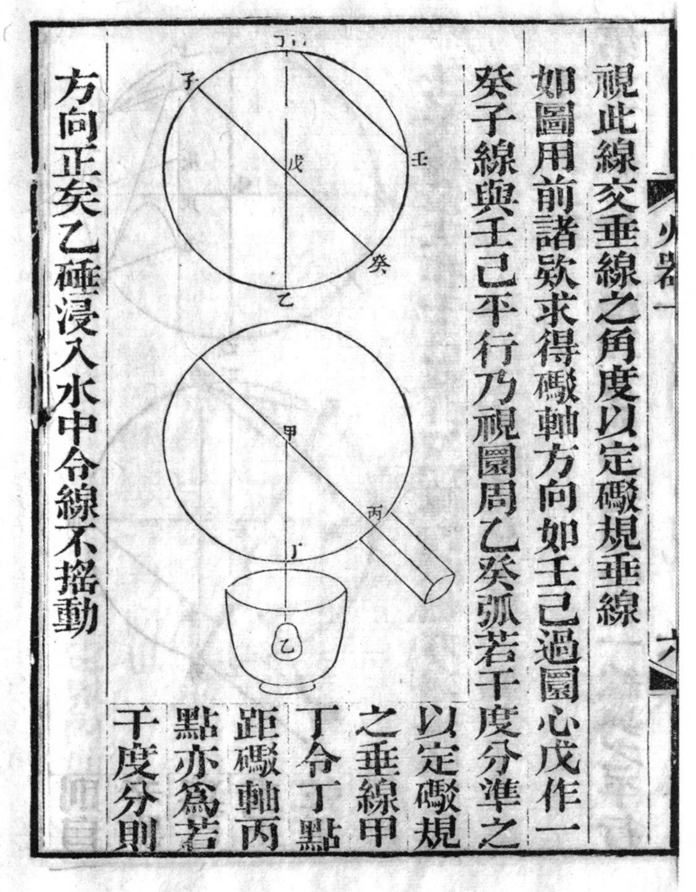

視此線交垂線之角度，以定礮規垂線。

如圖，用前諸欵求得礮軸方向，如壬己，過圜心戊作一癸子線與壬己平行，乃視圜周乙癸弧若干度分，準之以定礮規之垂線甲丁，令丁點距礮軸丙點亦爲若干度分，則方向正矣。乙碰浸入水中，令線不摇動。

附火藥增減鉛子遠近表此表自右而左，如火藥一錢，鉛子當及五丈三尺；火藥一錢一分，鉛子當及七丈七尺七寸奇。

火藥率	鉛子遠近率	火藥率	鉛子遠近率
一〇	五三〇〇〇	二三	三九九四二四
一一	七七七一二	二四	四二八〇八八
一二	一〇二七七六	二五	四五七〇〇〇
一三	一二八一八四	二六	四八六一五二
一四	一五三九二八	二七	五一五五三六
一五	一八〇〇〇〇	二八	五四五一四四
一六	二〇六三九二	二九	五七四九六八
一七	二三三〇九六	三〇	六〇五〇〇〇
一八	二六〇一〇四	三一	六三五二三二
一九	二八七四〇八	三二	六六五六五六
二〇	三一五〇〇〇	三三	六九六二六四
二一	三四二八七二	三四	七二七〇四八
二二	三七一〇一六	三五	七五八〇〇〇

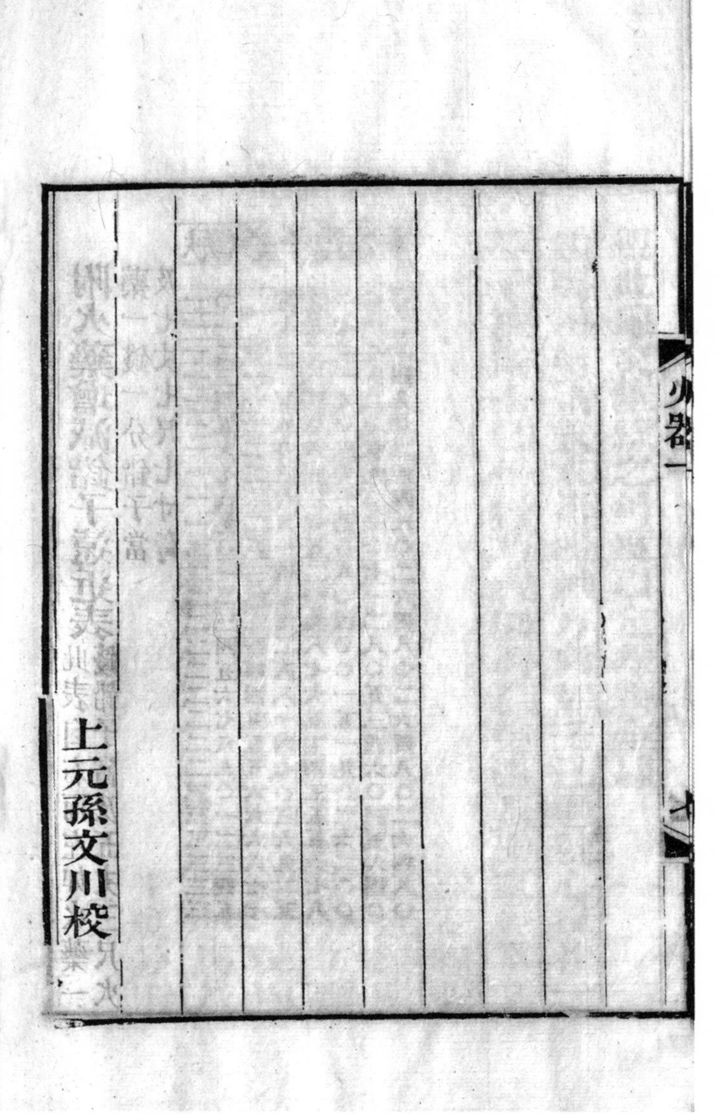

上元孫文川[1] 校

1 孫文川，字澄之，生卒年不詳，清江蘇上元人，著有《讀雪齋集》。

對數尖錐變法釋
則古昔齋算學十一
海甯李善蘭學
善蘭昔年作對數探源二卷明對數之積爲諸乘方合尖錐金山錢氏刊入指海中後與西士遊譯泰西天算諸種其言雙曲綫與漸近綫中間之積即對數積核其數與善蘭所定諸乘方尖錐合而其求對數諸較則法又不同葢善蘭所用正法也西人所用變法也不明其故幾疑二法所用之根不同故特釋之以解後世學者之惑
合尖錐圖說

對數尖錐變法釋

則古昔齋算學十一

海寧李善蘭學

善蘭昔年作《對數探源》二卷，明對數之積爲諸乘方合尖錐，金山錢氏刊入《指海》中。後與西士遊，譯泰西天算諸種，其言雙曲綫與漸近綫中間之積即對數積。核其數與善蘭所定諸乘方尖錐合，而其求對數諸較，則法又不同。葢善蘭所用正法也，西人所用變法也。不明其故，幾疑二法所用之根不同，故特釋之，以解後世學者之惑。

合尖錐圖說

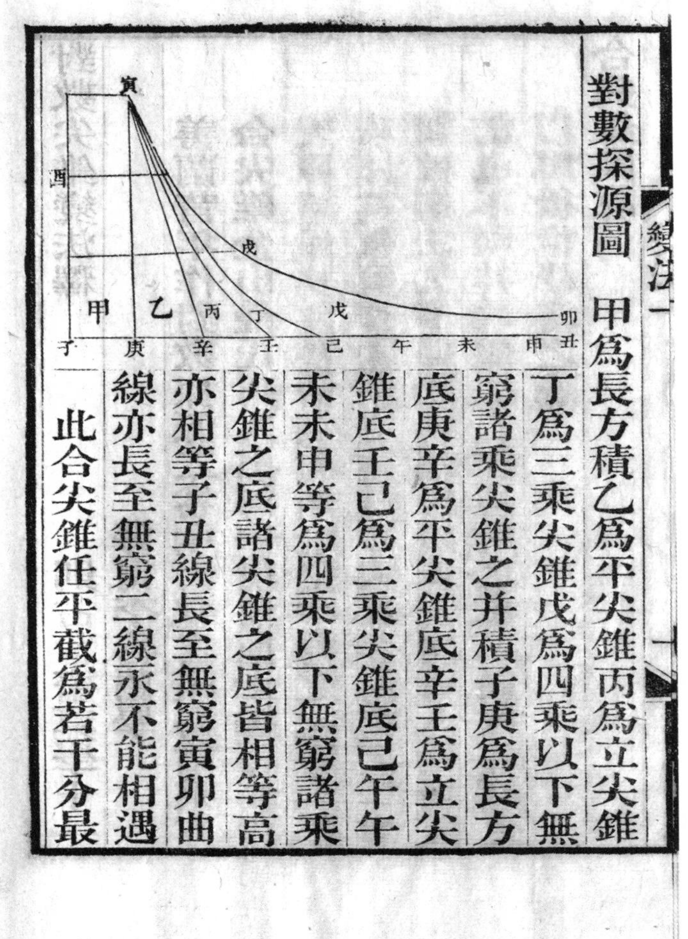

對數探源圖　甲爲長方積，乙爲平尖錐，丙爲立尖錐，丁爲三乘尖錐，戊爲四乘以下無窮諸乘尖錐之并積。子庚爲長方底，庚辛爲平尖錐底，辛壬爲立尖錐底，壬己爲三乘尖錐底，己午、午未、未申等爲四乘以下無窮諸乘尖錐之底。諸尖錐之底皆相等，高亦相等。子丑線長至無窮，寅卯曲線亦長至無窮，二線永不能相遇。

此合尖錐任平截爲若干分，最

下一層爲一之對數，次上一層爲一與二兩對數之較，再上一層爲二、三兩對數之較，餘可類推。不論層之多少，自二層至百千萬層俱合。最下一層爲無窮數，故一之對數不可得，以〇代之。圖平截爲三，酉戌爲一、二兩對數之較，寅酉爲二、三兩對數之較也。

圜錐曲線説圖　癸丑爲雙曲線，丙已、丙子俱爲漸近線。作丙丁、丙戊、丙已諸連比例數，設丙丁爲一，則辛丁戊壬、辛丁已癸二段積必與丙戊、丙已之對數相符。若丙爲直角，丙丁、丁辛俱爲一，丙戊爲十，丙已爲百，則丁戊壬辛面積必爲二三〇二五八五〇九[1]，丁已癸辛面

下一層爲一之對數次上一層爲一與二兩對數之較
再上一層爲二三兩對數之較餘可類推不論層之多
少自二層至百千萬層俱合　最下一層爲無窮數故
一之對數不可得以〇代之　圖平截爲三酉戌爲一
二兩對數之較寅酉爲二三兩對數之較也
圜錐曲線説圖　癸丑爲雙曲線丙已丙子俱爲漸近
線作丙丁丙戊丙已諸連比例數設丙丁爲一則辛丁
戊壬辛丁已癸二段積必與丙戊丙已之對數相符若
丙爲直角丙丁丁辛俱爲一丙戊爲十丙已爲百則丁
戊壬辛面積必爲二三〇二五八五〇九丁已癸辛面

1 雙曲線即 $y=\frac{1}{x}$，則丁戊壬辛面積爲 $\int_1^{10}\frac{1}{x}\mathrm{d}x=\ln 10=0.230258509$。

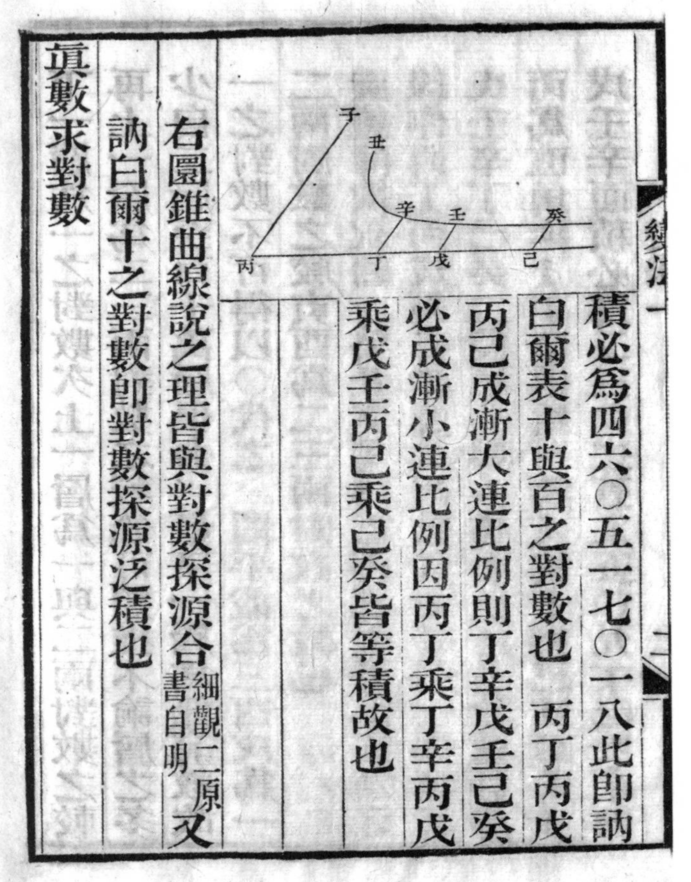

積必爲四六〇五一七〇一八此即訥白爾表十與百之對數也　丙丁丙戊丙己成漸大連比例則丁辛戊壬己癸必成漸小連比例因丙丁乘丁辛丙戊乘戊壬丙己乘己癸皆等積故也

右圜錐曲線說之理皆與對數探源合細觀二原書自明又訥白爾十之對數即對數探源泛積也

真數求對數

積必爲四六〇五一七〇一八[1]。此即訥白爾表十與百之對數也。丙丁、丙戊、丙己成漸大連比例，則丁辛、戊壬、己癸必成漸小連比例，因丙丁乘丁辛、丙戊乘戊壬、丙己乘己癸皆等積故也[2]。

右《圜錐曲線説》之理，皆與《對數探源》合，細觀二原書自明。又訥白爾十之對數，即《對數探源》泛積也。

真數求對數

1 依法求丁己癸辛面積爲：$\int_{1}^{100}\frac{1}{x}\mathrm{d}x=\ln 100=2\ln 10=0.460517018$。

2 丙丁乘丁辛、丙戊乘戊壬、丙己乘己癸，即函數 $y=\frac{1}{x}$ 引數與對應函數值之積，也就是 $xy=1$，故而此三積皆相等。

對數探源法　先求諸尖錐置長方積取二分之一爲平尖錐積取三分之一爲立尖錐積取四分之一爲三乘尖錐積取五分之一爲四乘錐積餘可類推

眞數求對數以眞數除長方一次除平尖錐二次除立尖錐三次除三乘尖錐四次除四乘尖錐五次如此遞除至得數不滿表之末位十分之一而止乃併其除得數爲本數之對數較加入前一數之對數爲本數之對數如三爲本數則以較加入二之對數爲三之對數也

代數學及代微積拾級法　以眞數倍之減一爲法除長方一次除立尖錐三次除四乘尖錐五次除六乘尖

《對數探源》法　先求諸尖錐。置長方積，取二分之一爲平尖錐積，取三分之一爲立尖錐積，取四分之一爲三乘尖錐積，取五分之一爲四乘錐積，餘可類推。

真數求對數。以真數除長方一次，除平尖錐二次，除立尖錐三次，除三乘尖錐四次，除四乘尖錐五次，如此遞除至得數不滿表之末位十分之一而止。乃併其除得數，爲本數之對數較，加入前一數之對數，爲本數之對數。如三爲本數，則以較加入二之對數，爲三之對數也。

《代數學》及《代微積拾級》法　以真數倍之減一爲法，除長方一次，除立尖錐三次，除四乘尖錐五次，除六乘尖錐七次，如此遞除至得數不滿表之末位而止。乃併其除得數，倍之爲本數之對數較，加入前一數之對數，爲本數之對數。

右《探源》以本數爲法，西術以倍本數減一爲法。《探源》各乘尖錐全用，西術間一尖錐用之，而得數皆合。

《對數探源》法乃依真數截合尖錐爲若干層，取其最上一層也；西法則又截最上一層爲上下二層，而取下一層方面及諸偶乘尖錐截積倍之也。其兩數恰合者，則諸尖錐廉隅正負相消之理也。

如真數爲三，則分長方邊辰子爲辰酉、酉丑、丑子三等

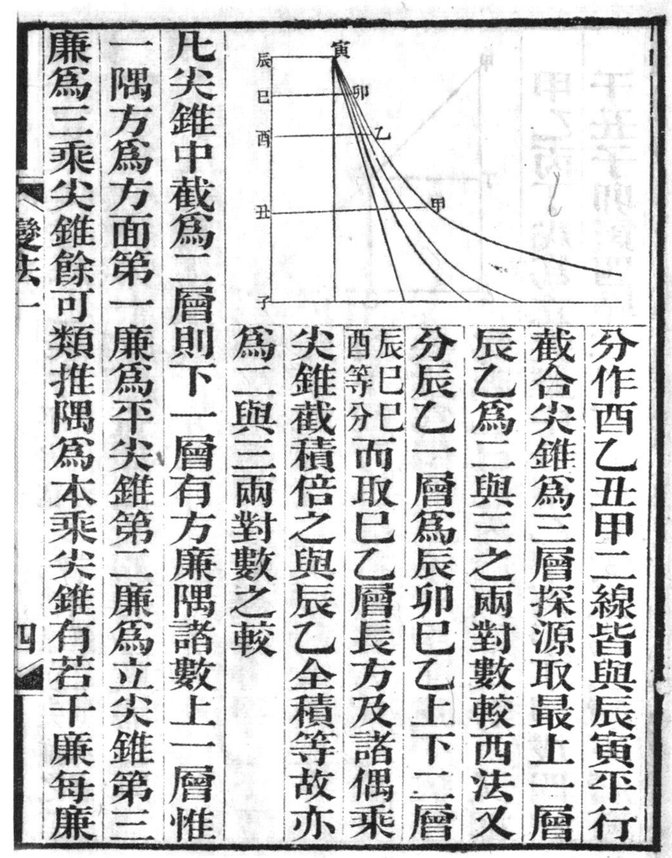

分作酉乙丑甲二線皆與辰寅平行截合尖錐爲三層探源取最上一層辰乙爲二與三之兩對數較西法又分辰乙一層爲辰卯巳乙上下二層辰巳巳酉等分而取巳乙層長方及諸偶乘尖錐截積倍之與辰乙全積等故亦爲二與三兩對數之較

凡尖錐中截爲二層則下一層有方廉隅諸數上一層惟一隅方爲方面第一廉爲平尖錐第二廉爲立尖錐第三廉爲三乘尖錐餘可類推隅爲本乘尖錐有若干廉每廉

變法一　四

分，作酉乙、丑甲二線，皆與辰寅平行，截合尖錐爲三層。《探源》取最上一層辰乙，爲二與三之兩對數較，西法又分辰乙一層爲辰卯、巳乙上下二層，辰巳、巳酉等分。而取巳乙層長方及諸偶乘尖錐截積倍之，與辰乙全積等，故亦爲二與三兩對數之較。

凡尖錐中截爲二層，則下一層有方、廉、隅諸數，上一層惟一隅。方爲方面，第一廉爲平尖錐，第二廉爲立尖錐，第三廉爲三乘尖錐，餘可類推。隅爲本乘尖錐，有若干廉，每廉

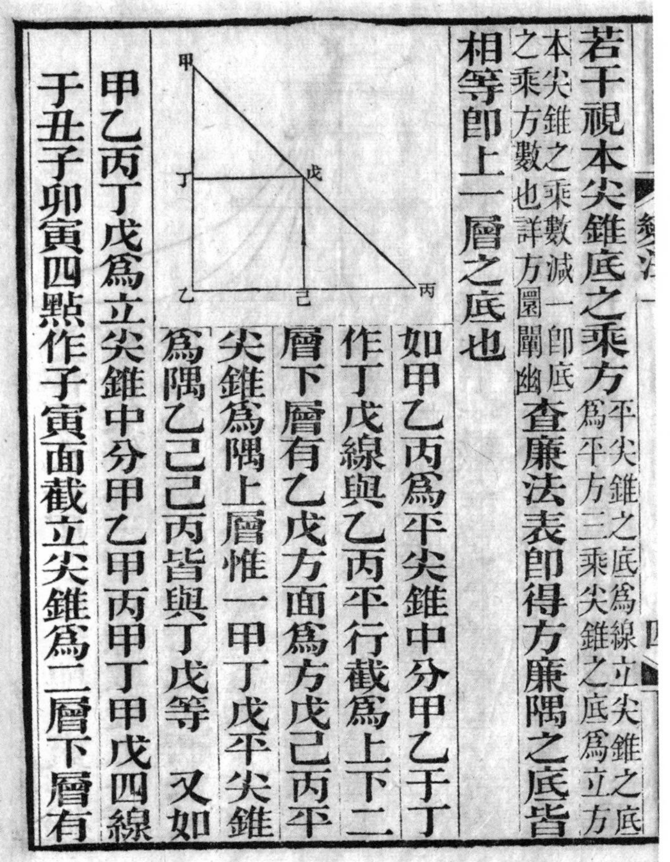

若干，視本尖錐底之乘方，平尖錐之底爲線，立尖錐之底爲平方，三乘尖錐之底爲立方。本尖錐之乘數減一，即底之乘方數也，詳《方圜闡幽》。查廉法表即得。方、廉、隅之底皆相等，即上一層之底也。

如甲乙丙爲平尖錐，中分甲乙于丁，作丁戊線與乙丙平行，截爲上下二層。下層有乙戊方面爲方，戊己丙平尖錐爲隅；上層惟一甲丁戊平尖錐爲隅，乙己、己丙皆與丁戊等。

又如甲乙丙丁戊爲立尖錐，中分甲乙、甲丙、甲丁、甲戊四線于丑、子、卯、寅四點，作子寅面，截立尖錐爲二層。下層有

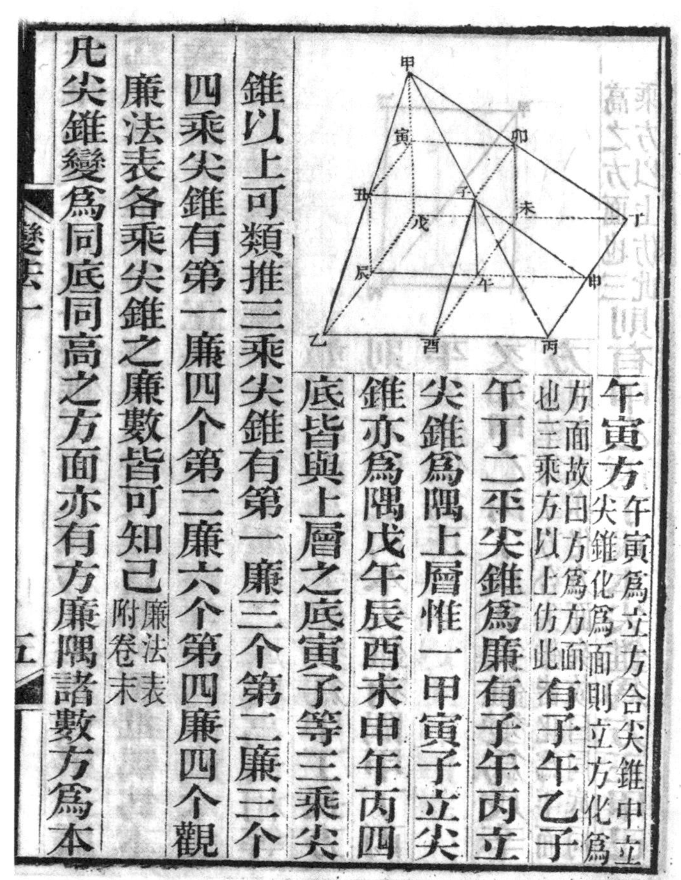

午寅方，午寅爲立方，合尖錐中立尖錐化爲面，則立方化爲方面，故曰方爲方面也。三乘方以上仿此。有子午乙、子午丁二平尖錐爲廉，有子午丙立尖錐爲隅；上層惟一甲寅子立尖錐，亦爲隅。戊午、辰酉、未申、午丙四底，皆與上層之底寅子等。三乘尖錐以上，可類推。三乘尖錐有第一廉三个，第二廉三个；四乘尖錐有第一廉四个，第二廉六个，第四廉四个。觀廉法表，各乘尖錐之廉數皆可知已。廉法表附卷末。

凡尖錐變爲同底同高之方面，亦有方、廉、隅諸數。方爲本

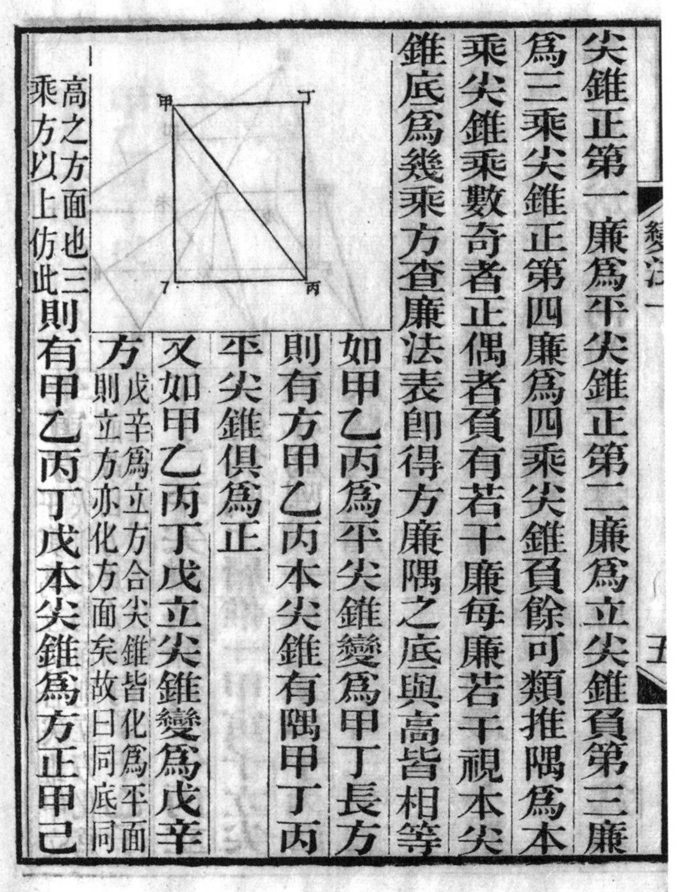

尖錐，正；第一廉爲平尖錐，正；第二廉爲立尖錐，負；第三廉爲三乘尖錐，正；第四廉爲四乘尖錐，負。餘可類推。隅爲本乘尖錐，乘數奇者正，偶者負。有若干廉，每廉若干，視本尖錐底爲幾乘方，查廉法表即得。方、廉、隅之底與高皆相等。

如甲乙丙爲平尖錐，變爲甲丁長方。則有方甲乙丙本尖錐，有隅甲丁丙平尖錐，俱爲正。

又如甲乙丙丁戊立尖錐，變爲戊辛方。戊辛爲立方合尖錐，皆化爲平面，則立方亦化方面矣，故曰同底同高之方面也。三乘方以上仿此。則有甲乙丙丁戊本尖錐，爲方正；甲己

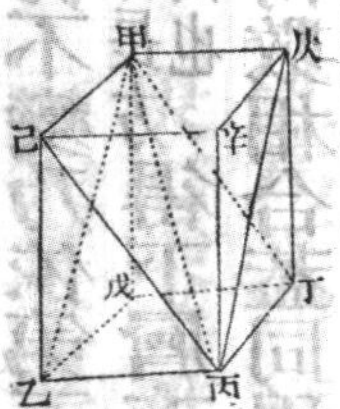

丙丁庚辛甲庚丙乙己辛二平尖錐爲廉正丙辛庚甲己立尖錐爲隅負葢正方内加二正廉減去負隅恰得立方積也三乘尖錐以上可類推

凡合尖錐截爲二層上層另成一合尖錐下層方廉隅諸積各依類併之亦另成一合尖錐

如各方併之仍爲方面各第一廉及平尖錐之隅併之仍爲平尖錐各第二廉及立尖錐之隅併之仍爲立尖錐各第三廉及三乘尖錐之隅併之仍爲三乘尖錐第

丙丁庚辛、甲庚丙乙己辛二平尖錐爲廉，正；丙辛庚甲己立尖錐爲隅，負。葢正方内加二正廉，減去負隅，恰得立方積也。三乘尖錐以上可類推。

凡合尖錐截爲二層，上層另成一合尖錐，下層方、廉、隅諸積各依類併之，亦另成一合尖錐。

如各方併之，仍爲方面；各第一廉及平尖錐之隅併之，仍爲平尖錐；各第二廉及立尖錐之隅併之，仍爲立尖錐；各第三廉及三乘尖錐之隅併之，仍爲三乘尖錐。第

四廉以上皆如是併之爲四乘以上諸尖錐故下層另成一合尖錐也
上所列三條之理既明乃可論探源與西術相合之理試置各乘尖錐下層之方依第二條求其同數乃並置上下二層諸方廉隅以方加之以同數減之則上層消盡下層方與諸偶乘尖錐皆得倍積諸奇乘尖錐亦消盡而全積仍不變乃依第三條併之又加入原有之方面未分爲上下層時所有長方面也得下層方面及諸偶乘尖錐之倍故兩術不同而得數相合蓋同用一合尖錐但一爲正法一爲變法耳
列一乘至十乘尖錐相消圖以明之

四廉以上皆如是併之，爲四乘以上諸尖錐，故下層另成一合尖錐也。

上所列三條之理既明，乃可論《探源》與西術相合之理。試置各乘尖錐下層之方，依第二條求其同數，乃並置上下二層諸方、廉、隅，以方加之，以同數減之，則上層消盡，下層方與諸偶乘尖錐皆得倍積，諸奇乘尖錐亦消盡，而全積仍不變。乃依第三條併之，又加入原有之方面，未分爲上下層時所有長方面也。得下層方面及諸偶乘尖錐之倍。故兩術不同而得數相合，蓋同用一合尖錐，但一爲正法，一爲變法耳。

列一乘至十乘尖錐相消圖以明之。

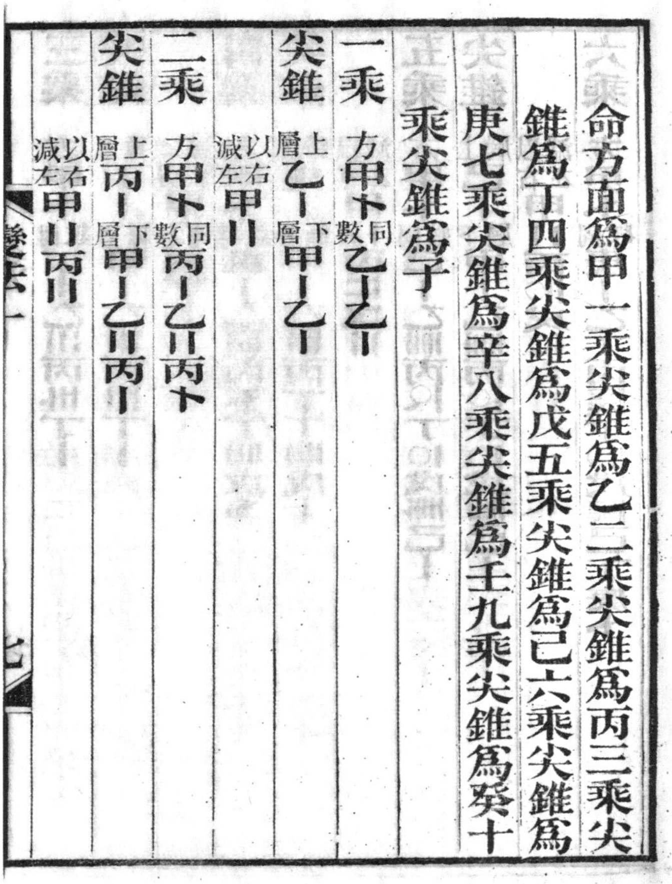

命方面爲甲，一乘尖錐爲乙，二乘尖錐爲丙，三乘尖錐爲丁，四乘尖錐爲戊，五乘尖錐爲己，六乘尖錐爲庚，七乘尖錐爲辛，八乘尖錐爲壬，九乘尖錐爲癸，十乘尖錐爲子。

一乘尖錐

方甲⊥ 同數 乙丨乙丨

上層乙丨 下層甲丨乙丨

以右減左甲‖

二乘尖錐

方甲⊥ 同數 丙丨乙‖丙⊥

上層丙丨 下層甲丨乙‖丙丨

以右減左甲‖丙‖

三乘尖錐　方甲〤同數丁|乙|||丙卌丁|

上層丁|下層甲|乙|||丙|||丁|

以右減左甲||丙⊤

四乘尖錐　方甲〤同數戊|乙||||丙⊼丁||||戊〤

上層戊|下層甲|乙||||丙⊤丁||||戊|

以右減左甲||丙|=戊||

五乘尖錐　方甲〤同數己|乙|||||丙〤〇丁|〇戊卌己|

上層己|下層甲|乙|||||丙|〇丁|〇戊|||||己|

以右減左甲||丙||〇戊|〇

六乘尖錐　方甲〤同數庚|乙⊤丙|≡丁||〇戊|≡己⊤庚〤

三乘尖錐

方甲〤　同數丁|乙|||丙卌丁|

上層丁|　下層甲|乙|||丙|||丁|

以右減左甲||丙⊤

四乘尖錐

方甲〤　同數戊|乙||||丙⊼丁||||戊〤

上層戊|　下層甲|乙||||丙⊤丁||||戊|

以右減左甲||丙|=戊||

五乘尖錐

方甲〤　同數己|乙|||||丙〤〇丁|〇戊卌己|

上層己|　下層甲|乙|||||丙|〇丁|〇戊|||||己|

以右減左甲||丙||〇戊|〇

六乘尖錐

方甲〤　同數庚|乙⊤丙|≡丁||〇戊|≡己⊤庚〤

上層庚|　下層甲|乙⊥丙|≡丁||〇戊—||||己⊥庚|

以右減左甲||丙≡〇戊≡〇庚||

尖錐 上層庚𝍠 下層甲𝍠乙𝍮丙𝍬丁𝍡〇戊𝍮𝍣己𝍮庚𝍠

以右減左甲𝍡丙𝍫〇戊𝍫〇庚𝍡

七乘 方甲𝍠̸ 同數辛𝍠乙𝍯丙𝍪𝍠̸丁𝍢𝍬戊𝍫𝍣̸己𝍡𝍩庚𝍥̸辛𝍠

尖錐 上層辛𝍠 下層甲𝍠乙𝍦丙𝍡𝍩丁𝍫𝍣戊𝍫𝍣己𝍪𝍠庚𝍯辛𝍠

以右減左甲𝍡丙𝍬𝍡戊𝍦〇庚𝍠𝍬

八乘 方甲𝍠̸ 同數壬𝍠乙𝍧丙𝍡𝍫̸丁𝍣𝍮戊𝍯̸〇己𝍣𝍮庚𝍡𝍫̸辛𝍧壬𝍠̸

尖錐 上層壬𝍠 下層甲𝍠乙𝍧丙𝍡𝍰丁𝍣𝍮戊𝍦〇己𝍬𝍥庚𝍪𝍧辛𝍧壬𝍠

以右減左甲𝍡丙𝍬𝍥戊𝍠𝍬〇庚𝍣𝍮壬𝍡

九乘 方甲𝍠̸ 同數癸𝍠乙𝍨丙𝍢𝍩̸丁𝍧𝍫戊𝍠𝍪𝍥̸己𝍠𝍪𝍥庚𝍰𝍣̸辛𝍫𝍥壬𝍰̸癸𝍠

尖錐 上層癸𝍠 下層甲𝍠乙𝍰丙𝍫𝍥丁𝍰𝍣戊𝍠𝍪𝍥己𝍩𝍡𝍮庚𝍧𝍫辛𝍢𝍮壬𝍨癸𝍠

七乘尖錐

方 甲 𝍠̸ 同數 辛 𝍠 乙 𝍯 丙 𝍪𝍠̸ 丁 𝍢𝍬 戊 𝍫𝍣̸ 己 𝍡𝍩 庚 𝍥̸ 辛 𝍠

上層 辛 𝍠 下層 甲 𝍠 乙 𝍦 丙 𝍡𝍩 丁 𝍫𝍣 戊 𝍫𝍣 己 𝍪𝍠 庚 𝍯 辛 𝍠

以右減左 甲 𝍡 丙 𝍬𝍡 戊 𝍦〇 庚 𝍠𝍬

八乘尖錐

方 甲 𝍠̸ 同數 壬 𝍠 乙 𝍧 丙 𝍡𝍫̸ 丁 𝍣𝍮 戊 𝍯̸〇 己 𝍣𝍮 庚 𝍡𝍫̸ 辛 𝍧 壬 𝍠̸

上層 壬 𝍠 下層 甲 𝍠 乙 𝍧 丙 𝍡𝍰 丁 𝍣𝍮 戊 𝍦〇 己 𝍬𝍥 庚 𝍪𝍧 辛 𝍧 壬 𝍠

以右減左 甲 𝍡 丙 𝍬𝍥 戊 𝍠𝍬〇 庚 𝍣𝍮 壬 𝍡

九乘尖錐

方 甲 𝍠̸ 同數 癸 𝍠 乙 𝍨 丙 𝍢𝍩̸ 丁 𝍧𝍫 戊 𝍠𝍪𝍥̸ 己 𝍠𝍪𝍥 庚 𝍰𝍣̸ 辛 𝍫𝍥 壬 𝍰̸ 癸 𝍠

上層 癸 𝍠 下層 甲 𝍠 乙 𝍰 丙 𝍫𝍥 丁 𝍰𝍣 戊 𝍠𝍪𝍥 己 𝍩𝍡𝍮 庚 𝍧𝍫 辛 𝍢𝍮 壬 𝍨 癸 𝍠

以右減左 甲 𝍡 丙 𝍯𝍡 戊 𝍡𝍬𝍡 庚 𝍠𝍮𝍧 壬 𝍠𝍰

十乘尖錐

以右減左	上層	方
甲 𝍡	子 𝍠	甲 𝍠̸
丙 𝍣〇	下層	同數
戊 𝍫𝍡〇	甲 𝍠	子 𝍠
庚 𝍫𝍡〇	乙 𝍠〇	乙 𝍠〇
壬 𝍰〇	丙 𝍣𝍬	丙 𝍫𝍣̸
子 𝍡	丁 𝍩𝍡〇	丁 𝍠𝍪〇
	戊 𝍪𝍠〇	戊 𝍡𝍥̸〇
	己 𝍪𝍣𝍪	己 𝍡𝍬𝍡
	庚 𝍡𝍩〇	庚 𝍪𝍥̸〇
	辛 𝍠𝍪〇	辛 𝍩𝍡〇
	壬 𝍣𝍬	壬 𝍫𝍣̸
	癸 𝍠〇	癸 𝍠〇
	子 𝍠	子 𝍠̸

右十尖錐減餘，皆得下層方及諸偶乘尖錐之倍。十一乘以上一切尖錐，皆如是。設上下層總積爲真數二、三之對數較，則下層總積即四、五之對數較。并諸減餘，加入原有之方面，二、三對數較之方面也。必爲四、五對數較中之方及諸偶乘尖錐之倍，與二、三之對數較等積。若上下層總積爲六、七之對數較，則下層總積即十二、十三之對

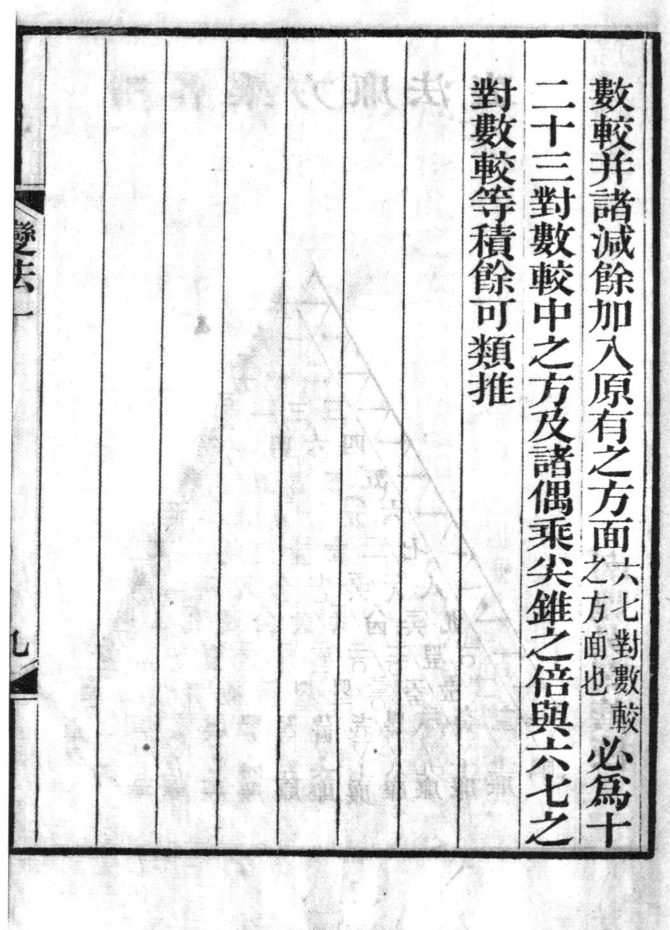

數較。并諸減餘，加入原有之方面，六、七對數較之方面也。必爲十二、十三對數較中之方及諸偶乘尖錐之倍，與六、七之對數較等積。餘可類推。

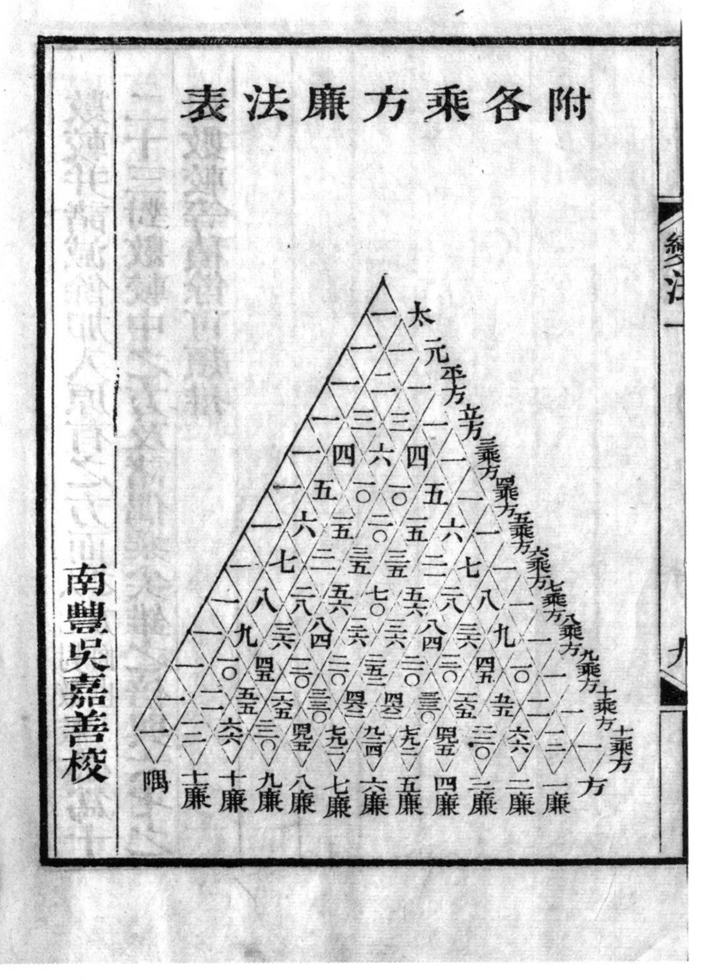

附各乘方廉法表

南豐吴嘉善校

級數回求

則古昔齋算學十二

海甯李善蘭學

凡算術用級數推者有以此推彼之級數卽可求以彼推此之級數設數題如法演之爲一切級數互求之準繩

今有弧背求正弦之級數問正弦求弧背之級數若何

弧背求正弦之級數

級數回求

則古昔齋算學十二

海寧李善蘭學

凡算術用級數推者，有以此推彼之級數，即可求以彼推此之級數。設數題如法演之，爲一切級數互求之準繩。

今有弧背[1]求正弦之級數，問正弦求弧背之級數若何？

弧背求正弦之級數：

$$弧背丅\frac{二\times三半徑^{二}}{弧背^{三}}丄\frac{二\times三\times四\times五半徑^{四}}{弧背^{五}}丅\frac{二\times三\times四\times五\times六\times七半徑^{六}}{弧背^{七}}丄\cdots\cdots$$ [2]

1 弧背，即圓周上的段弧。

2 此爲級數運算式，“丄”表示加號，“丅”表示減號。分數式中，分子在下，分母在上，與現代數學中的分母、分子上下位置正好相反。將式中的弧背用 x 表示，半徑取 1，此式可用現代數學符號表示爲：$x-\frac{x^3}{3!}+\frac{x^5}{5!}-\frac{x^7}{7!}+\cdots\cdots$

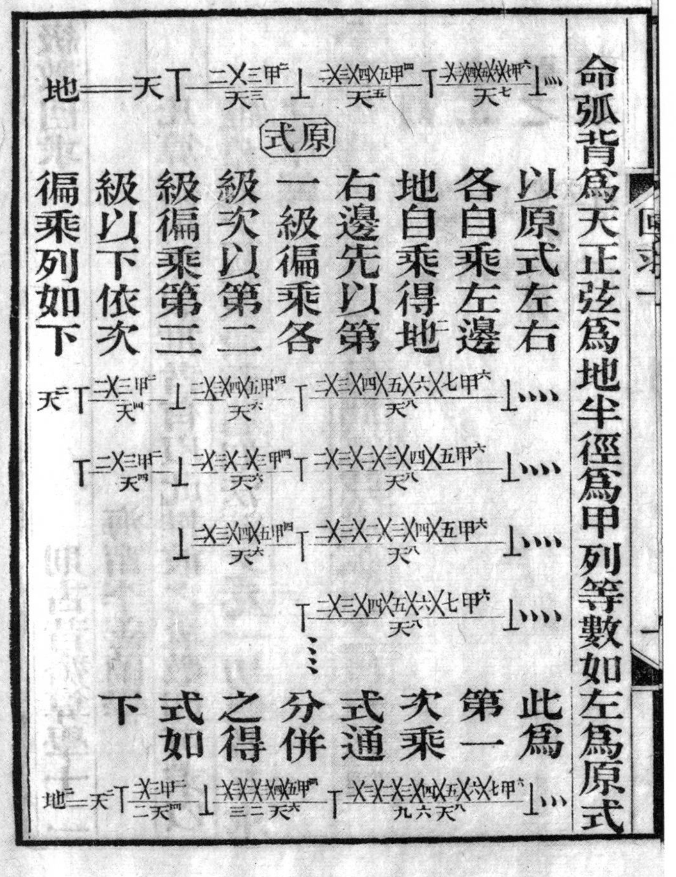
命弧背爲天正弦爲地半徑爲甲列等數如左爲原式

$$\text{地}=\text{天}\,\text{丅}\,\frac{\text{二}\times\text{三甲}^{\text{二}}}{\text{天}^{\text{三}}}\,\text{⊥}\,\frac{\text{二}\times\text{三}\times\text{四}\times\text{五甲}^{\text{四}}}{\text{天}^{\text{五}}}\,\text{丅}\,\frac{\text{二}\times\text{三}\times\text{四}\times\text{五}\times\text{六}\times\text{七甲}^{\text{六}}}{\text{天}^{\text{七}}}\,\text{⊥}\cdots$$

原式

以原式左右各自乘左邊地自乘得地二右邊先以第一級偏乘各級次以第二級偏乘第三級以下依次偏乘列如下

此爲第一次乘式通分併之得式如下

命弧背爲天，正弦爲地，半徑爲甲，列等數如左，爲原式：

$$\text{地}=\text{天}\,\text{丅}\,\frac{\text{二}\times\text{三甲}^{\text{二}}}{\text{天}^{\text{三}}}\,\text{⊥}\,\frac{\text{二}\times\text{三}\times\text{四}\times\text{五甲}^{\text{四}}}{\text{天}^{\text{五}}}\,\text{丅}\,\frac{\text{二}\times\text{三}\times\text{四}\times\text{五}\times\text{六}\times\text{七甲}^{\text{六}}}{\text{天}^{\text{七}}}\,\text{⊥}\cdots\cdots$$ [1]

原式

以原式左右各自乘。左邊地自乘得地^{二}，右邊先以第一級偏乘各級，次以第二級偏乘，第三級以下依次偏乘，列如下：

$$\text{天}^{\text{二}}\,\text{丅}\,\frac{\text{二}\times\text{三甲}^{\text{二}}}{\text{天}^{\text{四}}}\,\text{⊥}\,\frac{\text{二}\times\text{三}\times\text{四}\times\text{五甲}^{\text{四}}}{\text{天}^{\text{六}}}\,\text{丅}\,\frac{\text{二}\times\text{三}\times\text{四}\times\text{五}\times\text{六}\times\text{七甲}^{\text{六}}}{\text{天}^{\text{八}}}\,\text{⊥}\cdots\cdots$$

$$\text{丅}\,\frac{\text{二}\times\text{三甲}^{\text{二}}}{\text{天}^{\text{四}}}\,\text{⊥}\,\frac{\text{二}\times\text{三}\times\text{二}\times\text{三甲}^{\text{四}}}{\text{天}^{\text{六}}}\,\text{丅}\,\frac{\text{二}\times\text{三}\times\text{二}\times\text{三}\times\text{四}\times\text{五甲}^{\text{六}}}{\text{天}^{\text{八}}}\,\text{⊥}\cdots\cdots$$

$$\text{⊥}\,\frac{\text{二}\times\text{三}\times\text{四}\times\text{五甲}^{\text{四}}}{\text{天}^{\text{六}}}\,\text{丅}\,\frac{\text{二}\times\text{三}\times\text{二}\times\text{三}\times\text{四}\times\text{五甲}^{\text{六}}}{\text{天}^{\text{八}}}\,\text{⊥}\cdots$$

$$\text{丅}\,\frac{\text{二}\times\text{三}\times\text{四}\times\text{五}\times\text{六}\times\text{七甲}^{\text{六}}}{\text{天}^{\text{八}}}\,\text{⊥}\cdots\cdots$$

$$\cdots\cdots$$

此爲第一次乘式。通分併之，得式如下：

$$\text{地}^{\text{二}}=\text{天}^{\text{二}}\,\text{丅}\,\frac{\text{二}\times\text{三甲}^{\text{二}}}{\text{二天}^{\text{四}}}\,\text{⊥}\,\frac{\text{二}\times\text{三}\times\text{二}\times\text{三}\times\text{四}\times\text{五甲}^{\text{四}}}{\text{三二天}^{\text{六}}}\,\text{丅}\,\frac{\text{二}\times\text{三}\times\text{二}\times\text{三}\times\text{四}\times\text{五}\times\text{六}\times\text{七甲}^{\text{六}}}{\text{九六天}^{\text{八}}}$$
$$\text{⊥}\cdots\cdots$$

1 令天=α，半徑甲取1，則正弦地=sin α，原式可表示爲：$\sin\alpha=\alpha-\frac{\alpha^3}{3!}+\frac{\alpha^5}{5!}-\frac{\alpha^7}{7!}+\cdots\cdots$.

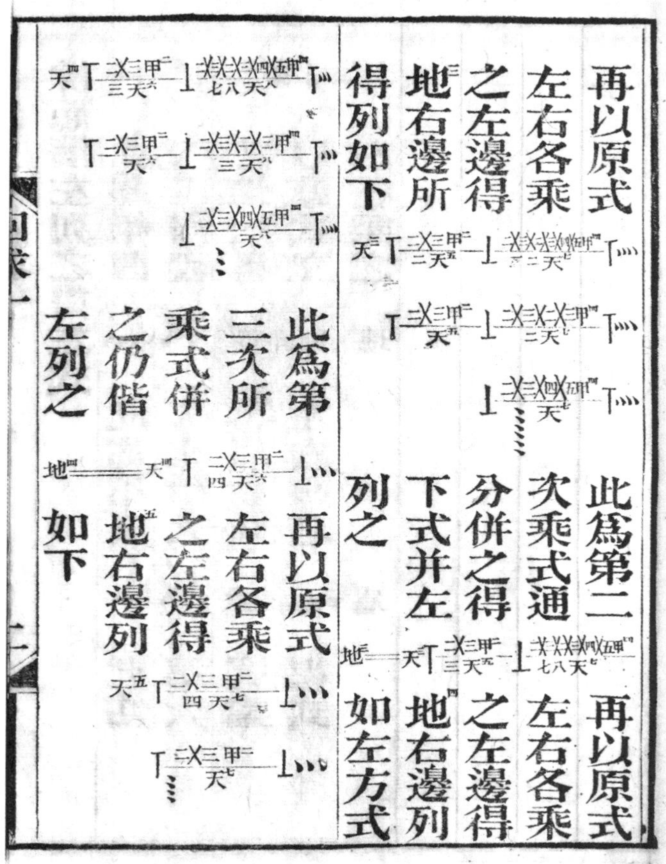

再以原式左右各乘之，左邊得$\text{地}^{\text{三}}$，右邊所得列如下：

$$\text{天}^{\text{三}}\text{丅}\frac{\text{二}\times\text{三甲}^{\text{二}}}{\text{二天}^{\text{五}}}\text{丄}\frac{\text{二}\times\text{三}\times\text{二}\times\text{三}\times\text{四}\times\text{五甲}^{\text{四}}}{\text{三二天}^{\text{七}}}\text{丅}\cdots\cdots$$

$$\text{丅}\frac{\text{二}\times\text{三甲}^{\text{二}}}{\text{天}^{\text{五}}}\text{丄}\frac{\text{二}\times\text{三}\times\text{二}\times\text{三甲}^{\text{四}}}{\text{二天}^{\text{七}}}\text{丅}\cdots\cdots$$

$$\text{丄}\frac{\text{二}\times\text{三}\times\text{四}\times\text{五甲}^{\text{四}}}{\text{天}^{\text{七}}}\text{丅}\cdots\cdots$$

……

此爲第二次乘式，通分併之得下式，并左列之：

$$\text{地}^{\text{三}}=\text{天}^{\text{三}}\text{丅}\frac{\text{二}\times\text{三甲}^{\text{二}}}{\text{三天}^{\text{五}}}\text{丄}\frac{\text{二}\times\text{三}\times\text{二}\times\text{三}\times\text{四}\times\text{五甲}^{\text{四}}}{\text{七八天}^{\text{七}}}$$

再以原式左右各乘之，左邊得$\text{地}^{\text{四}}$，右邊列如左方式：

$$\text{天}^{\text{四}}\text{丅}\frac{\text{二}\times\text{三甲}^{\text{二}}}{\text{三天}^{\text{六}}}\text{丄}\frac{\text{二}\times\text{三}\times\text{二}\times\text{三}\times\text{四}\times\text{五甲}^{\text{四}}}{\text{七八天}^{\text{八}}}\text{丅}\cdots\cdots$$

$$\text{丅}\frac{\text{二}\times\text{三甲}^{\text{二}}}{\text{天}^{\text{六}}}\text{丄}\frac{\text{二}\times\text{三}\times\text{二}\times\text{三甲}^{\text{四}}}{\text{三天}^{\text{八}}}\text{丅}\cdots\cdots$$

$$\text{丄}\frac{\text{二}\times\text{三}\times\text{四}\times\text{五甲}^{\text{四}}}{\text{天}^{\text{八}}}\text{丅}\cdots\cdots$$

……

此爲第三次所乘式，併之，仍偕左列之：

$$\text{地}^{\text{四}}=\text{天}^{\text{四}}\text{丅}\frac{\text{二}\times\text{三甲}^{\text{二}}}{\text{四天}^{\text{六}}}\text{丄}\cdots\cdots$$

再以原式左右各乘之，左邊得$\text{地}^{\text{五}}$，右邊列如下：

$$\text{天}^{\text{五}}\text{丅}\frac{\text{二}\times\text{三甲}^{\text{二}}}{\text{四天}^{\text{七}}}\text{丄}\cdots\cdots$$

$$\text{丅}\frac{\text{二}\times\text{三甲}^{\text{二}}}{\text{天}^{\text{七}}}\text{丄}\cdots\cdots$$

……

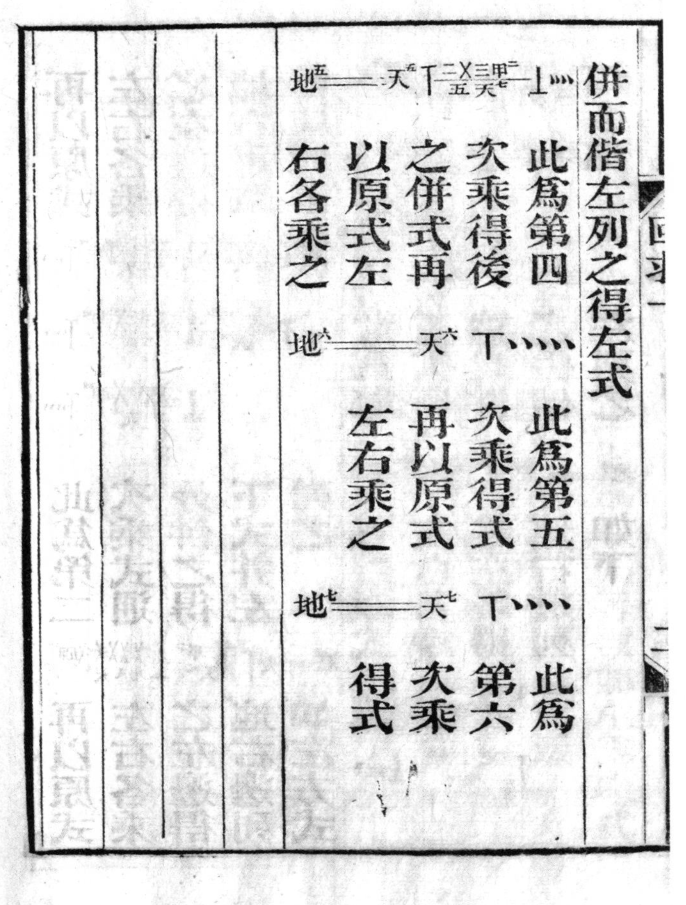

併而偕左列之得左式：

$$地^{五}=天^{五}丅\frac{二\times三甲^{二}}{五天^{七}}丄\cdots\cdots$$

此爲第四次乘得後之併式，再以原式左右各乘之：

$$地^{六}=天^{六}丅\cdots\cdots$$

此爲第五次乘得式，再以原式左右乘之：

$$地^{七}=天^{七}丅\cdots\cdots$$

此爲第六次乘得式。

乃置第二次乘得式，以$\frac{二\times三甲^{二}}{一}$乘之，得式如下：

$$\frac{二\times三甲^{二}}{地^{三}}=\frac{二\times三甲^{二}}{天^{三}}丅\frac{二\times二\times三甲^{四}}{天^{五}}丄\frac{二\times三\times二\times三\times四\times五甲^{六}}{一三天^{七}}丅\cdots\cdots$$

右邊第二級母子皆以四×五通之，第三級母子皆以六×七通之，得下式：

$$\frac{二\times三甲^{二}}{地^{三}}=\frac{二\times三甲^{二}}{天^{三}}丅\frac{二\times三\times四\times五甲^{四}}{一〇天^{五}}丄\frac{二\times三\times四\times五\times六\times七甲^{六}}{九一天^{七}}丅\cdots\cdots$$

以消原式，得$\boxed{二}$式：

$$地丄\frac{二\times三甲^{二}}{地^{三}}=天丅\frac{二\times三\times四\times五甲^{四}}{九天^{五}}丄\frac{二\times三\times四\times五\times六\times七甲^{六}}{九〇天^{七}}丅\cdots\cdots$$

乃置第四次乘式，以$\frac{二\times三\times四\times五甲^{四}}{九}$乘之，得式列如左：

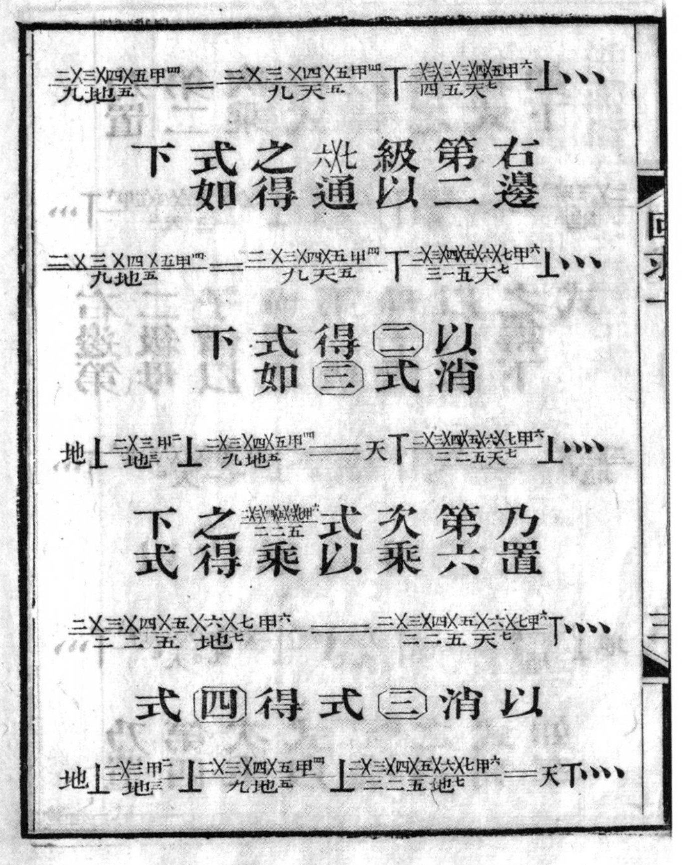

$$\frac{\text{二}\times\text{三}\times\text{四}\times\text{五甲}^{\text{四}}}{\text{九地}^{\text{五}}}=\frac{\text{二}\times\text{三}\times\text{四}\times\text{五甲}^{\text{四}}}{\text{九天}^{\text{五}}}\text{丅}\frac{\text{二}\times\text{三}\times\text{二}\times\text{三}\times\text{四}\times\text{五甲}^{\text{六}}}{\text{四五天}^{\text{七}}}\text{丄}\cdots\cdots$$

右邊第二級以六×七通之，得式如下：

$$\frac{\text{二}\times\text{三}\times\text{四}\times\text{五甲}^{\text{四}}}{\text{九地}^{\text{五}}}=\frac{\text{二}\times\text{三}\times\text{四甲}^{\text{四}}}{\text{九五}^{\text{五}}}\text{丅}\frac{\text{二}\times\text{三}\times\text{四}\times\text{五}\times\text{六}\times\text{七甲}^{\text{六}}}{\text{三一五天}^{\text{七}}}\text{丄}\cdots\cdots$$

以消二式，得三式如下：

$$\text{地丄}\frac{\text{二}\times\text{三甲}^{\text{二}}}{\text{地}^{\text{三}}}\text{丄}\frac{\text{二}\times\text{三}\times\text{四}\times\text{五甲}^{\text{四}}}{\text{九地}^{\text{五}}}=\text{天丅}\frac{\text{二}\times\text{三}\times\text{四}\times\text{五}\times\text{六}\times\text{七甲}^{\text{六}}}{\text{二二五天}^{\text{七}}}\text{丄}\cdots\cdots$$

乃置第六次乘式，以$\frac{\text{二}\times\text{三}\times\text{四}\times\text{五}\times\text{六}\times\text{七甲}^{\text{六}}}{\text{二二五}}$乘之，得下式：

$$\frac{\text{二}\times\text{三}\times\text{四}\times\text{五}\times\text{六}\times\text{七甲}^{\text{六}}}{\text{二二五地}^{\text{七}}}=\frac{\text{二}\times\text{三}\times\text{四}\times\text{五}\times\text{六}\times\text{七甲}^{\text{六}}}{\text{二二五天}^{\text{七}}}\text{丅}\cdots\cdots$$

以消三式，得四式：

$$\text{地丄}\frac{\text{二}\times\text{三甲}^{\text{二}}}{\text{地}^{\text{三}}}\text{丄}\frac{\text{二}\times\text{三}\times\text{四}\times\text{五甲}^{\text{四}}}{\text{九地}^{\text{五}}}\text{丄}\frac{\text{二}\times\text{三}\times\text{四}\times\text{五}\times\text{六}\times\text{七甲}^{\text{六}}}{\text{二二五地}^{\text{七}}}=\text{天丅}\cdots\cdots$$

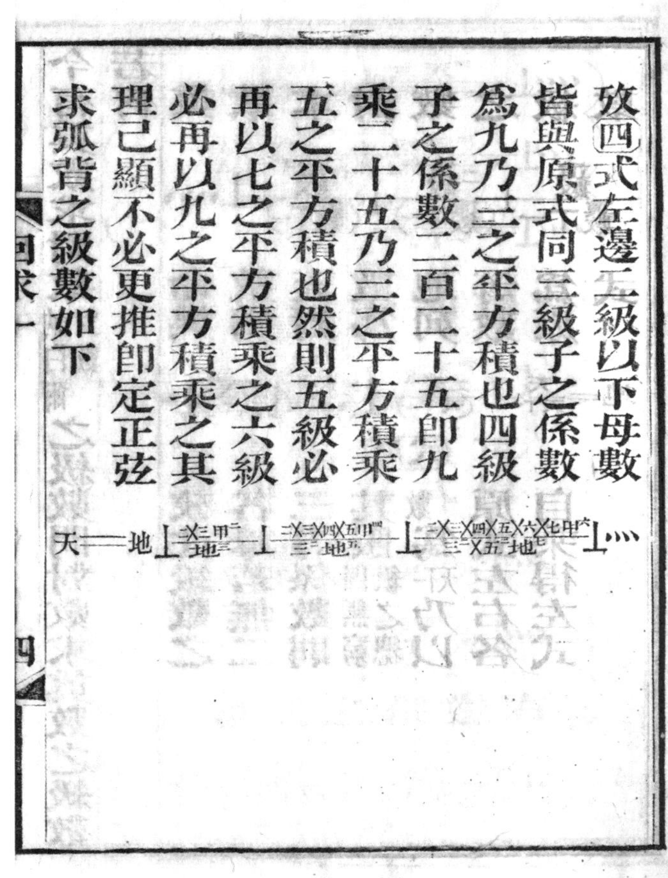

攷四式左邊二級以下母數皆與原式同三級子之係數爲九乃三之平方積也四級子之係數二百二十五即九乘二十五乃三之平方積乘五之平方積也然則五級必再以七之平方積乘之六級必再以九之平方積乘之其理已顯不必更推即定正弦求弧背之級數如下

$$\text{天}=\text{地}\perp\frac{\text{二}\times\text{三甲}^{\text{二}}}{\text{地}^{\text{三}}}\perp\frac{\text{二}\times\text{三}\times\text{四}\times\text{五甲}^{\text{四}}}{\text{三}^{\text{二}}\text{地}^{\text{五}}}\perp\frac{\text{二}\times\text{三}\times\text{四}\times\text{五}\times\text{六}\times\text{七甲}^{\text{六}}}{\text{三}^{\text{二}}\times\text{五}^{\text{二}}\text{地}^{\text{七}}}\perp\cdots\cdots$$

攷<u>四</u>式左邊二級以下母數，皆與原式同。三級子之係數爲九，乃三之平方積也。四級子之係數二百二十五，即九乘二十五，乃三之平方積乘五之平方積也。然則五級必再以七之平方積乘之。六級必再以九之平方積乘之。其理已顯，不必更推，即定正弦求弧背之級數如下：

$$\text{天}=\text{地}\perp\frac{\text{二}\times\text{三甲}^{\text{二}}}{\text{地}^{\text{三}}}\perp\frac{\text{二}\times\text{三}\times\text{四}\times\text{五甲}^{\text{四}}}{\text{三}^{\text{二}}\text{地}^{\text{五}}}\perp\frac{\text{二}\times\text{三}\times\text{四}\times\text{五}\times\text{六}\times\text{七甲}^{\text{六}}}{\text{三}^{\text{二}}\times\text{五}^{\text{二}}\text{地}^{\text{七}}}\perp\cdots\cdots$$ [1]

1 此公式實爲正弦函數 $\sin\alpha$ 的反函數 $\arcsin\alpha$ 的冪級數展開，設天爲 $\arcsin\alpha$，地爲 α，甲爲 1，此式用現代數學符號可表示爲：

$$\arcsin\alpha=\alpha+\frac{1^2\cdot\alpha^3}{3!}+\frac{1^2\cdot3^2\alpha^5}{5!}+\frac{1^2\cdot3^2\cdot5^2\alpha^7}{7!}+\frac{1^2\cdot3^2\cdot5^2\cdot7^2\cdot\alpha^9}{9!}+\cdots=\alpha+\sum_{n=1}^{\infty}\frac{2(2n)!}{(n!)^2\cdot2^{2n+1}}\alpha^{2n+1}.$$

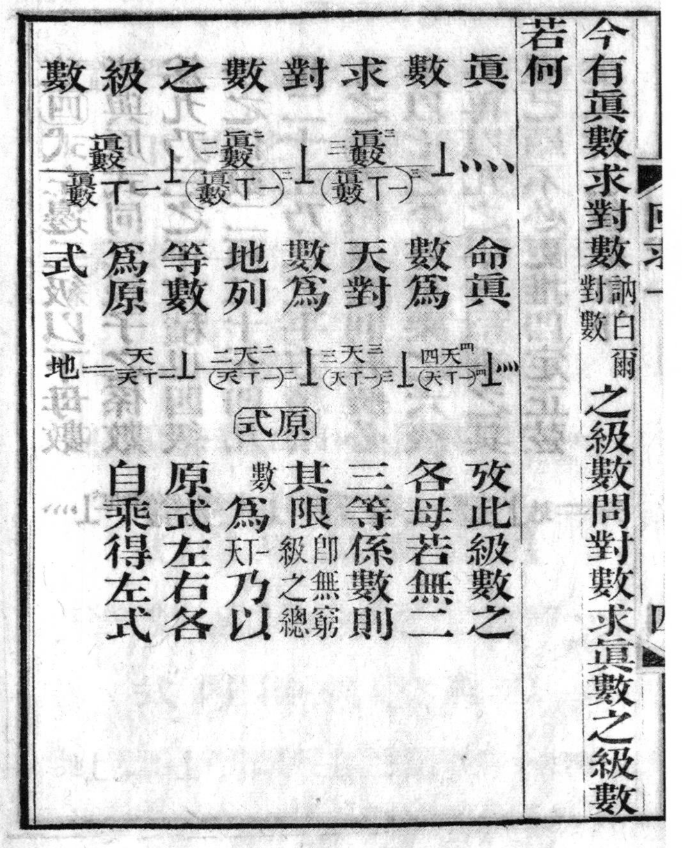

今有真數求對數訥白爾對數[1]。之級數，問對數求真數之級數若何？

真數求對數之級數：

$$\frac{\text{真數}}{\text{真數丅一}}\perp\frac{\text{二真數}^{二}}{(\text{真數丅一})^{二}}\perp\frac{\text{三真數}^{三}}{(\text{真數丅一})^{三}}\perp\cdots\cdots$$

命真數爲天，對數爲地，列等數爲原式：

$$\text{地}=\frac{\text{天}}{\text{天丅一}}\perp\frac{\text{二天}^{二}}{(\text{天丅一})^{二}}\perp\frac{\text{三天}^{三}}{(\text{天丅一})^{三}}\perp\frac{\text{四天}^{四}}{(\text{天丅一})^{四}}\perp\cdots\cdots$$

原式

攷此級數之各母若無二、三等係數，則其限即無窮級之總數。爲天丅一，乃以原式左右各自乘，得左式：

1 訥白爾對數，即自然對數。

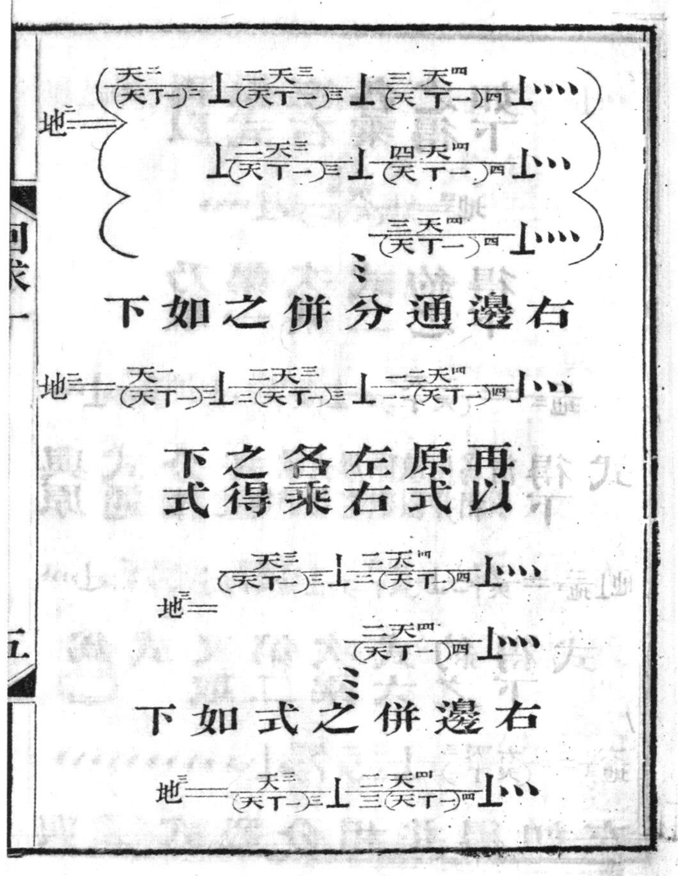

$$\text{地}^{二}=\left(\begin{array}{r}\dfrac{\text{天}^{二}}{(\text{天丅一})^{二}}\perp\dfrac{\text{二天}^{三}}{(\text{天丅一})^{三}}\perp\dfrac{\text{三天}^{四}}{(\text{天丅一})^{四}}\perp\cdots\cdots\\ \perp\dfrac{\text{二天}^{三}}{(\text{天丅一})^{三}}\perp\dfrac{\text{四天}^{四}}{(\text{天丅一})^{四}}\perp\cdots\cdots\\ \dfrac{\text{三天}^{四}}{(\text{天丅一})^{四}}\perp\cdots\cdots\end{array}\right)$$

$$\cdots\cdots$$

右邊通分併之如下：

$$\text{地}^{二}=\frac{\text{天}^{一}}{(\text{天丅一})^{二}}\perp\frac{\text{二天}^{三}}{\text{二}\ (\text{天丅一})^{三}}\perp\frac{\text{一二天}^{四}}{\text{一一}\ (\text{天丅一})^{四}}\perp\cdots\cdots$$

再以原式左右各乘之，得下式：

$$\text{地}^{三}=\frac{\text{天}^{三}}{(\text{天丅一})^{三}}\perp\frac{\text{二天}^{四}}{\text{二}\ (\text{天丅一})^{四}}\perp\cdots\cdots$$

$$\frac{\text{二天}^{四}}{(\text{天丅一})^{四}}\perp\cdots\cdots$$

$$\cdots\cdots$$

右邊併之式如下：

$$\text{地}^{三}=\frac{\text{天}^{三}}{(\text{天丅一})^{三}}\perp\frac{\text{二天}^{四}}{\text{三}\ (\text{天丅一})^{四}}\perp\cdots\cdots$$

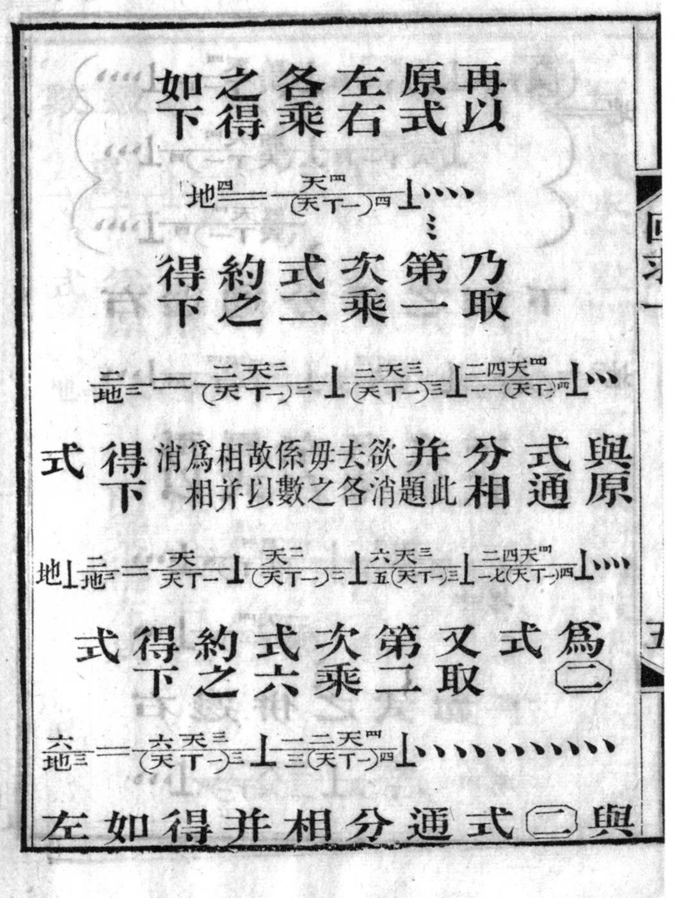

再以原式左右各乘之，得如下：

$$\text{地}^{\text{四}}=\frac{\text{天}^{\text{四}}}{(\text{天丅一})^{\text{四}}}\perp\cdots\cdots$$

$$\cdots\cdots$$

乃取第一次乘式，二約之得下：

$$\frac{\text{二}}{\text{地}^{\text{三}}}=\frac{\text{二天}^{\text{二}}}{(\text{天丅一})^{\text{二}}}\perp\frac{\text{二天}^{\text{三}}}{(\text{天丅一})^{\text{三}}}\perp\frac{\text{二四天}^{\text{四}}}{\text{一一}\ (\text{天丅一})^{\text{四}}}\perp\cdots\cdots$$

與原式通分相并，此題欲消去各母之係數，故以相并爲相消。得下式：

$$\text{地}\perp\frac{\text{二}}{\text{地}^{\text{三}}}=\frac{\text{天}}{\text{天丅一}}\perp\frac{\text{天}^{\text{二}}}{(\text{天丅一})^{\text{二}}}\perp\frac{\text{六天}^{\text{三}}}{\text{五}\ (\text{天丅一})^{\text{三}}}\perp\frac{\text{二四天}^{\text{四}}}{\text{一七}\ (\text{天丅一})^{\text{四}}}\perp\cdots\cdots$$

爲$\boxed{\text{二}}$式。又取第二次乘式，六約之，得下式：

$$\frac{\text{六}}{\text{地}^{\text{三}}}=\frac{\text{六天}^{\text{三}}}{(\text{天丅一})^{\text{三}}}\perp\frac{\text{一二天}^{\text{四}}}{\text{三}\ (\text{天丅一})^{\text{四}}}\perp\cdots\cdots$$

與$\boxed{\text{二}}$式通分相并，得如左：

$$地\bot\frac{二}{地^{二}}\bot\frac{六}{地^{三}}=\frac{天}{天丅一}\bot\frac{天^{二}}{(天丅一)^{二}}\bot\frac{天^{三}}{(天丅一)^{三}}\bot\frac{二四天^{四}}{二三(天丅一)^{四}}\bot\cdots\cdots$$

爲$\boxed{三}$式。又取第三次乘式，二四約之：

$$\frac{二四}{地^{四}}=\frac{二四天^{四}}{(天丅一)^{四}}\bot\cdots\cdots$$

與$\boxed{三}$式相併，得式如下：

$$地\bot\frac{二}{地^{二}}\bot\frac{六}{地^{三}}\bot\frac{二四}{地^{四}}=\frac{天}{天\bot一}\bot\frac{天^{二}}{(天丅一)^{二}}\bot\frac{天^{三}}{(天丅一)^{三}}\bot\frac{天^{四}}{(天丅一)^{四}}\bot\cdots\cdots$$

爲$\boxed{四}$式。攷$\boxed{四}$式左邊三級之母數爲二、三相乘，四級之母數爲二、三、四連乘，然則五級必爲二、三、四、五連乘，六級必爲二、三、四、五、六連乘。其理已顯，無庸再求。右邊各母之係數消盡，其總數必與$_{天丅一}$等，乃左右各加一，即得對數求真數之級數，列如左：

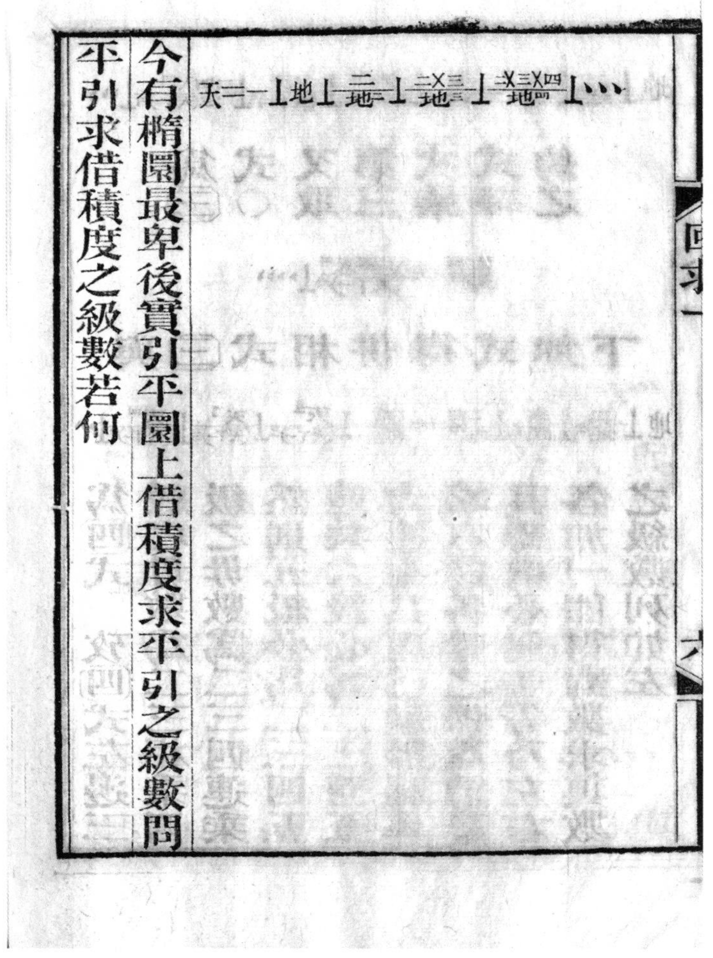

$$天=一\perp地\perp\frac{二}{地^{二}}\perp\frac{二\times三}{地^{三}}\perp\frac{二\times三\times四}{地^{四}}\perp\cdots\cdots$$

今有橢圜最卑後實引平圜上借積度求平引之級數，問平引求借積度之級數若何？

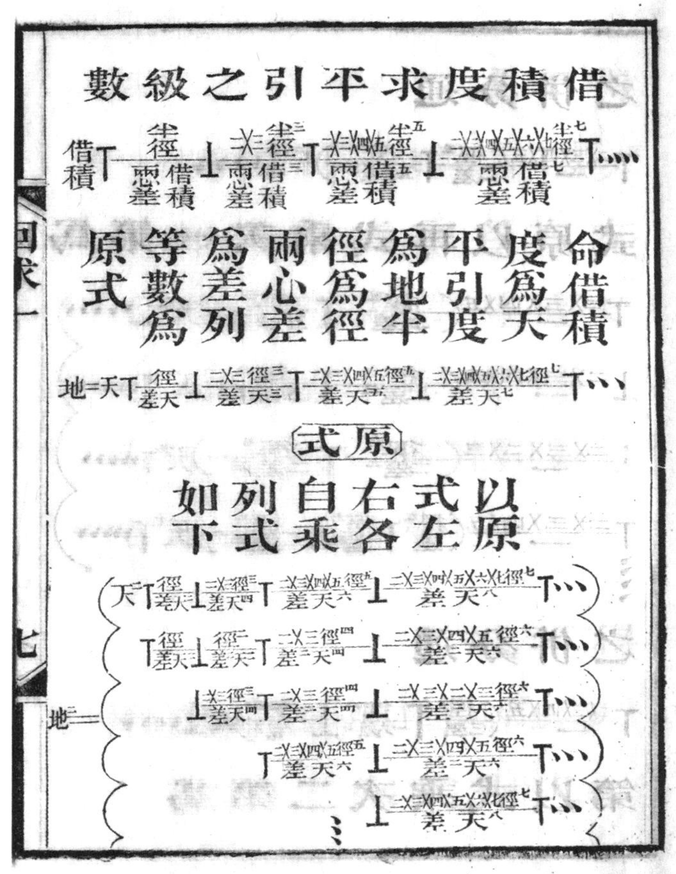

借積度求平引之級數：

$$\text{借積}\text{丅}\frac{\text{半徑}}{\text{兩心差借積}}\text{丄}\frac{\text{二}\times\text{三半徑}^{\text{三}}}{\text{兩心差借積}^{\text{三}}}\text{丅}\frac{\text{二}\times\text{三}\times\text{四}\times\text{五半徑}^{\text{五}}}{\text{兩心差借積}^{\text{五}}}\text{丄}\frac{\text{二}\times\text{三}\times\text{四}\times\text{五}\times\text{六}\times\text{七半徑}^{\text{七}}}{\text{兩心差借積}^{\text{七}}}\text{丅}\cdots\cdots$$

命借積度爲天，平引度爲地，半徑爲徑，兩心差爲差，列等數爲原式：

$$\text{地}=\text{天}\text{丅}\frac{\text{徑}}{\text{差天}}\text{丄}\frac{\text{二}\times\text{三徑}^{\text{三}}}{\text{差天}^{\text{三}}}\text{丅}\frac{\text{二}\times\text{三}\times\text{四}\times\text{五徑}^{\text{五}}}{\text{差天}^{\text{五}}}\text{丄}\frac{\text{二}\times\text{三}\times\text{四}\times\text{五}\times\text{六}\times\text{七徑}^{\text{七}}}{\text{差天}^{\text{七}}}\text{丅}\cdots\cdots$$

原式

以原式左右各自乘，列式如下：

$$\text{地}^{\text{二}}=\left(\begin{array}{r}
\text{天}^{\text{二}}\text{丅}\frac{\text{徑}}{\text{差天}^{\text{二}}}\text{丄}\frac{\text{二}\times\text{三徑}^{\text{三}}}{\text{差天}^{\text{四}}}\text{丅}\frac{\text{二}\times\text{三}\times\text{四}\times\text{五徑}^{\text{五}}}{\text{差天}^{\text{六}}}\text{丄}\frac{\text{二}\times\text{三}\times\text{四}\times\text{五}\times\text{六}\times\text{七徑}^{\text{七}}}{\text{差天}^{\text{八}}}\text{丅}\cdots\cdots \\
\text{丅}\frac{\text{徑}}{\text{差天}^{\text{二}}}\text{丄}\frac{\text{徑}^{\text{二}}}{\text{差}^{\text{二}}\text{天}^{\text{二}}}\text{丅}\frac{\text{二}\times\text{三徑}^{\text{四}}}{\text{差}^{\text{二}}\text{天}^{\text{四}}}\text{丄}\frac{\text{二}\times\text{三}\times\text{四}\times\text{五徑}^{\text{六}}}{\text{差}^{\text{二}}\text{天}^{\text{六}}}\text{丅}\cdots\cdots \\
\text{丄}\frac{\text{二}\times\text{三徑}^{\text{三}}}{\text{差天}^{\text{四}}}\text{丅}\frac{\text{二}\times\text{三徑}^{\text{四}}}{\text{差}^{\text{二}}\text{天}^{\text{四}}}\text{丄}\frac{\text{二}\times\text{三}\times\text{二}\times\text{三徑}^{\text{六}}}{\text{差}^{\text{二}}\text{天}^{\text{六}}}\text{丅}\cdots\cdots \\
\text{丅}\frac{\text{二}\times\text{三}\times\text{四}\times\text{五徑}^{\text{五}}}{\text{差天}^{\text{六}}}\text{丄}\frac{\text{二}\times\text{三}\times\text{四}\times\text{五徑}^{\text{六}}}{\text{差}^{\text{二}}\text{天}^{\text{六}}}\text{丅}\cdots\cdots \\
\text{丄}\frac{\text{二}\times\text{三}\times\text{四}\times\text{五}\times\text{六}\times\text{七徑}^{\text{七}}}{\text{差天}^{\text{八}}}\text{丅}\cdots\cdots \\
\cdots\cdots
\end{array}\right)$$

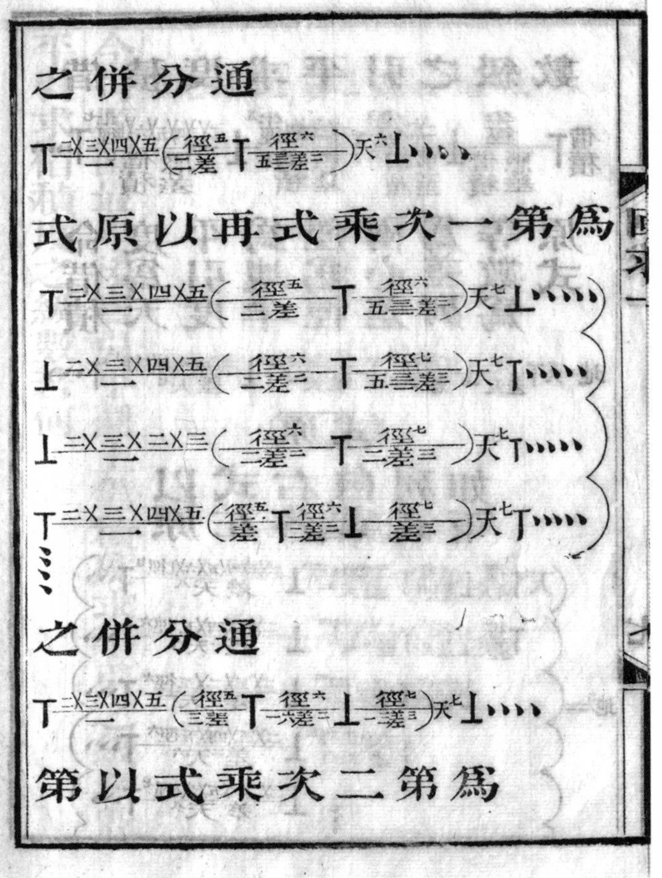
通分併之

爲第一次乘式再以原式

通分併之

爲第二次乘式以第

通分併之，得下式：

$$\text{地}^{二}=\text{天}^{二}\top\left(\frac{\text{徑}}{\text{二差}}\top\frac{\text{徑}^{二}}{\text{差}^{二}}\right)\text{天}^{二}\bot\frac{二\times三}{一}\left(\frac{\text{徑}^{三}}{\text{二差}}\top\frac{\text{徑}^{四}}{\text{二差}^{二}}\right)\text{天}^{四}\top\frac{二\times三\times四\times五}{一}\left(\frac{\text{徑}^{五}}{\text{二差}}\top\frac{\text{徑}^{六}}{五\frac{三}{一}\text{差}^{二}}\right)\text{天}^{六}\bot\cdots\cdots$$

爲第一次乘式。再以原式左右各乘之，得式如下：

$$\text{地}^{三}=\left(\begin{aligned}&\text{天}^{三}\top\left(\frac{\text{徑}}{\text{二差}}\top\frac{\text{徑}^{二}}{\text{差}^{二}}\right)\text{天}^{三}\bot\frac{二\times三}{一}\left(\frac{\text{徑}^{三}}{\text{二差}}\top\frac{\text{徑}^{四}}{\text{二差}^{二}}\right)\text{天}^{五}\top\frac{二\times三\times四\times五}{一}\left(\frac{\text{徑}^{五}}{\text{二差}}\top\frac{\text{徑}^{六}}{五\frac{三}{一}\text{差}^{二}}\right)\text{天}^{七}\bot\cdots\cdots\\&\top\left(\frac{\text{徑}}{\text{差}}\top\frac{\text{徑}^{二}}{\text{二差}^{二}}\bot\frac{\text{徑}^{三}}{\text{差}^{三}}\right)\text{天}^{三}\top\frac{二\times三}{一}\left(\frac{\text{徑}^{四}}{\text{二差}^{二}}\top\frac{\text{徑}^{五}}{\text{二差}^{三}}\right)\text{天}^{五}\bot\frac{二\times三\times四\times五}{一}\left(\frac{\text{徑}^{六}}{\text{二差}^{二}}\top\frac{\text{徑}^{七}}{五\frac{三}{一}\text{差}^{三}}\right)\text{天}^{七}\top\cdots\cdots\\&\qquad\bot\frac{二\times三}{一}\left(\frac{\text{徑}^{三}}{\text{差}}\top\frac{\text{徑}^{四}}{\text{二差}^{二}}\bot\frac{\text{徑}^{五}}{\text{差}^{三}}\right)\text{天}^{五}\bot\frac{二\times三\times二\times三}{一}\left(\frac{\text{徑}^{六}}{\text{二差}^{二}}\top\frac{\text{徑}^{七}}{\text{二差}^{三}}\right)\text{天}^{七}\top\cdots\cdots\\&\qquad\qquad\top\frac{二\times三\times四\times五}{一}\left(\frac{\text{徑}^{五}}{\text{差}}\top\frac{\text{徑}^{六}}{\text{二差}^{二}}\bot\frac{\text{徑}^{七}}{\text{差}^{三}}\right)\text{天}^{七}\top\cdots\cdots\\&\qquad\qquad\cdots\cdots\end{aligned}\right)$$

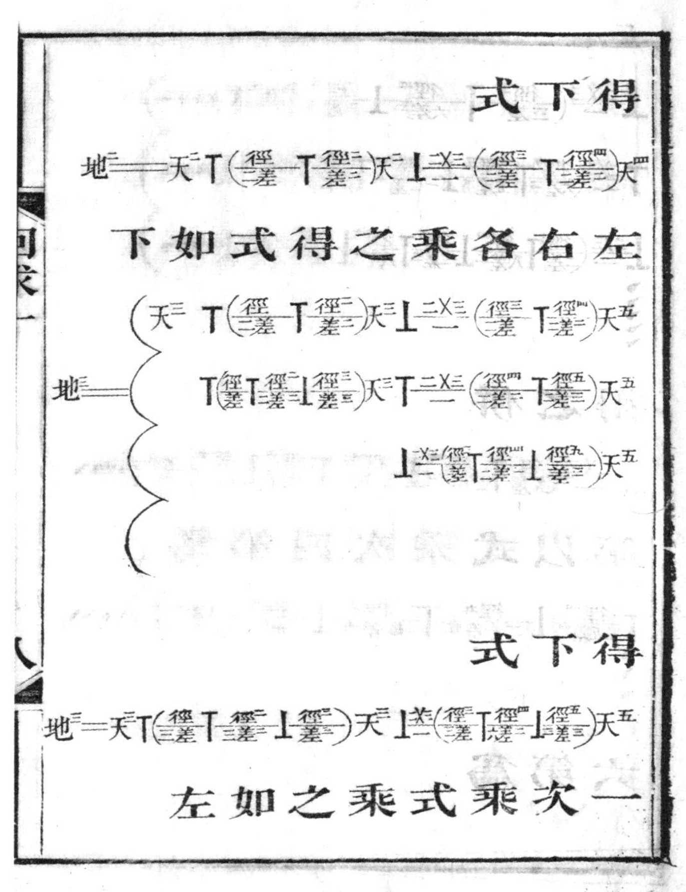
得下式

左右各乘之得式如下

得下式

一次乘式乘之如左

通分併之，得下式：

$$\text{地}^{\text{三}}=\text{天}^{\text{三}}\top\left(\frac{\text{徑}}{\text{三差}}\top\frac{\text{徑}^{\text{二}}}{\text{三差}^{\text{二}}}\perp\frac{\text{徑}^{\text{三}}}{\text{差}^{\text{三}}}\right)\text{天}^{\text{三}}\perp\frac{\text{二}\times\text{三}}{\text{一}}\left(\frac{\text{徑}^{\text{三}}}{\text{三差}}\top\frac{\text{徑}^{\text{四}}}{\text{六差}^{\text{二}}}\perp\frac{\text{徑}^{\text{五}}}{\text{三差}^{\text{三}}}\right)\text{天}^{\text{五}}\top\frac{\text{二}\times\text{三}\times\text{四}\times\text{五}}{\text{一}}\left(\frac{\text{徑}^{\text{五}}}{\text{三差}}\top\frac{\text{徑}^{\text{六}}}{\text{一六差}^{\text{二}}}\perp\frac{\text{徑}^{\text{七}}}{\text{一三差}^{\text{三}}}\right)\text{天}^{\text{七}}\perp\cdots\cdots$$

爲第二次乘式。以第一次乘式乘之如左：

$$\text{地}^{\text{五}}=\left(\begin{array}{r}\text{天}^{\text{五}}\top\left(\frac{\text{徑}}{\text{三差}}\top\frac{\text{徑}^{\text{二}}}{\text{三差}^{\text{二}}}\bot\frac{\text{徑}^{\text{三}}}{\text{差}^{\text{三}}}\right)\text{天}^{\text{五}}\bot\frac{\text{二}\times\text{三}}{\text{一}}\left(\frac{\text{徑}^{\text{三}}}{\text{三差}}\top\frac{\text{徑}^{\text{四}}}{\text{六差}^{\text{二}}}\bot\frac{\text{徑}^{\text{五}}}{\text{三差}^{\text{三}}}\right)\text{天}^{\text{七}}\top\cdots\cdots\\ \top\left(\frac{\text{徑}}{\text{二差}}\top\frac{\text{徑}^{\text{二}}}{\text{七差}^{\text{二}}}\bot\frac{\text{徑}^{\text{三}}}{\text{九差}^{\text{三}}}\top\frac{\text{徑}^{\text{四}}}{\text{五差}^{\text{四}}}\bot\frac{\text{徑}^{\text{五}}}{\text{差}^{\text{五}}}\right)\text{天}^{\text{五}}\top\frac{\text{二}\times\text{三}}{\text{一}}\left(\frac{\text{徑}^{\text{四}}}{\text{六差}^{\text{二}}}\top\frac{\text{徑}^{\text{五}}}{\text{一五差}^{\text{三}}}\bot\frac{\text{徑}^{\text{六}}}{\text{一二差}^{\text{四}}}\top\frac{\text{徑}^{\text{七}}}{\text{三差}^{\text{五}}}\right)\text{天}^{\text{七}}\bot\cdots\cdots\\ \bot\frac{\text{二}\times\text{三}}{\text{一}}\left(\frac{\text{徑}^{\text{三}}}{\text{二差}}\top\frac{\text{徑}^{\text{四}}}{\text{八差}^{\text{二}}}\bot\frac{\text{徑}^{\text{五}}}{\text{一二差}^{\text{三}}}\top\frac{\text{徑}^{\text{六}}}{\text{八差}^{\text{四}}}\bot\frac{\text{徑}^{\text{七}}}{\text{二差}^{\text{五}}}\right)\text{天}^{\text{七}}\bot\cdots\cdots\\ \cdots\cdots\end{array}\right)$$

併之，得下式：

$$\text{地}^{\text{五}}=\text{天}^{\text{五}}\top\left(\frac{\text{徑}}{\text{五差}}\top\frac{\text{徑}^{\text{二}}}{\text{一〇差}^{\text{二}}}\bot\frac{\text{徑}^{\text{三}}}{\text{一〇差}^{\text{三}}}\top\frac{\text{徑}^{\text{四}}}{\text{五差}^{\text{四}}}\bot\frac{\text{徑}^{\text{五}}}{\text{差}^{\text{五}}}\right)\text{天}^{\text{五}}\bot\frac{\text{二}\times\text{三}}{\text{一}}\left(\frac{\text{徑}^{\text{三}}}{\text{五差}}\top\frac{\text{徑}^{\text{四}}}{\text{二〇差}^{\text{二}}}\bot\frac{\text{徑}^{\text{五}}}{\text{三〇差}^{\text{三}}}\top\frac{\text{徑}^{\text{六}}}{\text{二〇差}^{\text{四}}}\bot\frac{\text{徑}^{\text{七}}}{\text{五差}^{\text{五}}}\right)\text{天}^{\text{七}}\top\cdots\cdots$$

爲第四次乘式。以第一次乘式乘之如下：

$$\text{地}^{\text{七}}=\text{天}^{\text{七}}\top\left(\frac{\text{徑}}{\text{七差}}\top\frac{\text{徑}^{\text{二}}}{\text{二一差}^{\text{二}}}\bot\frac{\text{徑}^{\text{三}}}{\text{三五差}^{\text{三}}}\top\frac{\text{徑}^{\text{四}}}{\text{三五差}^{\text{四}}}\bot\frac{\text{徑}^{\text{五}}}{\text{二一差}^{\text{五}}}\top\frac{\text{徑}^{\text{六}}}{\text{七差}^{\text{六}}}\bot\frac{\text{徑}^{\text{七}}}{\text{差}^{\text{七}}}\right)\text{天}^{\text{七}}\bot\cdots\cdots$$

爲第六次乘式。

$$\text{地}^{\text{五}} = \left\{ \begin{array}{l} \text{天}^{\text{五}}\ 丅\left(\frac{\text{徑}}{\text{三差}}\ 丅\ \frac{\text{徑}^{\text{二}}}{\text{三差}^{\text{二}}}\ 丄\ \frac{\text{徑}^{\text{三}}}{\text{差}^{\text{三}}}\right)\text{天}^{\text{五}} \\ \quad 丅\left(\frac{\text{徑}}{\text{二差}}\ 丅\ \frac{\text{徑}^{\text{二}}}{\text{七差}^{\text{二}}}\ 丄\ \frac{\text{徑}^{\text{三}}}{\text{九差}^{\text{三}}}\ 丅\ \frac{\text{徑}^{\text{四}}}{\text{五差}^{\text{四}}}\ 丄\ \frac{\text{徑}^{\text{五}}}{\text{差}^{\text{五}}}\right)\text{天}^{\text{五}} \end{array} \right.$$

下式

$$\text{地}^{\text{五}} = \text{天}^{\text{五}}\ 丅\left(\frac{\text{徑}}{\text{五差}}\ 丅\ \frac{\text{徑}^{\text{二}}}{\text{一〇差}^{\text{二}}}\ 丄\ \frac{\text{徑}^{\text{三}}}{\text{一〇差}^{\text{三}}}\ 丅\ \frac{\text{徑}^{\text{四}}}{\text{五差}^{\text{四}}}\ 丄\ \frac{\text{徑}^{\text{五}}}{\text{差}^{\text{五}}}\right)\text{天}^{\text{五}}$$

一次乘式乘之如下

$$\text{地}^{\text{七}} = \text{天}^{\text{七}}\ 丅\left(\frac{\text{徑}}{\text{七差}}\ 丅\ \frac{\text{徑}^{\text{二}}}{\text{二一差}^{\text{二}}}\ 丄\ \frac{\text{徑}^{\text{三}}}{\text{三五差}^{\text{三}}}\right.$$

次乘式

乃置原式以$\frac{徑}{差}$

$\top\frac{二\times三\times四\times五徑^{六}}{差^{二}天^{五}}\bot\frac{二\times三\times四\times五\times六\times七徑^{八}}{差^{二}天^{七}}\top\cdots\cdots$

以消原式

$\top\frac{二\times三\times四\times五}{一}\left(\frac{徑^{五}}{差}\bot\frac{徑^{六}}{差^{二}}\right)天^{五}\bot\frac{二\times三\times四\times五\times六\times七}{一}\left(\frac{徑^{七}}{差}\bot\frac{徑^{八}}{差^{二}}\right)天^{七}\top\cdots$

爲甲一式再以$\frac{徑^{二}}{差^{二}}$

$\top\frac{二\times三\times四\times五徑^{七}}{差^{三}天^{五}}\bot\frac{二\times三\times四\times五\times六\times七徑^{九}}{差^{三}天^{七}}\top\cdots$

以消甲一

$\top\frac{二\times三\times四\times五}{一}\left(\frac{徑^{五}}{差}\bot\frac{徑^{六}}{差^{二}}\bot\frac{徑^{七}}{差^{三}}\right)天^{五}\bot\frac{二\times三\times四\times五\times六\times七}{一}\left(\frac{徑^{七}}{差}\bot\frac{徑^{八}}{差^{二}}\bot\frac{徑^{九}}{差^{三}}\right)天^{七}\top\cdots$

爲甲二式再以

$\top\frac{二\times三\times四\times五徑^{八}}{差^{四}天^{五}}\bot\frac{二\times三\times四\times五\times六\times七徑^{一〇}}{差^{四}天^{七}}\top\cdots\cdots$

以消甲二

$\top\frac{二\times三\times四\times五}{一}\left(\frac{徑^{五}}{差}\bot\frac{徑^{六}}{差^{二}}\bot\frac{徑^{七}}{差^{三}}\bot\frac{徑^{八}}{差^{四}}\right)天^{五}\bot\frac{二\times三\times四\times五\times六\times七}{一}\left(\frac{徑^{七}}{差}\bot\frac{徑^{八}}{差^{二}}\bot\frac{徑^{九}}{差^{三}}\bot\frac{徑^{一〇}}{差^{四}}\right)天^{七}\top\cdots$

爲甲三式乃細察之設如

乃置原式，以$\frac{徑}{差}$乘之，得下式：

$$\frac{徑}{差地}=\frac{徑}{差天}\top\frac{徑^{二}}{差^{二}天}\bot\frac{二\times三徑^{四}}{差^{二}天^{三}}\top\frac{二\times三\times四\times五徑^{六}}{差^{二}天^{五}}\bot\frac{二\times三\times四\times五\times六\times七徑^{八}}{差^{二}天^{七}}\top\cdots\cdots$$

以消原式，得式如下：

$$地\bot\frac{徑}{差地}=天\top\frac{徑^{二}}{差^{二}天}\bot\frac{二\times三}{一}\left(\frac{徑^{三}}{差}\bot\frac{徑^{四}}{差^{二}}\right)天^{三}\top\frac{二\times三\times四\times五}{一}\left(\frac{徑^{五}}{差}\bot\frac{徑^{六}}{差^{二}}\right)天^{五}\bot\frac{二\times三\times四\times五\times六\times七}{一}\left(\frac{徑^{七}}{差}\bot\frac{徑^{八}}{差^{二}}\right)天^{七}\top\cdots\cdots$$

爲甲一式，再以$\frac{徑^{二}}{差^{二}}$乘原式，得下式：

$$\frac{徑^{二}}{差^{二}地}=\frac{徑^{二}}{差^{二}天}\top\frac{徑^{三}}{差^{三}天}\bot\frac{二\times三徑^{五}}{差^{三}天^{三}}\top\frac{二\times三\times四\times五徑^{七}}{差^{三}天^{五}}\bot\frac{二\times三\times四\times五\times六\times七徑^{九}}{差^{三}天^{七}}\top\cdots\cdots$$

以消甲一式，得下式，

$$地\bot\frac{徑}{差地}\bot\frac{徑^{二}}{差^{二}地}=天\top\frac{徑^{三}}{差^{三}天}\bot\frac{二\times三}{一}\left(\frac{徑^{三}}{差}\bot\frac{徑^{四}}{差^{二}}\bot\frac{徑^{五}}{差^{三}}\right)天^{三}\top\frac{二\times三\times四\times五}{一}\left(\frac{徑^{五}}{差}\bot\frac{徑^{六}}{差^{二}}\bot\frac{徑^{七}}{差^{三}}\right)天^{五}\bot\frac{二\times三\times四\times五\times六\times七}{一}\left(\frac{徑^{七}}{差}\bot\frac{徑^{八}}{差^{二}}\bot\frac{徑^{九}}{差^{三}}\right)天^{七}\top\cdots\cdots$$

乘之得下式

$$\frac{徑}{差地}=\frac{徑}{差天}\top\frac{徑^{二}}{差^{二}天}\perp\frac{二\times三徑^{四}}{差^{二}天^{三}}$$

得式如下

$$地\perp\frac{徑}{差地}=天\top\frac{徑^{二}}{差^{二}天}\perp\frac{二\times三}{一}\left(\frac{徑^{三}}{差}\perp\frac{徑^{四}}{差^{二}}\right)天^{三}$$

乘原式得下式

$$\frac{徑^{二}}{差^{二}地}=\frac{徑^{二}}{差^{二}天}\top\frac{徑^{三}}{差^{三}天}\perp\frac{二\times三徑^{五}}{差^{三}天^{三}}$$

式得下式

$$地\perp\frac{徑}{差地}\perp\frac{徑^{二}}{差^{二}地}=天\top\frac{徑^{三}}{差^{三}天}\perp\frac{二\times三}{一}\left(\frac{徑^{三}}{差}\perp\frac{徑^{四}}{差^{二}}\perp\frac{徑^{五}}{差^{三}}\right)天^{三}$$

$\frac{徑^{三}}{差^{三}}$乘原式如下

$$\frac{徑^{三}}{差^{三}地}=\frac{徑^{三}}{差^{三}天}\top\frac{徑^{四}}{差^{四}天}\perp\frac{二\times三徑^{六}}{差^{四}天^{三}}$$

式得下式

$$地\perp\left(\frac{徑}{差}\perp\frac{徑^{二}}{差^{二}}\perp\frac{徑^{三}}{差^{三}}\right)地=天\top\frac{徑^{四}}{差^{四}天}\perp\frac{二\times三}{一}\left(\frac{徑^{三}}{差}\perp\frac{徑^{四}}{差^{二}}\perp\frac{徑^{五}}{差^{三}}\perp\frac{徑^{六}}{差^{四}}\right)天^{三}$$

此消至無窮必得左式

爲甲二式，再以$\frac{徑^{三}}{差^{三}}$乘原式如下：

$$\frac{徑^{三}}{差^{三}地}=\frac{徑^{三}}{差^{三}天}\top\frac{徑^{四}}{差^{四}天}\perp\frac{二\times三徑^{六}}{差^{四}天^{三}}\top\frac{二\times三\times四\times五徑^{八}}{差^{四}天^{五}}\perp\frac{二\times三\times四\times五\times六\times七徑^{一〇}}{差^{四}天^{七}}\top\cdots\cdots$$

以消甲二式，得下式：

$$地\perp\left(\frac{徑}{差}\perp\frac{徑^{二}}{差^{二}}\perp\frac{徑^{三}}{差^{三}}\right)地=天\top\frac{徑^{四}}{差^{四}天}\perp\frac{二\times三}{一}\left(\frac{徑^{三}}{差}\perp\frac{徑^{四}}{差^{二}}\perp\frac{徑^{五}}{差^{三}}\perp\frac{徑^{六}}{差^{四}}\right)天^{三}\top\frac{二\times三\times四\times五}{一}\left(\frac{徑^{五}}{差}\perp\frac{徑^{六}}{差^{二}}\perp\frac{徑^{七}}{差^{三}}\perp\frac{徑^{八}}{差^{四}}\right)天^{五}\perp\frac{二\times三\times四\times五\times六\times七}{一}\left(\frac{徑^{七}}{差}\perp\frac{徑^{八}}{差^{二}}\perp\frac{徑^{九}}{差^{三}}\perp\frac{徑^{一〇}}{差^{四}}\right)天^{七}\top\cdots\cdots$$

爲甲三式。乃細察之，設如此消至無窮，必得左式：

是謂

乃

乃置第二次乘式以

通分消甲

為乙一式再置第二次乘

通分以消乙

$$\text{地}\perp\left(\frac{\text{徑}}{\text{差}}\perp\frac{\text{徑}^{\text{二}}}{\text{差}^{\text{二}}}\perp\frac{\text{徑}^{\text{三}}}{\text{差}^{\text{三}}}\perp\frac{\text{徑}^{\text{四}}}{\text{差}^{\text{四}}}\perp\cdots\cdots\right)\text{地}=\text{天}\perp\frac{\text{二}\times\text{三}}{\text{一}}\left(\frac{\text{徑}^{\text{三}}}{\text{差}}\perp\frac{\text{徑}^{\text{四}}}{\text{差}^{\text{二}}}\perp\frac{\text{徑}^{\text{五}}}{\text{差}^{\text{三}}}\perp\frac{\text{徑}^{\text{六}}}{\text{差}^{\text{四}}}\perp\frac{\text{徑}^{\text{七}}}{\text{差}^{\text{五}}}\perp\cdots\cdots\right)\text{天}^{\text{三}}\top\frac{\text{二}\times\text{三}\times\text{四}\times\text{五}}{\text{一}}\left(\frac{\text{徑}^{\text{五}}}{\text{差}}\perp\frac{\text{徑}^{\text{六}}}{\text{差}^{\text{二}}}\perp\frac{\text{徑}^{\text{七}}}{\text{差}^{\text{三}}}\perp\frac{\text{徑}^{\text{八}}}{\text{差}^{\text{四}}}\perp\frac{\text{徑}^{\text{九}}}{\text{差}^{\text{五}}}\perp\cdots\cdots\right)\text{天}^{\text{五}}\perp\frac{\text{二}\times\text{三}\times\text{四}\times\text{五}\times\text{六}\times\text{七}}{\text{一}}\left(\frac{\text{徑}^{\text{七}}}{\text{差}}\perp\frac{\text{徑}^{\text{八}}}{\text{差}^{\text{二}}}\perp\frac{\text{徑}^{\text{九}}}{\text{差}^{\text{三}}}\perp\frac{\text{徑}^{\text{一〇}}}{\text{差}^{\text{四}}}\perp\frac{\text{徑}^{\text{一一}}}{\text{差}^{\text{五}}}\perp\cdots\right)\text{天}^{\text{七}}\top\cdots\cdots$$

是謂甲式。乃令

$$\left(\frac{\text{徑}}{\text{差}}\perp\frac{\text{徑}^{\text{二}}}{\text{差}^{\text{二}}}\perp\frac{\text{徑}^{\text{三}}}{\text{差}^{\text{三}}}\perp\frac{\text{徑}^{\text{四}}}{\text{差}^{\text{四}}}\perp\cdots\cdots\right)=\text{甲}$$

乃置第二次乘式，以$\frac{\text{二}\times\text{三徑}^{\text{三}}}{\text{差}}$乘之，得式如下：

$$\frac{\text{二}\times\text{三徑}^{\text{三}}}{\text{差地}^{\text{三}}}=\frac{\text{二}\times\text{三}}{\text{一}}\left(\frac{\text{徑}^{\text{三}}}{\text{差}}\top\frac{\text{徑}^{\text{四}}}{\text{三差}^{\text{二}}}\perp\frac{\text{徑}^{\text{五}}}{\text{三差}^{\text{三}}}\top\frac{\text{徑}^{\text{六}}}{\text{差}^{\text{四}}}\right)\text{天}^{\text{三}}\perp\frac{\text{二}\times\text{三}\times\text{二}\times\text{三}}{\text{一}}\left(\frac{\text{徑}^{\text{六}}}{\text{三差}^{\text{二}}}\top\frac{\text{徑}^{\text{七}}}{\text{六差}^{\text{三}}}\perp\frac{\text{徑}^{\text{八}}}{\text{三差}^{\text{四}}}\right)\text{天}^{\text{五}}\top\frac{\text{二}\times\text{三}\times\text{二}\times\text{三}\times\text{四}\times\text{五}}{\text{一}}\left(\frac{\text{徑}^{\text{八}}}{\text{三差}^{\text{二}}}\top\frac{\text{徑}^{\text{九}}}{\text{一六差}^{\text{三}}}\perp\frac{\text{徑}^{\text{一〇}}}{\text{一三差}^{\text{四}}}\right)\text{天}^{\text{七}}\perp\cdots\cdots$$

通分消甲式，得下式：

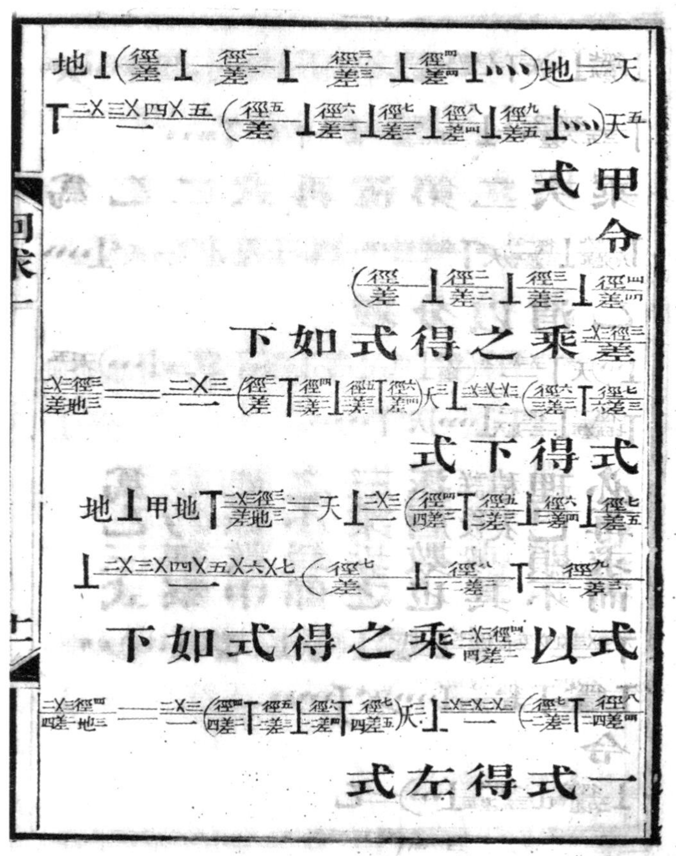

$$地\bot甲地\top\frac{二\times三徑^{三}}{差地^{三}}=天\bot\frac{二\times三}{一}\left(\frac{徑^{三}}{四差^{二}}\top\frac{徑^{五}}{二差^{三}}\bot\frac{徑^{六}}{二差^{四}}\bot\frac{徑^{七}}{差^{五}}\bot\cdots\right)天^{三}\top\frac{二\times三\times四\times五}{一}\left(\frac{徑^{五}}{差}\bot\frac{徑^{六}}{一一差^{二}}\top\frac{徑^{七}}{一九差^{三}}\bot\frac{徑^{八}}{一一差^{四}}\bot\frac{徑^{九}}{差^{五}}\bot\cdots\cdots\right)天^{五}\bot\frac{二\times三\times四\times五\times六\times七}{一}\left(\frac{徑^{七}}{差}\bot\frac{徑^{八}}{二二差^{二}}\top\frac{徑^{九}}{一一一差^{三}}\bot\frac{徑^{一〇}}{九二差^{四}}\bot\frac{徑^{一一}}{差^{五}}\bot\cdots\right)天^{七}\top\cdots\cdots$$

爲乙一式。再置第二次乘式，以 $\frac{二\times三徑^{四}}{四差^{二}}$ 乘之，得式如下：

$$\frac{二\times三徑^{四}}{四差^{二}地^{三}}=\frac{二\times三}{一}\left(\frac{徑^{四}}{四差^{二}}\top\frac{徑^{五}}{一二差^{三}}\bot\frac{徑^{六}}{一二差^{四}}\top\frac{徑^{七}}{四差^{五}}\right)天^{三}\bot\frac{二\times三\times二\times三}{一}\left(\frac{徑^{七}}{一二差^{三}}\top\frac{徑^{八}}{二四差^{四}}\bot\frac{徑^{九}}{一二差^{五}}\right)天^{五}\top\frac{二\times三\times二\times三\times四\times五}{一}\left(\frac{徑^{九}}{一二差^{三}}\top\frac{徑^{一〇}}{六四差^{四}}\bot\frac{徑^{一一}}{五二差^{五}}\right)天^{七}\bot\cdots\cdots$$

通分以消乙一式，得左式：

$\perp\frac{\text{徑}^{\text{七}}}{\text{五差}^{\text{五}}}\perp\cdots)\text{天}^{\text{三}}\top\frac{\text{二}\times\text{三}\times\text{四}\times\text{五}}{\text{一}}\left(\frac{\text{徑}^{\text{五}}}{\text{差}}\perp\frac{\text{徑}^{\text{六}}}{\text{一一差}^{\text{二}}}\perp\frac{\text{徑}^{\text{七}}}{\text{二一差}^{\text{三}}}\top\frac{\text{徑}^{\text{八}}}{\text{六九差}^{\text{四}}}\perp\frac{\text{徑}^{\text{九}}}{\text{四一差}^{\text{五}}}\perp\cdots\right)\text{天}^{\text{五}}$

$\top\frac{\text{徑}^{\text{一〇}}}{\text{三五六差}^{\text{四}}}\perp\frac{\text{徑}^{\text{一一}}}{\text{三六五差}^{\text{四}}}\perp\cdots)\text{天}^{\text{七}}\top\cdots$

爲乙二式再置第二次乘

$\top\frac{\text{徑}^{\text{九}}}{\text{六〇差}^{\text{五}}}\perp\frac{\text{徑}^{\text{一〇}}}{\text{三〇差}^{\text{六}}})\text{天}^{\text{五}}\top\frac{\text{二}\times\text{三}\times\text{二}\times\text{三}\times\text{四}\times\text{五}}{\text{一}}\left(\frac{\text{徑}^{\text{一〇}}}{\text{三〇差}^{\text{四}}}\top\frac{\text{徑}^{\text{一一}}}{\text{一六〇差}^{\text{五}}}\perp\frac{\text{徑}^{\text{一二}}}{\text{一三〇差}^{\text{六}}}\right)\text{天}^{\text{七}}\perp\cdots$

通分以消乙

$\perp\cdots)\text{天}^{\text{三}}\top\frac{\text{二}\times\text{三}\times\text{四}\times\text{五}}{\text{一}}\left(\frac{\text{徑}^{\text{五}}}{\text{差}}\perp\frac{\text{徑}^{\text{六}}}{\text{一一差}^{\text{二}}}\perp\frac{\text{徑}^{\text{七}}}{\text{二一差}^{\text{三}}}\perp\frac{\text{徑}^{\text{八}}}{\text{三一差}^{\text{四}}}\top\frac{\text{徑}^{\text{九}}}{\text{一五九差}^{\text{五}}}\perp\cdots\right)\text{天}^{\text{五}}$

$\top\frac{\text{徑}^{\text{一一}}}{\text{七五五差}^{\text{五}}}\perp\frac{\text{徑}^{\text{一二}}}{\text{一三一差}^{\text{六}}}\perp\cdots)\text{天}^{\text{七}}\top\cdots$

爲乙三式。○乃細察地三係數中之小級卽三乘垜之逐層數也（詳後垜積表），理已顯，不必再求而

$\top\frac{\text{二}\times\text{三}\times\text{四}\times\text{五}}{\text{一}}\left(\frac{\text{徑}^{\text{五}}}{\text{差}}\perp\frac{\text{徑}^{\text{六}}}{\text{一一差}^{\text{二}}}\perp\frac{\text{徑}^{\text{七}}}{\text{二一差}^{\text{三}}}\perp\frac{\text{徑}^{\text{八}}}{\text{三一差}^{\text{四}}}\perp\cdots\right)\text{天}^{\text{五}}$

$\top\frac{\text{徑}^{\text{九}}}{\text{三七差}^{\text{三}}}\top\frac{\text{徑}^{\text{一〇}}}{\text{一四六差}^{\text{四}}}\top\cdots)\text{天}^{\text{七}}\top\cdots$

令

$\perp\frac{\text{徑}^{\text{六}}}{\text{二〇差}^{\text{四}}}\perp\frac{\text{徑}^{\text{七}}}{\text{三五差}^{\text{五}}}\perp\cdots)=\text{乙}$

1 差五，底本誤作“差四”，今校改。

$$\text{地}\perp\text{甲地}\top\frac{\text{二}\times\text{三}}{\text{一}}\left(\frac{\text{徑}^{\text{三}}}{\text{差}}\perp\frac{\text{徑}^{\text{四}}}{\text{四差}^{\text{二}}}\right)\text{地}^{\text{三}}=\text{天}\perp\frac{\text{二}\times\text{三}}{\text{一}}\left(\frac{\text{徑}^{\text{五}}}{\text{一〇差}^{\text{三}}}\top\frac{\text{徑}^{\text{六}}}{\text{一〇差}^{\text{四}}}\perp\frac{\text{徑}^{\text{七}}}{\text{五差}^{\text{五}}}\perp\cdots\right)\text{天}^{\text{三}}\top\frac{\text{二}\times\text{三}\times\text{四}\times\text{五}}{\text{一}}\left(\frac{\text{徑}^{\text{五}}}{\text{差}}\perp\frac{\text{徑}^{\text{六}}}{\text{一一差}^{\text{二}}}\perp\frac{\text{徑}^{\text{七}}}{\text{二一差}^{\text{三}}}\top\frac{\text{徑}^{\text{八}}}{\text{六九差}^{\text{四}}}\perp\frac{\text{徑}^{\text{九}}}{\text{四一差}^{\text{五}}}\perp\cdots\right)\text{天}^{\text{五}}\perp\frac{\text{二}\times\text{三}\times\text{四}\times\text{五}\times\text{六}\times\text{七}}{\text{一}}\left(\frac{\text{徑}^{\text{七}}}{\text{差}}\perp\frac{\text{徑}^{\text{八}}}{\text{二二差}^{\text{二}}}\top\frac{\text{徑}^{\text{九}}}{\text{二七差}^{\text{三}}}\top\frac{\text{徑}^{\text{一〇}}}{\text{三五六差}^{\text{四}}}\perp\frac{\text{徑}^{\text{一一}}}{\text{三六五差}^{\text{五}}\text{[1]}}\perp\cdots\right)\text{天}^{\text{七}}\top\cdots$$

爲乙二式。再置第二次乘式，以乘 $\frac{\text{二}\times\text{三徑}^{\text{五}}}{\text{一〇差}^{\text{三}}}$ ，其得式如下：

$$\frac{\text{二}\times\text{三徑}^{\text{五}}}{\text{一〇差}^{\text{三}}\text{地}^{\text{三}}}=\frac{\text{二}\times\text{三}}{\text{一}}\left(\frac{\text{徑}^{\text{五}}}{\text{一〇差}^{\text{三}}}\top\frac{\text{徑}^{\text{六}}}{\text{三〇差}^{\text{四}}}\perp\frac{\text{徑}^{\text{七}}}{\text{三〇差}^{\text{五}}}\top\frac{\text{徑}^{\text{八}}}{\text{一〇差}^{\text{六}}}\right)\text{天}^{\text{三}}\perp\frac{\text{二}\times\text{三}\times\text{二}\times\text{三}}{\text{一}}\left(\frac{\text{徑}^{\text{八}}}{\text{三〇差}^{\text{四}}}\top\frac{\text{徑}^{\text{九}}}{\text{六〇差}^{\text{五}}}\perp\frac{\text{徑}^{\text{一〇}}}{\text{三〇差}^{\text{六}}}\right)\text{天}^{\text{五}}\top\frac{\text{二}\times\text{三}\times\text{二}\times\text{三}\times\text{四}\times\text{五}}{\text{一}}\left(\frac{\text{徑}^{\text{一〇}}}{\text{三〇差}^{\text{四}}}\top\frac{\text{徑}^{\text{一一}}}{\text{一六〇差}^{\text{五}}}\perp\frac{\text{徑}^{\text{一二}}}{\text{一三〇差}^{\text{六}}}\right)\text{天}^{\text{七}}\perp\cdots$$

通分以消乙二式，得下式：

$$\text{地}\perp\text{甲地}\top\frac{\text{二}\times\text{三}}{\text{一}}\left(\frac{\text{徑}^{\text{三}}}{\text{差}}\perp\frac{\text{徑}^{\text{四}}}{\text{四差}^{\text{二}}}\perp\frac{\text{徑}^{\text{五}}}{\text{一〇差}^{\text{三}}}\right)\text{地}^{\text{三}}=\text{天}\perp\frac{\text{二}\times\text{三}}{\text{一}}\left(\frac{\text{徑}^{\text{六}}}{\text{二〇差}^{\text{四}}}\top\frac{\text{徑}^{\text{七}}}{\text{二五差}^{\text{五}}}\perp\frac{\text{徑}^{\text{八}}}{\text{一一差}^{\text{六}}}\perp\cdots\right)\text{天}^{\text{三}}\top\frac{\text{二}\times\text{三}\times\text{四}\times\text{五}}{\text{一}}\left(\frac{\text{徑}^{\text{五}}}{\text{差}}\perp\frac{\text{徑}^{\text{六}}}{\text{一一差}^{\text{二}}}\perp\frac{\text{徑}^{\text{七}}}{\text{二一差}^{\text{三}}}\perp\frac{\text{徑}^{\text{八}}}{\text{三一差}^{\text{四}}}\top\frac{\text{徑}^{\text{九}}}{\text{一五九差}^{\text{五}}}\perp\cdots\right)\text{天}^{\text{五}}\perp\frac{\text{二}\times\text{三}\times\text{四}\times\text{五}\times\text{六}\times\text{七}}{\text{一}}\left(\frac{\text{徑}^{\text{七}}}{\text{差}}\perp\frac{\text{徑}^{\text{八}}}{\text{二二差}^{\text{二}}}\top\frac{\text{徑}^{\text{九}}}{\text{二七差}^{\text{三}}}\top\frac{\text{徑}^{\text{一〇}}}{\text{一四六差}^{\text{四}}}\top\frac{\text{徑}^{\text{一一}}}{\text{七五五差}^{\text{五}}}\perp\frac{\text{徑}^{\text{一二}}}{\text{一三一差}^{\text{六}}}\perp\cdots\right)\text{天}^{\text{七}}\top\cdots$$

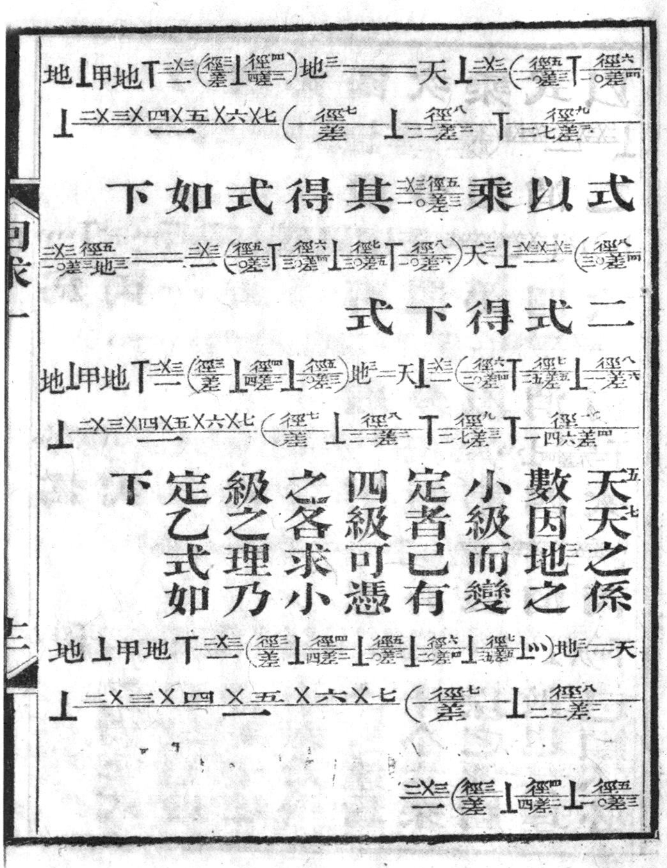

爲乙三式。乃細察地^{三}係數中之小級，即三乘垜之逐層數也。詳後垜積表。其理已顯，不必再求。而天^{五}、天^{七}之係數，因地^{三}之小級而變。定者已有四級，可憑之各求小級之理，乃定乙式如下：

$$\text{地}\perp\text{甲地}\top\frac{\text{二}\times\text{三}}{\text{一}}\left(\frac{\text{徑}^{\text{三}}}{\text{差}}\perp\frac{\text{徑}^{\text{四}}}{\text{四差}^{\text{二}}}\perp\frac{\text{徑}^{\text{五}}}{\text{一〇差}^{\text{三}}}\perp\frac{\text{徑}^{\text{六}}}{\text{二〇差}^{\text{四}}}\perp\frac{\text{徑}^{\text{七}}}{\text{三五差}^{\text{五}}}\perp\cdots\right)\text{地}^{\text{三}}=\text{天}\top\frac{\text{二}\times\text{三}\times\text{四}\times\text{五}}{\text{一}}\left(\frac{\text{徑}^{\text{五}}}{\text{差}}\perp\frac{\text{徑}^{\text{六}}}{\text{一一差}^{\text{二}}}\perp\frac{\text{徑}^{\text{七}}}{\text{二一差}^{\text{三}}}\perp\frac{\text{徑}^{\text{八}}}{\text{三一差}^{\text{四}}}\perp\cdots\right)\text{天}^{\text{五}}\perp\frac{\text{二}\times\text{三}\times\text{四}\times\text{五}\times\text{六}\times\text{七}}{\text{一}}\left(\frac{\text{徑}^{\text{七}}}{\text{差}}\perp\frac{\text{徑}^{\text{八}}}{\text{二二差}^{\text{二}}}\top\frac{\text{徑}^{\text{九}}}{\text{二七差}^{\text{三}}}\top\frac{\text{徑}^{\text{一〇}}}{\text{一四六差}^{\text{四}}}\top\cdots\right)\text{天}^{\text{七}}\top\cdots\cdots$$

令

$$\frac{\text{二}\times\text{三}}{\text{一}}\left(\frac{\text{徑}^{\text{三}}}{\text{差}}\perp\frac{\text{徑}^{\text{四}}}{\text{四差}^{\text{二}}}\perp\frac{\text{徑}^{\text{五}}}{\text{一〇差}^{\text{三}}}\perp\frac{\text{徑}^{\text{六}}}{\text{二〇差}^{\text{四}}}\perp\frac{\text{徑}^{\text{七}}}{\text{三五差}^{\text{五}}}\perp\cdots\cdots\right)=\text{乙}$$

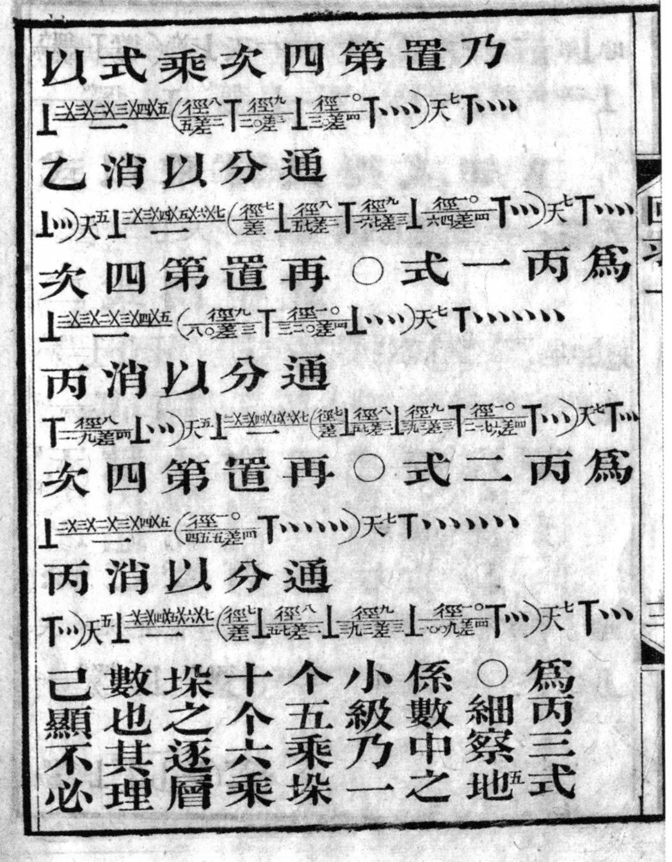
乃置第四次乘式以

乙消以分通

爲丙一式〇再置第四次

丙消以分通

爲丙二式〇再置第四次

丙消以分通

爲丙三式〇細察地五之係數中乃一小級五乘垛十个六乘垛之逐層數也其理已顯不必

乃置第四次乘式，以 $\frac{\text{二}\times\text{三}\times\text{四}\times\text{五徑}^{\text{五}}}{\text{差}}$ 乘之，得式如下：

$$\frac{\text{二}\times\text{三}\times\text{四}\times\text{五徑}^{\text{五}}}{\text{差地}^{\text{五}}}=\frac{\text{二}\times\text{三}\times\text{四}\times\text{五}}{\text{一}}\left(\frac{\text{徑}^{\text{五}}}{\text{差}}\top\frac{\text{徑}^{\text{六}}}{\text{五差}^{\text{二}}}\perp\frac{\text{徑}^{\text{七}}}{\text{一〇差}^{\text{三}}}\top\frac{\text{徑}^{\text{八}}}{\text{一〇差}^{\text{四}}}\perp\cdots\right)\text{天}^{\text{五}}\perp\frac{\text{二}\times\text{三}\times\text{二}\times\text{三}\times\text{四}\times\text{五}}{\text{一}}\left(\frac{\text{徑}^{\text{八}}}{\text{五差}^{\text{二}}}\top\frac{\text{徑}^{\text{九}}}{\text{二〇差}^{\text{三}}}\perp\frac{\text{徑}^{\text{一〇}}}{\text{三〇差}^{\text{四}}}\top\cdots\right)\text{天}^{\text{七}}\top\cdots\cdots$$

通分以消乙式，得下式：

$$\text{地}\perp\text{甲地}\top\text{乙地}^{\text{二}}\perp\frac{\text{二}\times\text{三}\times\text{四}\times\text{五徑}^{\text{五}}}{\text{差地}^{\text{五}}}=\text{天}\top\frac{\text{二}\times\text{三}\times\text{四}\times\text{五}}{\text{一}}\left(\frac{\text{徑}^{\text{六}}}{\text{一六差}^{\text{二}}}\perp\frac{\text{徑}^{\text{七}}}{\text{一一差}^{\text{三}}}\perp\frac{\text{徑}^{\text{八}}}{\text{四一差}^{\text{四}}}\perp\cdots\right)\text{天}^{\text{五}}\perp\frac{\text{二}\times\text{三}\times\text{四}\times\text{五}\times\text{六}\times\text{七}}{\text{一}}\left(\frac{\text{徑}^{\text{七}}}{\text{差}}\perp\frac{\text{徑}^{\text{八}}}{\text{五七差}^{\text{二}}}\top\frac{\text{徑}^{\text{九}}}{\text{一六七差}^{\text{三}}}\perp\frac{\text{徑}^{\text{一〇}}}{\text{六四差}^{\text{四}}}\top\cdots\right)\text{天}^{\text{七}}\top\cdots\cdots$$

爲丙一式。再置第四次乘式，以 $\frac{\text{二}\times\text{三}\times\text{四}\times\text{五徑}^{\text{六}}}{\text{一六差}^{\text{二}}}$ 乘之，得式如下：

$$\frac{\text{二}\times\text{三}\times\text{四}\times\text{五徑}^{\text{六}}}{\text{一六差}^{\text{二}}\text{地}^{\text{五}}}=\frac{\text{二}\times\text{三}\times\text{四}\times\text{五}}{\text{一}}\left(\frac{\text{徑}^{\text{六}}}{\text{一六差}^{\text{二}}}\top\frac{\text{徑}^{\text{七}}}{\text{八〇差}^{\text{三}}}\perp\frac{\text{徑}^{\text{八}}}{\text{一六〇差}^{\text{四}}}\perp\cdots\right)\text{天}^{\text{五}}\perp\frac{\text{二}\times\text{三}\times\text{二}\times\text{三}\times\text{四}\times\text{五}}{\text{一}}\left(\frac{\text{徑}^{\text{九}}}{\text{八〇差}^{\text{三}}}\top\frac{\text{徑}^{\text{一〇}}}{\text{三二〇差}^{\text{四}}}\perp\cdots\right)\text{天}^{\text{七}}\top\cdots\cdots$$

通分以消丙一式，得下式：

$$\text{地}\perp\text{甲地}\top\text{乙地}^{\text{三}}\perp\frac{\text{二}\times\text{三}\times\text{四}\times\text{五}}{\text{一}}\left(\frac{\text{徑}^{\text{五}}}{\text{差}}\perp\frac{\text{徑}^{\text{六}}}{\text{一六差}^{\text{二}}}\right)\text{地}^{\text{五}}=\text{天}\top\frac{\text{二}\times\text{三}\times\text{四}\times\text{五}}{\text{一}}\left(\frac{\text{徑}^{\text{七}}}{\text{九一差}^{\text{三}}}\top\frac{\text{徑}^{\text{八}}}{\text{一一九差}^{\text{四}}}\perp\cdots\right)\text{天}^{\text{五}}\perp\frac{\text{二}\times\text{三}\times\text{四}\times\text{五}\times\text{六}\times\text{七}}{\text{一}}\left(\frac{\text{徑}^{\text{七}}}{\text{差}}\perp\frac{\text{徑}^{\text{八}}}{\text{五七差}^{\text{二}}}\perp\frac{\text{徑}^{\text{九}}}{\text{三九三差}^{\text{三}}}\top\frac{\text{徑}^{\text{一〇}}}{\text{二一七六差}^{\text{四}}}\top\cdots\right)\text{天}^{\text{七}}\top\cdots\cdots$$

爲丙二式。再置第四次乘式，以 $\frac{\text{二}\times\text{三}\times\text{四}\times\text{五徑}^{\text{七}}}{\text{九一差}^{\text{三}}}$ 乘之，得式如下：

$$\frac{\text{二}\times\text{三}\times\text{四}\times\text{五徑}^{\text{七}}}{\text{九一差}^{\text{三}}\text{地}^{\text{五}}}=\frac{\text{二}\times\text{三}\times\text{四}\times\text{五}}{\text{一}}\left(\frac{\text{徑}^{\text{七}}}{\text{九一差}^{\text{三}}}\top\frac{\text{徑}^{\text{八}}}{\text{四五五差}^{\text{四}}}\perp\cdots\right)\text{天}^{\text{五}}\perp\frac{\text{二}\times\text{三}\times\text{二}\times\text{三}\times\text{四}\times\text{五}}{\text{一}}\left(\frac{\text{徑}^{\text{一〇}}}{\text{四五五差}^{\text{四}}}\top\cdots\right)\text{天}^{\text{七}}\top\cdots\cdots$$

通分以消丙二式，得下式：

$$\text{地}\perp\text{甲地}\top\text{乙地}^{\text{三}}\perp\frac{\text{二}\times\text{三}\times\text{四}\times\text{五}}{\text{一}}\left(\frac{\text{徑}^{\text{五}}}{\text{差}}\perp\frac{\text{徑}^{\text{六}}}{\text{一六差}^{\text{二}}}\perp\frac{\text{徑}^{\text{七}}}{\text{九一差}^{\text{三}}}\right)\text{地}^{\text{五}}=\text{天}\top\frac{\text{二}\times\text{三}\times\text{四}\times\text{五}}{\text{一}}\left(\frac{\text{徑}^{\text{八}}}{\text{三三六差}^{\text{四}}}\top\cdots\right)\text{天}^{\text{五}}\perp\frac{\text{二}\times\text{三}\times\text{四}\times\text{五}\times\text{六}\times\text{七}}{\text{一}}\left(\frac{\text{徑}^{\text{七}}}{\text{差}}\perp\frac{\text{徑}^{\text{八}}}{\text{五七差}^{\text{二}}}\perp\frac{\text{徑}^{\text{九}}}{\text{三九三差}^{\text{三}}}\perp\frac{\text{徑}^{\text{一〇}}}{\text{一〇〇九差}^{\text{四}}}\top\cdots\right)\text{天}^{\text{七}}\top\cdots$$

爲丙三式。細察地^{五}係數中之小級，乃一个五乘垛、十个六乘垛之逐層數也。其理已顯，不必再求。而天^{七}之係數，因地^{五}之小級而變。定者已有四級，可憑之以求地^{七}小級之理，乃定丙式如左：

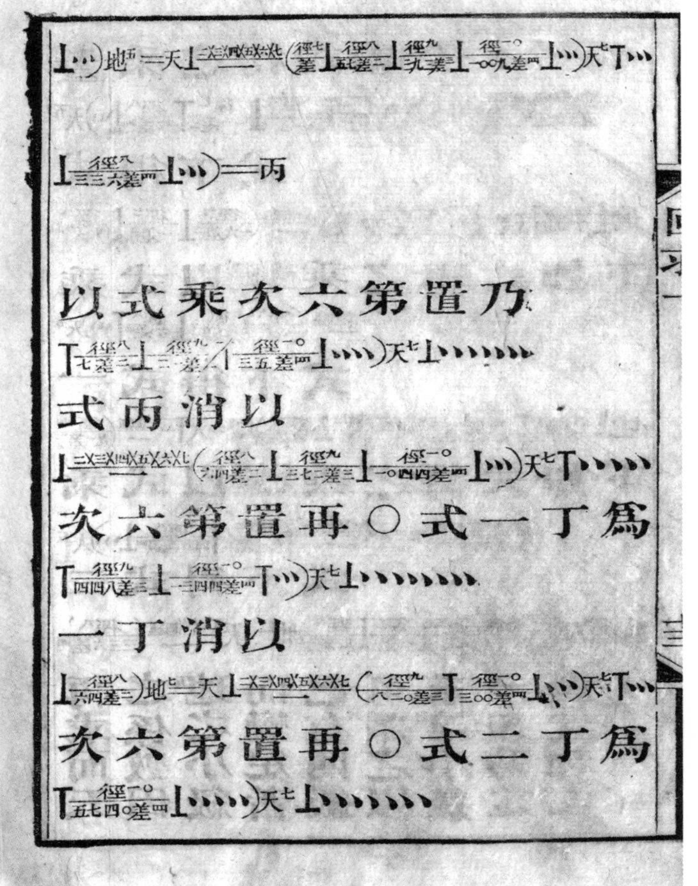

$$\text{地}\perp\text{甲地}\top\text{乙地}^{\text{三}}\perp\frac{\text{二}\times\text{三}\times\text{四}\times\text{五}}{\text{一}}\left(\frac{\text{徑}^{\text{五}}}{\text{差}}\perp\frac{\text{徑}^{\text{六}}}{\text{一六差}^{\text{二}}}\perp\frac{\text{徑}^{\text{七}}}{\text{九一差}^{\text{三}}}\perp\frac{\text{徑}^{\text{八}}}{\text{三三六差}^{\text{四}}}\perp\cdots\right)\text{地}^{\text{五}}=\text{天}\perp\frac{\text{二}\times\text{三}\times\text{四}\times\text{五}\times\text{六}\times\text{七}}{\text{一}}\left(\frac{\text{徑}^{\text{七}}}{\text{差}}\perp\frac{\text{徑}^{\text{八}}}{\text{五七差}^{\text{二}}}\perp\frac{\text{徑}^{\text{九}}}{\text{三九三差}^{\text{三}}}\perp\frac{\text{徑}^{\text{一〇}}}{\text{一〇〇九差}^{\text{四}}}\perp\cdots\right)\text{天}^{\text{七}}\top\cdots\cdots$$

令

$$\frac{\text{二}\times\text{三}\times\text{四}\times\text{五}}{\text{一}}\left(\frac{\text{徑}^{\text{五}}}{\text{差}}\perp\frac{\text{徑}^{\text{六}}}{\text{一六差}^{\text{二}}}\perp\frac{\text{徑}^{\text{七}}}{\text{九一差}^{\text{三}}}\perp\frac{\text{徑}^{\text{八}}}{\text{三三六差}^{\text{四}}}\perp\cdots\right)=\text{丙}$$

乃置第六次乘式，以$\frac{\text{二}\times\text{三}\times\text{四}\times\text{五}\times\text{六}\times\text{七徑}^{\text{七}}}{\text{差}}$乘之，得式如下：

$$\frac{\text{二}\times\text{三}\times\text{四}\times\text{五}\times\text{六}\times\text{七徑}^{\text{七}}}{\text{差地}^{\text{七}}}=\frac{\text{二}\times\text{三}\times\text{四}\times\text{五}\times\text{六}\times\text{七}}{\text{一}}\left(\frac{\text{徑}^{\text{七}}}{\text{差}}\top\frac{\text{徑}^{\text{八}}}{\text{七差}^{\text{二}}}\perp\frac{\text{徑}^{\text{九}}}{\text{二一差}^{\text{三}}}\top\frac{\text{徑}^{\text{一〇}}}{\text{三五差}^{\text{四}}}\perp\cdots\right)\text{天}^{\text{七}}\perp\cdots\cdots$$

以消丙式，得下式：

$$\text{地}\perp\text{甲地}\top\text{乙地}^{\text{三}}\perp\text{丙地}^{\text{五}}\top\frac{\text{二}\times\text{三}\times\text{四}\times\text{五}\times\text{六}\times\text{七徑}^{\text{七}}}{\text{差地}^{\text{七}}}=\text{天}\perp\frac{\text{二}\times\text{三}\times\text{四}\times\text{五}\times\text{六}\times\text{七}}{\text{一}}\left(\frac{\text{徑}^{\text{八}}}{\text{六四差}^{\text{二}}}\perp\frac{\text{徑}^{\text{九}}}{\text{三七二差}^{\text{三}}}\perp\frac{\text{徑}^{\text{一〇}}}{\text{一〇四四差}^{\text{四}}}\perp\cdots\right)\text{天}^{\text{七}}\top\cdots\cdots$$

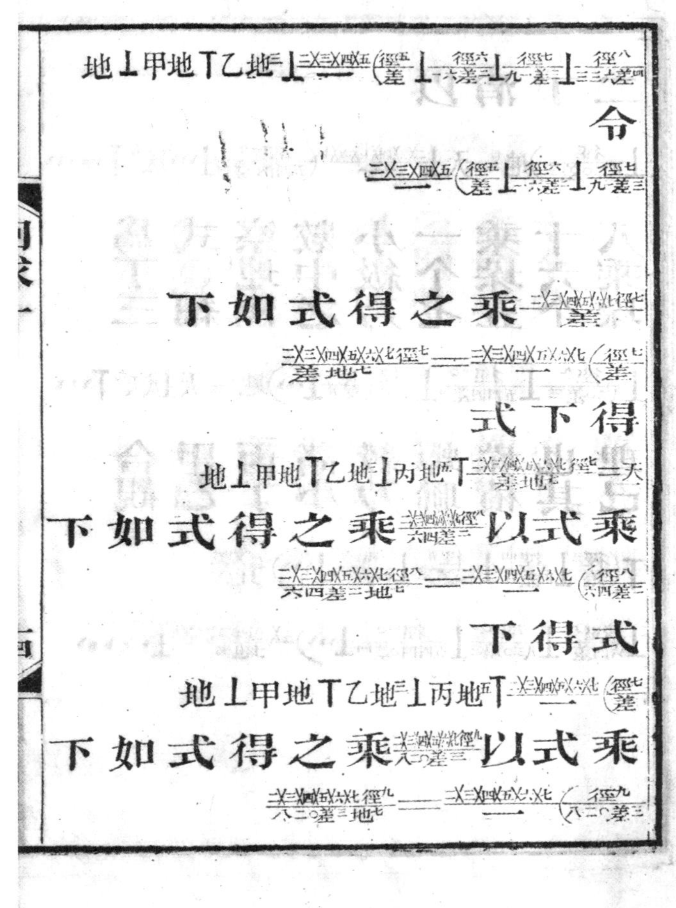

爲丁一式。再置第六次乘式，以 $\frac{二\times三\times四\times五\times六\times七徑^{八}}{六四差^{三}}$ 乘之，得式如下：

$$\frac{二\times三\times四\times五\times六\times七徑^{八}}{六四差^{三}地^{七}}=\frac{二\times三\times四\times五\times六\times七}{一}\left(\frac{徑^{八}}{六四差^{三}}丅\frac{徑^{九}}{四四八差^{三}}丄\frac{徑^{一〇}}{一三四四差^{四}}丅\cdots\right)天^{七}丄\cdots\cdots$$

以消丁一式，得下：

$$地丄甲地丅乙地^{三}丄丙地^{五}丅\frac{二\times三\times四\times五\times六\times七}{一}\left(\frac{徑^{七}}{差}丄\frac{徑^{八}}{六四差^{三}}\right)地^{七}=天丄\frac{二\times三\times四\times五\times六\times七}{一}\left(\frac{徑^{九}}{八二〇差^{三}}丅\frac{徑^{一〇}}{三〇〇差^{四}}丄\cdots\right)天^{七}丅\cdots\cdots$$

爲丁二式。再置第六次乘式，以 $\frac{二\times三\times四\times五\times六\times七徑^{九}}{八二〇差^{三}}$ 乘之，得式如下：

$$\frac{二\times三\times四\times五\times六\times七徑^{九}}{八二〇差^{三}地^{七}}=\frac{二\times三\times四\times五\times六\times七}{一}\left(\frac{徑^{九}}{八二〇差^{三}}丅\frac{徑^{一〇}}{五七四〇差^{四}}丄\cdots\right)天^{七}丄\cdots\cdots$$

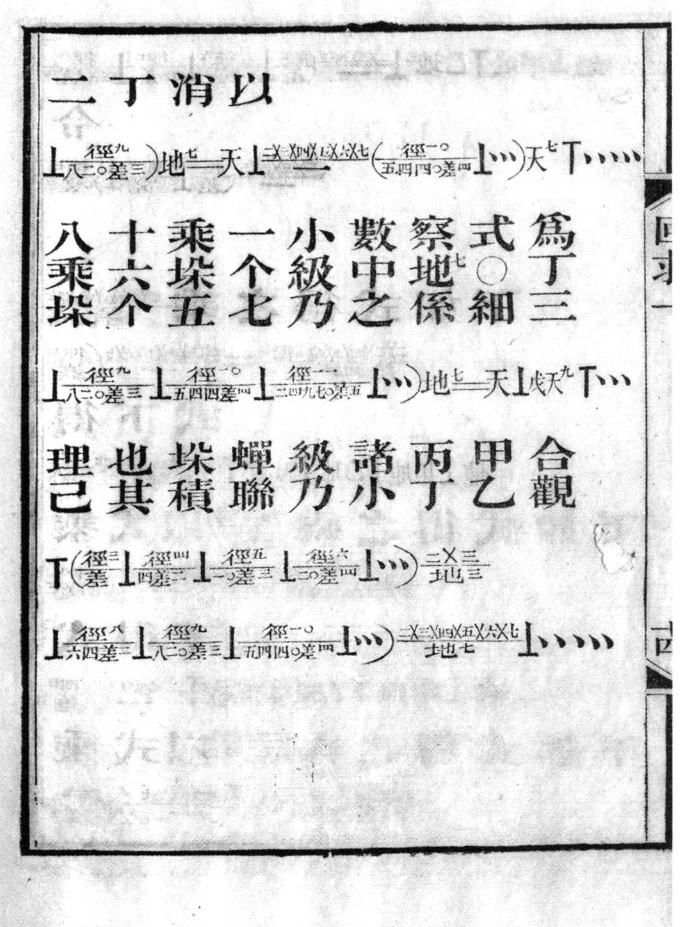

1“五四四”應爲“五四四〇”，據改。

以消丁二式，得下式：

$$\text{地}\perp\text{甲地}\top\text{乙地}^{\text{三}}\perp\text{丙地}^{\text{五}}\top\frac{\text{二}\times\text{三}\times\text{四}\times\text{五}\times\text{六}\times\text{七}}{\text{一}}\left(\frac{\text{徑}^{\text{七}}}{\text{差}}\perp\frac{\text{徑}^{\text{八}}}{\text{六四差}^{\text{二}}}\perp\frac{\text{徑}^{\text{九}}}{\text{八二〇差}^{\text{三}}}\right)\text{地}^{\text{七}}=\text{天}\perp\frac{\text{二}\times\text{三}\times\text{四}\times\text{五}\times\text{六}\times\text{七}}{\text{一}}\left(\frac{\text{徑}^{\text{一〇}}}{\text{五四四〇差}^{\text{四}}}\perp\cdots\right)\text{天}^{\text{七}}\top\cdots\cdots$$

爲丁三式。細察地^{七}係數中之小級，乃一个七乘垛、五十六个八乘垛、二百八十个九乘垛之逐層數也。其理已顯，不必再求。乃定丁式如下：

$$\text{地}\perp\text{甲地}\top\text{乙地}^{\text{三}}\perp\text{丙地}^{\text{五}}\top\frac{\text{二}\times\text{三}\times\text{四}\times\text{五}\times\text{六}\times\text{七}}{\text{一}}\left(\frac{\text{徑}^{\text{七}}}{\text{差}}\perp\frac{\text{徑}^{\text{八}}}{\text{六四差}^{\text{二}}}\perp\frac{\text{徑}^{\text{九}}}{\text{八二〇差}^{\text{三}}}\perp\frac{\text{徑}^{\text{一〇}}}{\text{五四四〇差}^{\text{四}}}[1]\perp\frac{\text{徑}^{\text{一一}}}{\text{二四九七〇差}^{\text{五}}}\perp\cdots\right)\text{地}^{\text{七}}=\text{天}\perp\text{戊天}^{\text{九}}\top\cdots\cdots$$

合觀甲乙丙丁諸小級，乃蟬聯垛積也。其理已顯，不必更推。即定平引求借積度之級數如下：

$$\text{天}=\text{地}\perp\left(\frac{\text{徑}}{\text{差}}\perp\frac{\text{徑}^{\text{二}}}{\text{差}^{\text{二}}}\perp\frac{\text{徑}^{\text{三}}}{\text{差}^{\text{三}}}\perp\frac{\text{徑}^{\text{四}}}{\text{差}^{\text{四}}}\perp\cdots\right)\text{地}\top\left(\frac{\text{徑}^{\text{三}}}{\text{差}}\perp\frac{\text{徑}^{\text{四}}}{\text{四差}^{\text{二}}}\perp\frac{\text{徑}^{\text{五}}}{\text{一〇差}^{\text{三}}}\perp\frac{\text{徑}^{\text{六}}}{\text{二〇差}^{\text{四}}}\perp\cdots\right)\frac{\text{二}\times\text{三}}{\text{地}^{\text{三}}}\perp\left(\frac{\text{徑}^{\text{五}}}{\text{差}}\perp\frac{\text{徑}^{\text{六}}}{\text{一六差}^{\text{二}}}\perp\frac{\text{徑}^{\text{七}}}{\text{九一差}^{\text{三}}}\perp\frac{\text{徑}^{\text{八}}}{\text{三三六差}^{\text{四}}}\perp\cdots\right)\frac{\text{二}\times\text{三}\times\text{四}\times\text{五}}{\text{地}^{\text{五}}}\top\left(\frac{\text{徑}^{\text{七}}}{\text{差}}\perp\frac{\text{徑}^{\text{八}}}{\text{六四差}^{\text{二}}}\perp\frac{\text{徑}^{\text{九}}}{\text{八二〇差}^{\text{三}}}\perp\frac{\text{徑}^{\text{一〇}}}{\text{五四四〇差}^{\text{四}}}\perp\cdots\right)\frac{\text{二}\times\text{三}\times\text{四}\times\text{五}\times\text{六}\times\text{七}}{\text{地}^{\text{七}}}\perp\cdots\cdots$$

式得下式

二四六差八徑⊥七差徑（一（七乘六乘五乘四乘三）⊤五地丙⊥三地乙⊤地甲⊥地

二百八十个九乘垛之逐層數也其理已顯不必再求乃定丁式如下

二四六差八徑⊥七差徑（一（七乘六乘五乘四乘三）⊤五地丙⊥三地乙⊤地甲⊥地

顯不必更推即定平引求借積度之級數如下

地（ⅠⅠⅠ⊥四差徑⊥三差徑⊥二差徑⊥差徑）⊥地一天

七差徑）⊤五地乘五乘四乘三（ⅠⅠⅠ⊥四差六三八徑⊥二差一九七徑⊥二差六一六徑⊥差五徑）⊥

附垜積表

一乘垜	一	二	三	四	五	六	七	八	九	一〇	一一	一二	一三	一四	一五	一六	一七	一八	一九	二〇
二乘垜	一	三	六	一〇	一五	二一	二八	三六	四五	五五	六六	七八	九一	一〇五	一二〇	一三六	一五三	一七一	一九〇	二一〇
三乘垜	一	四	一〇	二〇	三五	五六	八四	一二〇	一六五	二二〇	二八六	三六四	四五五	五六〇	六八〇	八一六	九六九	一一四〇	一三三〇	一四四〇
四乘垜	一	五	一五	三五	七〇	一二六	二一〇	三三〇	四九五	七一五	一〇〇一	一三六五	一八二〇	二三八〇	三〇六〇	三八七六	四八四五	五九八五	七二一五	八六五五
五乘垜	一	六	二一	五六	一二六	二五二	四六二	七九二	一二八七	二〇〇二	三〇〇三	三三六八	四一八八	六五六八	九六二八	一三五〇四	一八三四九	二四三三四	三一五四九	四〇二〇四

七四七

積表

六乘垛	七乘垛	八乘垛	九乘垛
一	一	一	一
七	八	九	一〇
二八	三六	四五	五五
八四	一二〇	一六五	二二〇
二一〇	三三〇	四九五	七一五
四六二	七九二	一二八七	二〇〇二
九二四	一七一六	三〇〇三	五〇〇五
一七一六	三四三二	六四三五	一一四四〇
三〇〇三	六四三五	一二八七〇	二四三一〇
五〇〇五	一一四四〇	二四三一〇	四八六二〇
八〇〇八	一九四四八	四三七五八	九二三七八
一二三七六	三〇八二四	七四五八二	一六六九六〇
一五五六四	四六三八八	一二〇九七〇	二八七九三〇
二二一三二	六八五二〇	一八九四九〇	四七七四二〇
三一七六〇	一〇〇二八〇	二八九七七〇	七六七一九〇
四五二六四	一四五五四四	四三五三一四	一二〇一五〇四
六三六一三	二〇九一五七	六四四四七一	一八四六九七五
八七九四七	二九七一〇四	九四一五七五	二七八八五五〇
一一九四九六	四一六六〇〇	一三五七一七五	四一四五七二五
一五九七〇〇	五七六三〇〇	一九三四五七五	六〇八〇三〇〇

附垛積表

六乘垛	七乘垛	八乘垛	九乘垛
一	一	一	一
七	八	九	一〇
二八	三六	四五	五五
八四	一二〇	一六五	二二〇
二一〇	三三〇	四九五	七一五
四六二	七九二	一二八七	二〇〇二
九二四	一七一六	三〇〇三	五〇〇五
一七一六	三四三二	六四三五	一一四四〇
三〇〇三	六四三五	一二八七〇	二四三一〇
五〇〇五	一一四四〇	二四三一〇	四八六二〇
八〇〇八	一九四四八	四三七五八	九二三七八
一二三七六	三〇八二四	七四五八二	一六六九六〇
一五五六四	四六三八八	一二〇九七〇	二八七九三〇
二二一三二	六八五二〇	一八九四九〇	四七七四二〇
三一七六〇	一〇〇二八〇	二八九七七〇	七六七一九〇
四五二六四	一四五五四四	四三五三一四	一二〇一五〇四
六三六一三	二〇九一五七	六四四四七一	一八四六九七五
八七九四七	二九七一〇四	九四一五七五	二七八八五五〇
一一九四九六	四一六六〇〇	一三五七一七五	四一四五七二五
一五九七〇〇	五七六三〇〇	一九三四五七五	六〇八〇三〇〇

一	四	一〇	二〇	三五	五六	八四	一二〇	一六五	二二〇

右三乘垜，即地^{三}之小級也。

一	六	二一	五六	一二六	二五二	四六二	七九二	一一八七	二〇〇二
	一〇	七〇	二八〇	八四〇	二〇一〇	四六二〇	九二四〇	一七一六〇	三〇〇三〇

併之得：

一	一六	九一	三三六	九六六	二二六二	五〇八二	一〇〇三二	一八三四七	三二〇三二

右五乘垜頂格，六乘垜十倍之低一格並列，併之，即地^{五}之小級也。

一	八	三六	一二〇	三三〇	七九二	一七一六	三四三二	六四三五	一一四四〇
	五六	五〇四	二五二〇	九二四〇	二七七二〇	七二〇七二	一六八一六八	三六〇三六〇	七二〇七二〇
		二八〇	二八〇〇	一五四〇〇	六一六〇〇	二〇〇二〇〇	五六〇五六〇	一四〇一四〇〇	三二〇三二〇〇

併之得：

一	六四	八二〇	五四四〇	二四九七〇	九〇一一二	二七三九八八	七三二一六〇	一七六八一九五	三九三五三六〇

右七乘垛頂格，八乘垛五十六乘之低一格，九乘垛二百八十乘之再低一格並列，併之，即地^{七}之小級也。

垛積全表載《垛積比類》，兹僅列一至九乘垛以釋細草也。

附蟬聯垛積表

甲	一	一	一	一	一	一
乙	一	四	九 一	一六 四	二五 九 一	三六 一六 四
丙	一	一六	八一 一〇	二五六 八〇	六二五 三〇六 三五	一二九六 八三二 二二四
丁	一	六四	七二九 九一	四〇九六 一三四四	一五六二五 八三七九 九六六	四六六五六 三四〇四八 九四〇八
戊	一	二五六	六五六一 八二〇	六五五三六 二一七六〇	三九〇六二五 二一六〇三六 二四九七〇	一六七九六一六 一二九一二六四 三六〇四四八

法列諸一爲甲行，次列諸平方數爲乙一行，降二格復列

之爲乙二行如此遞降二格列之爲三四五六諸行次以
乙一行諸層各自乘爲丙一行各再乘爲丁一行各三乘
爲戊一行己行以下倣此次以乙之一二行各層併之以
二行各層乘之爲丙二行以丙之一二行併之以乙之二
行乘之爲丁二行以丁之一二行併之以乙之二行乘之
爲戊二行己行以下倣此次併乙之一二三行以乙三行
乘之爲丙三行併丙之一二三行以乙三行乘之爲丁三
行戊行以下倣此四行以下皆如此法甲行即地之小級
乙之各行併之即地[三]之小級丙之各行併之即地[五]之小級
餘可類推

之爲乙二行。如此遞降二格列之，爲三、四、五、六諸行。次以乙一行諸層各自乘爲丙一行，各再乘爲丁一行，各三乘爲戊一行，己行以下倣此。次以乙之一、二行各層併之，以二行各層乘之爲丙二行，以丙之一、二行併之，以乙之二行乘之爲丁二行，以丁之一、二行併之，以乙之二行乘之爲戊二行，己行以下倣此。次併乙之一、二、三行，以乙三行乘之爲丙三行，併丙之一、二、三行，以乙三行乘之爲丁三行，戊行以下倣此。四行以下皆如此法，甲行即地之小級。乙之各行併之，即地[三]之小級，丙之各行併之，即地[五]之小級，餘可類推。

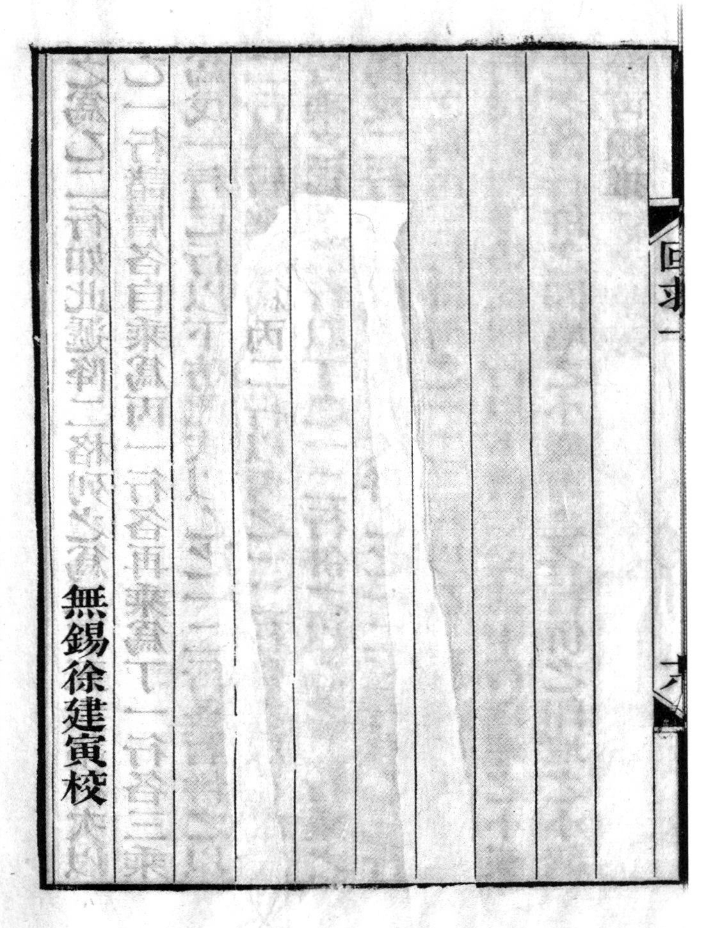

無錫徐建寅校

無錫徐建寅校

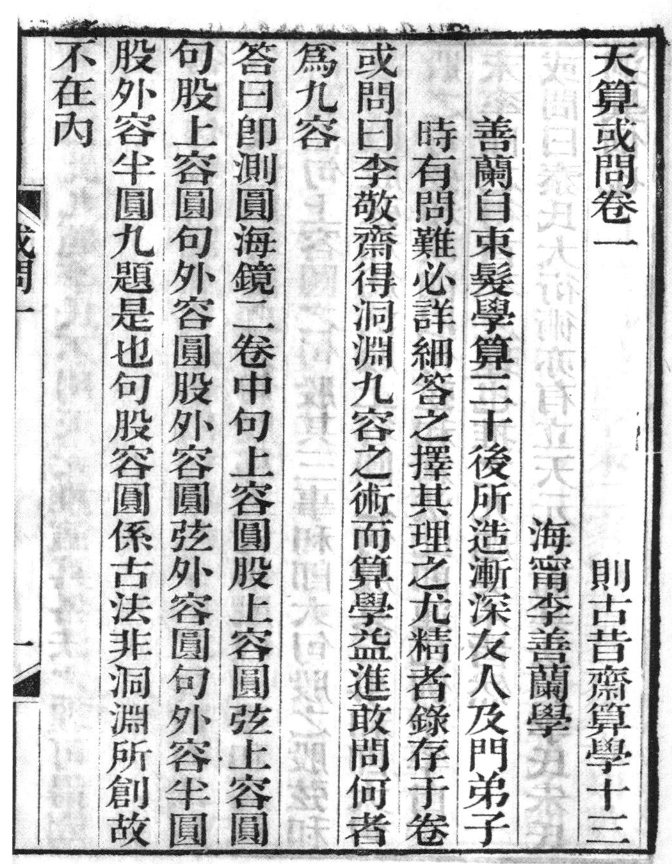

天算或問卷一　則古昔齋算學十三

海甯李善蘭學

善蘭自東髮學算三十後所造漸深友人及門弟子時有問難必詳細答之擇其理之尤精者錄存于卷

或問曰李敬齋得洞淵九容之術而算學益進敢問何者爲九容

答曰即測圓海鏡二卷中句上容圓股上容圓弦上容圓句股上容圓句外容圓股外容圓弦外容圓句外容半圓股外容半圓九題是也句股容圓係古法非洞淵所創故不在內

或問一　一

天算或問卷一

則古昔齋算學十三

海寧李善蘭學

善蘭自東髮學算，三十後所造漸深，友人及門弟子時有問難，必詳細答之。擇其理之尤精者，録存于卷。

或問曰：李敬齋[1]得洞淵九容之術，而算學益進。敢問何者爲九容？

答曰：即《測圓海鏡》二卷中句上容圓、股上容圓、弦上容圓、句股上容圓、句外容圓、股外容圓、弦外容圓、句外容半圓、股外容半圓九題是也。句股容圓係古法，非洞淵所創，故不在內。

1 李敬齋，即李治，字仁卿，號敬齋，著《測圓海鏡》《益古演段》。

又問曰此九題李氏不用天元推演其各法之理可得聞與
答曰句股容圓及九題皆以句股相乘倍之爲實而法則各異要皆以容圓之大句股爲主大句股以三事和爲法得圓徑句上容圓之句股其三事和即大句股之股弦和故即以股弦和爲法股上容圓之句股其三事和即大句股之句弦和故即以句弦和爲法此即連比例中率自乘末率除之得首率之理也推之九題莫不皆然
或問曰秦氏大衍術亦有立天元一而其法與李氏朱氏迥異何也

又問曰：此九題，李氏不用天元推演，其各法之理可得聞與？

答曰：句股容圓及九題，皆以句股相乘倍之爲實，而法則各異。要皆以容圓之大句股爲主，大句股以三事和爲法得圓徑。句上容圓之句股，其三事和即大句股之股弦和，故即以股弦和爲法。股上容圓之句股，其三事和即大句股之句弦和，故即以句弦和爲法。此即連比例中率自乘、末率除之得首率之理也。推之九題，莫不皆然。

或問曰：秦氏[1]大衍術亦有立天元一，而其法與李氏、朱氏[2]迥異，何也？

1 秦氏，指秦九韶（1208？－1261），字道古，祖籍魯郡，生於普州安嶽（今屬四川）人。著有《數書九章》。

2 朱氏，指朱世傑，字漢卿，號松庭，燕山（今北京）人。著有《算學啟蒙》《四元玉鑒》。

答曰法雖異理實同也但李朱二家所立天元爲未知數
秦氏所立天元爲已知數則不同耳試以二元式演之即
曉然矣
假如有衍奇三定母𝍣欲求衍奇若干倍定母去之餘
一立天元一爲衍奇以三消之得𝍢̸ / 𝍠爲天元式立地
元一爲定母以四消之得𝍠𝍣̸爲地元式二式相消則得
𝍠𝍩̸ / 𝍩̸爲二元式倍之得𝍡𝍪̸ / 𝍪̸以消天元式得𝍪̸𝍩̸ / 𝍢便知
衍奇三倍去二定母當餘一也
或問曰先生言古人句股求弦圖割截移補殊不簡捷願
聞簡捷之法

或問一

答曰：法雖異，理實同也。但李、朱二家所立天元爲未知數，秦氏所立天元爲已知數，則不同耳。試以二元式演之，即曉然矣。

假如有衍奇三，定母𝍣，欲求衍奇若干，倍定母去之餘一，立天元一爲衍奇，以三消之，得𝍢̸ / 𝍠，爲天元式。立地元一爲定母，以四消之，得𝍠𝍣̸，爲地元式。二式相消，則得𝍠𝍩̸ / 𝍩̸，爲二元式。倍之得𝍡𝍪̸ / 𝍪̸，以消天元式，得𝍪̸𝍩̸ / 𝍢，便知衍奇三，倍去二定母，當餘一也[1]。

或問曰：先生言古人句股求弦圖，割截移補，殊不簡捷。願聞簡捷之法？

1 相當於求解 $3k \equiv 1 \pmod 4$。

答曰以弦爲底作一中垂綫分爲大小二句股形皆與原
句股形同式其大形以股爲弦小形以句爲弦故大形與
股方比小形與句方比皆若原形與弦方比合大小二形
卽原形故合句股二方卽弦方也
或問曰算書言句股恒用句三股四或句八股十五之率
取其句股弦皆無奇零便于入算也不識無奇零之句股
可任意造否
答曰造之甚易任取二數或俱偶或俱奇二數有等者大
數爲股小數爲句弦較二數無等者大數自乘爲句弦和
小數自乘爲句弦較各依本法求得句股弦三事必無奇

答曰：以弦爲底，作一中垂綫，分爲大小二句股形，皆與原句股形同式。其大形以股爲弦，小形以句爲弦。故大形與股方比、小形與句方比，皆若原形與弦方比。合大小二形即原形，故合句股二方即弦方也。

或問曰：算書言句股，恒用句三股四，或句八股十五之率，取其句股弦皆無奇零，便于入算也。不識無奇零之句股可任意造否？

答曰：造之甚易。任取二數，或俱偶，或俱奇。二數有等者[1]，大數爲股，小數爲句弦較。二數無等者，大數自乘爲句弦和，小數自乘爲句弦較。各依本法求得句股弦三事，必無奇

1 等，等數，即公約數。

零也有等謂小能度大
或問曰汪孝嬰兩積相等兩句弦和相等求兩句股法矜
爲創獲力抵梅丁二君之非其法果神妙乎
答曰孝嬰作此法時歲在戊午尚未見天元術辛酉至揚
州始見秦李二家書此由苦思而得故自誇神妙若以天
元推之所得式本可開二次卽得二句不足異也天元所
得開方式可開二次三次四五次以至恒河沙數次者甚
多誇爲神妙將不勝其誇矣
以天元推之如左
草曰立天元一爲句倍之以減句弦和得和卄元爲句弦

零也。有等謂小能度大。

或問曰：汪孝嬰[1]兩積相等、兩句弦和相等，求兩句股法，矜爲創獲，力抵梅[2]、丁[3]二君之非。其法果神妙乎？

答曰：孝嬰作此法時，歲在戊午，尚未見天元術。辛酉至揚州，始見秦、李二家書。此由苦思而得，故自誇神妙。若以天元推之，所得式本可開二次，即得二句，不足異也。天元所得開方式，可開二次、三次、四五次，以至恒河沙數[4]，次者甚多。誇爲神妙，將不勝其誇矣！

以天元推之如左。

草曰：立天元一爲句，倍之以減句弦和，得和卄元，爲句弦

1 汪孝嬰，即汪萊（1768—1813），字孝嬰，號衡齋，安徽歙縣人，著《衡齋算學》。

2 指梅文鼎（1633—1721），字定九，號勿庵，安徽宣城人，清初曆算學家，有《曆算全書》《梅氏叢書輯要》存世。

3 指丁取忠（1810—1877），字肅存，號果臣，又號雲梧，長沙人，著《數學拾遺》。

4 恒河沙數，是佛經中常用的計量單位。

較，以句弦和乘之得$\begin{matrix}\text{和}^{\text{二}}\\ \text{二}^{\text{元}}\\ \text{和}\end{matrix}$，爲股冪。寄左。倍積，以天元除之，得$\begin{matrix}\text{二}\\ \text{積}\\ \text{〇太}\end{matrix}$，爲股。自之，得$\begin{matrix}\text{四}\\ \text{積}^{\text{二}}\\ \text{〇}\\ \text{太}\end{matrix}$，爲同數，與左相消，得$\begin{matrix}\text{四}\\ \text{積}^{\text{二}}\\ \text{〇}\\ \text{和}^{\text{二}}\\ \text{二}\\ \text{和}\end{matrix}$，開立方二次，得二句。

又問曰：以天元馭此題，誠不足異矣！不識此題諸線可得整數者，有若干形，求之有法否？

答曰：其形多至恒沙數，求之亦有法。其法任取一平方積，四倍之爲句弦較，于平方内任減一小平方。本平方偶者，所減亦偶；奇者亦奇。半其減餘于上。又以二方邊較乘本方邊，以加上，以小方邊除之，爲第二率。倍本方邊爲第一率。一、二率相乘得中率。二率自乘得末率。并中、末率以加

所設句弦較即句弦和末率即餘一句弦較或半減餘加
邊較乘本邊以小邊除之不受除奇零不盡也則不必除即以
爲二率一二率相乘又以小邊乘之得中率二率自乘得
末率二方相乘四倍之爲首率并三率爲句弦和首末二
率爲二句弦較

任取大方九小方一相減半之得四于上又以邊較二
乘大方邊三得六以加上得一〇以小方邊一除之仍
得一〇自之得一〇〇爲末率又以乘倍大方邊六得
六〇爲中率四倍大方得三六爲一句弦較加中末二
率得一九六爲句弦和末率一〇〇爲又一句弦較并

所設句弦較即句弦和，末率即餘一句弦較。或半減餘加邊較，乘本邊，以小邊除之，不受除，奇零不盡也。則不必除，即以爲二率。一、二率相乘，又以小邊乘之，得中率。二率自乘得末率。二方相乘，四倍之爲首率。并三率爲句弦和，首、末二率爲二句弦較。

任取大方九、小方一，相減半之，得四于上。又以邊較二乘大方邊三得六，以加上得一〇。以小方邊一除之，仍得一〇，自之得一〇〇爲末率；又以乘倍大方邊六，得六〇爲中率。四倍大方得三六爲一句弦較，加中、末二率得一九六爲句弦和，末率一〇〇爲又一句弦較。并中、末率，自之得二五六〇〇。以所設句弦較三六乘之，又以句弦和一九六乘之，得一八〇六三三六〇〇，開平方得一三四四〇〇，爲倍直積。四除之，得句股積三三六〇〇。以句弦較一〇〇三六減句弦和，得倍句九六一六〇，以除倍直積得股一四〇八四。

又任取大方八一、小方四九，相減半之，得一六于上。又以邊較二乘大邊九得一八，加上得三四。以小邊七除，不受除，即以爲二率。以乘倍大邊，又以小邊乘之得四二八四，爲中率。二率自之得一一五六，爲末率。大、小二方相乘得三九六九，四倍之得一五八七六爲首率。并

三率得二一三一六，爲句弦和。首末二率爲二句弦較。

如法求各事，亦無奇零。

或問曰：平三角三邊求角，以夾角之二邊相乘倍之爲一率，二冪相加以對角之邊冪減之爲二率，半徑爲三率，得四率爲本角之餘弦[1]。何也？

答曰：此大小句股比例也。以夾角之小邊爲弦，正交大邊之中垂線爲句，截大邊一分爲股。此形與半徑正餘弦所成句股形同式[2]。一率乃弦乘倍大邊，二率乃股乘倍大邊，三率八線弦，四率八線股也。或以夾角之大邊爲弦，正交小邊引長線之垂線爲句，小邊加引長線爲股，則一率乃

1 此即平面三角形餘弦定理 $c^2=a^2+b^2-2ab\cos C$，已知三邊，求三角。

2 即成相似直角三角形。如後圖，甲丙子與甲乙丑爲相似直角三角形。

弦乘倍小邊，二率乃股乘倍小邊，三率八線弦，四率八線股也。

如甲乙丙三角，已知三邊求甲角。作丙子線正交甲乙邊，成甲丙子句股形，甲丙爲弦，甲子爲股。甲丙乘甲乙乃弦帶大邊母也，倍之是帶倍大邊爲母也。乙丙冪内有乙子、子丙二冪。甲丙冪内有甲子、子丙二冪。甲乙冪内有甲子、子乙二冪，又有兩个甲子、子乙相乘方。甲乙、甲丙二冪内減去乙丙冪，乃減去乙子、子丙二冪也，所餘乃二甲子冪，二甲子、子乙相乘方也，乃股帶倍大邊母也。弦與股所帶母同故其比例不變仍若半徑與甲角正弦也若作乙丑線成甲丑乙句股形用甲乙弦甲丑股則所帶母爲倍小邊乙丙冪内爲乙丑丑丙二冪甲乙冪内爲一乙丑冪一丑丙冪一甲丙冪二丑丙丙甲相乘矩長方爲矩甲乙甲丙二冪内減去乙丙冪卽減去乙丑丑丙二冪所餘爲二甲丙冪二甲丙丙丑矩卽丑甲股帶倍甲丙母也甲乙甲丙相乘倍之卽甲乙弦帶甲丙母也比例亦同

或問曰平三角求積以三邊半和與各邊相減得三較三較連乘以乘半和開平方得積何也

所帶母同，故其比例不變，仍若半徑與甲角正弦也。若作乙丑線成甲丑乙句股形，用甲乙弦、甲丑股，則所帶母爲倍小邊。乙丙冪内爲乙丑、丑丙二冪。甲乙冪内爲一乙丑冪、一丑丙冪、一甲丙冪，二丑丙、丙甲相乘矩。長方爲矩。甲乙、甲丙二冪内減去乙丙冪，即減去乙丑、丑丙二冪，所餘爲二甲丙冪，二甲丙、丙丑矩，即丑甲股帶倍甲丙母也。甲乙、甲丙相乘倍之，即甲乙弦帶甲丙母也。比例亦同。

或問曰：平三角求積，以三邊半和與各邊相減得三較，三較連乘以乘半和，開平方得積[1]。何也？

1 此爲平面三角形三邊求積公式，即海倫定理。

答曰三角容圜自圜心作三邊之垂線截三邊爲六分夾角二分兩兩相等即三較也三邊半和爲一率任取一較爲二率餘二較相乘爲三率則垂線冪爲四率又垂線乘半和即三角積二三率相乘乃半和乘垂線冪也以一率除之得垂線冪今不除更乘之是半和冪乘垂線冪即半和垂線相乘積自乘亦即三角積自乘也故開平方得三角積

又問曰四率之理則既聞命矣敢問此四率何以知其相當也

答曰任取二較必同在一邊以此邊爲底餘二邊爲腰作

答曰：三角容圜，自圜心作三邊之垂線，截三邊爲六分。夾角二分，兩兩相等，即三較也。三邊半和爲一率，任取一較爲二率，餘二較相乘爲三率，則垂線冪爲四率。又垂線乘半和即三角積。二、三率相乘，乃半和乘垂線冪也。以一率除之，得垂線冪。今不除，更乘之，是半和冪乘垂線冪，即半和垂線相乘積自乘，亦即三角積自乘也，故開平方得三角積。

又問曰：四率之理，則既聞命矣。敢問此四率，何以知其相當也？

答曰：任取二較，必同在一邊，以此邊爲底，餘二邊爲腰，作一中垂線分三角形爲二句股形中垂線卽股也兩句弦和比若底內二較比故兩較相乘積與兩句弦和相乘積比若垂線冪與股冪比兩句弦和相乘是句弦和帶餘一句弦和爲母也股冪爲句弦較句弦和相乘積是句弦較帶句弦和爲母也半和爲兩句弦和和之半餘一較爲兩句弦較和之半是半和與餘一較比必若兩句弦和相乘積與股冪比故亦若底內兩較相乘積與垂線冪比也

又問曰句弦和所帶之母餘一句弦和也句弦較所帶之毋本句弦和也毋旣不同何以比例合也又兩句弦和何以與底內二較同比例也

一中垂線，分三角形爲二句股形，中垂線即股也。兩句弦和比，若底内二較比，故兩較相乘積與兩句弦和相乘積比，若垂線冪與股冪比。兩句弦和相乘，是句弦和帶餘一句弦和爲母也。股冪爲句弦較、句弦和相乘積，是句弦較帶句弦和爲母也。半和爲兩句弦和和之半，餘一較爲兩句弦較和之半，是半和與餘一較比，必若兩句弦和相乘積與股冪比，故亦若底内兩較相乘積與垂線冪比也。

又問曰：句弦和所帶之母餘一句弦和也。句弦較所帶之母本句弦和也。母既不同，何以比例合也？又兩句弦和，何以與底内二較同比例也？

答曰所指比例非本句弦和與本句弦較相爲比乃本句弦和與餘一句弦較相爲比股爲二形所公共故餘一句弦較與餘一句弦和相乘亦得股冪是二帶毋仍同也設三角底邊不變二腰之和亦不變任變其形作中垂分爲二句股則此句弦和與彼句弦較或彼句弦和與此句弦較比例亦不變恒若半和與餘一較非底內二較也之比也

兩句弦和與底內二較同比例者此更易明但于所容圓心作二線至底與二腰平行成小三角形與本形同式且亦分二小句股形以垂線爲股又自圓心作底之平行線至二腰成二四等邊形二小句股形之二弦各爲其邊則

答曰：所指比例非本句弦和與本句弦較相爲比，乃本句弦和與餘一句弦較相爲比。股爲二形所公共，故餘一句弦較與餘一句弦和相乘，亦得股冪，是二帶母仍同也。設三角底邊不變，二腰之和亦不變。任變其形，作中垂，分爲二句股，則此句弦和與彼句弦較，或彼句弦和與此句弦較比例亦不變，恒若半和與餘一較非底内二較也。之比也。

兩句弦和與底内二較同比例者，此更易明。但于所容圓心作二線至底，與二腰平行，成小三角形，與本形同式，且亦分二小句股形。以垂線爲股，又自圓心作底之平行線至二腰，成二四等邊形，二小句股形之二弦各爲其邊，則

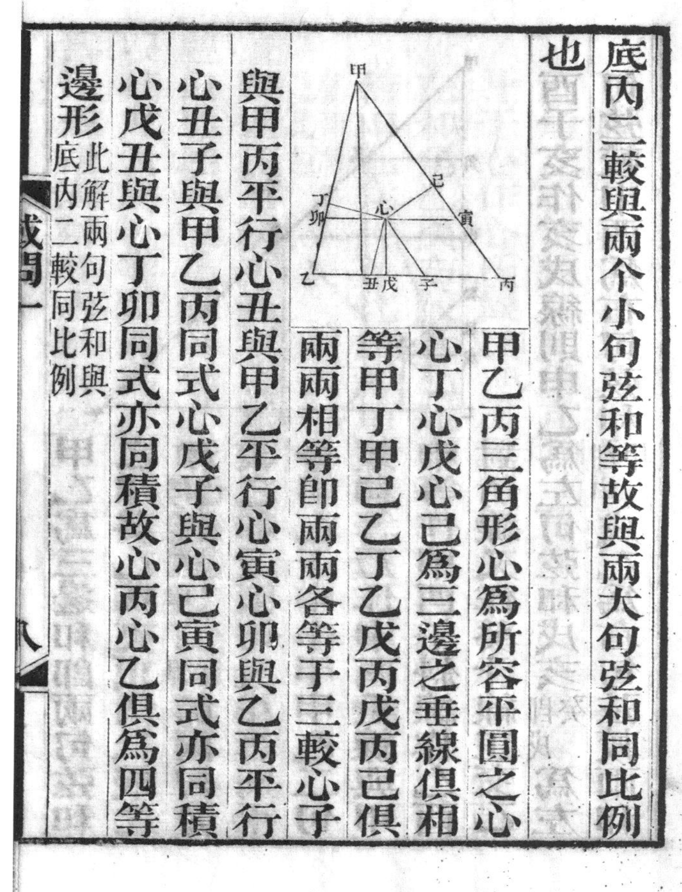

底内二較與兩个小句弦和等，故與兩大句弦和同比例也。

甲乙丙三角形，心爲所容平圓之心，心丁、心戊、心己爲三邊之垂線，俱相等。甲丁、甲己，乙丁、乙戊，丙戊、丙己，俱兩兩相等，即兩兩各等于三較。心子與甲丙平行，心丑與甲乙平行，心寅、心卯與乙丙平行。心丑子與甲乙丙同式，心戊子與心己寅同式亦同積，心戊丑與心丁卯同式亦同積，故心丙、心乙俱爲四等邊形。此解兩句弦和與底内二較同比例。

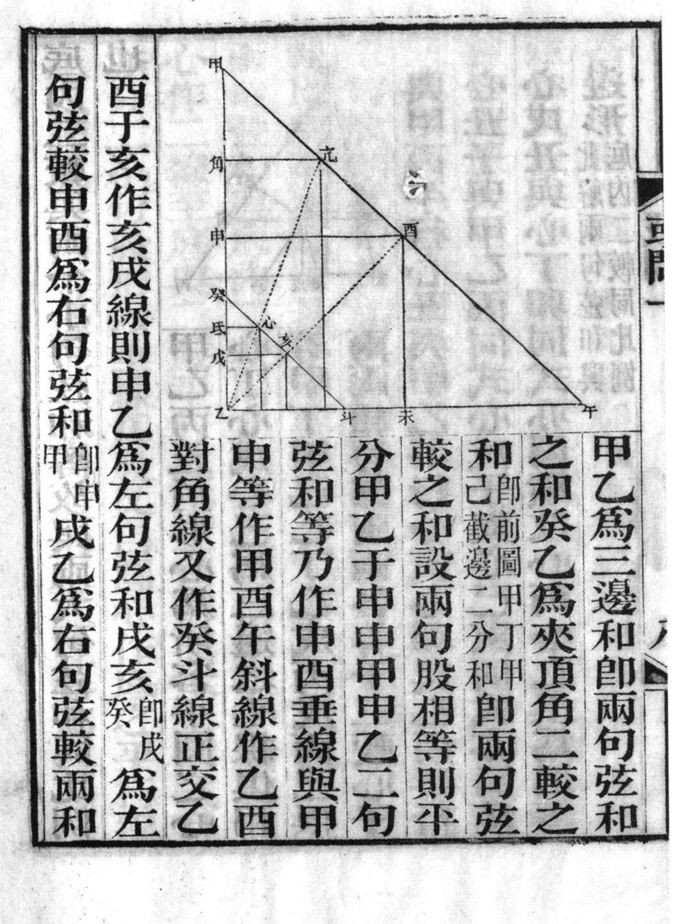

甲乙爲三邊和，即兩句弦和之和。癸乙爲夾頂角二較之和，即前圖甲丁、甲己截邊二分和。即兩句弦較之和。設兩句股相等，則平分甲乙于申，申甲、申乙二句弦和等，乃作申酉垂線與甲申等，作甲酉午斜線，作乙酉對角線。又作癸斗線正交乙酉于亥，作亥戌線，則申乙爲左句弦和，戌亥即戌癸。爲左句弦較，申酉爲右句弦和，即申甲。戌乙爲右句弦較。兩和

兩較俱相等卽定爲比例率設兩句股不等左句弦和
爲角乙右句弦和爲角亢卽角甲乃作亢乙對角線交癸
斗于心作心氐線卽氐癸爲左句弦較氐乙爲右句弦較
左和角乙與右較氐乙比右和角亢與左較心氐比俱
若申乙與戌亥比兩和兩較雖千變比例不變也此解兩句弦和較之比例
或問曰泰西顏家樂測北極出地簡法先于其處測一恒
星自出地平至正午所歷之時及其高度以時變赤道度
以其大矢爲一率正矢爲二率高度正弦爲三率得四率
爲正弦查表得度內減去星距天頂度餘與九十度相加

兩較俱相等，即定爲比例率。設兩句股不等，左句弦和爲角乙，右句弦和爲角亢，即角甲。乃作亢乙對角線交癸斗于心，作心氐線即氐癸。爲左句弦較，氐乙爲右句弦較。左和角乙與右較氐乙比、右和角亢與左較心氐比，俱若申乙與戌亥比。兩和兩較雖千變，比例不變也。此解兩句弦和較之比例。

或問曰：泰西顏家樂測北極出地簡法[1]，先于其處測一恒星自出地平至正午所歷之時及其高度，以時變赤道度。以其大矢爲一率，正矢爲二率，高度正弦爲三率，得四率爲正弦，查表得度，内減去星距天頂度，餘與九十度相加

1 顏家樂（Karl Slavicek，1678—1735），法國耶穌會士，1717 年抵京，其測北極出地簡法見梅瑴成《赤水遺珍》。

折半轉減九十度得北極出地度載赤水遺珍疇人傳亦采之然攷之不甚合如北極出地三十度星之高度七十六度則求得之弧必爲十六度求得之弧乃星入地最深度與高度相加折半爲星距極度減星距天頂十四度得二度與九十度相加折半得四十六度轉減九十度得四十四度較三十度多十四度敢問其法果不密乎抑別有故乎

答曰此法必北極出地不滿四十五度星過正午在天頂南又必爲赤道北之星則合不如是則不合今所取星其正午點在天頂北故不合也今爲改其法曰星在赤道北則大矢爲一率正矢爲二率高度正弦爲三率求得四率

折半，轉減九十度，得北極出地度。載《赤水遺珍》，《疇人傳》亦采之，然攷之不甚合。如北極出地三十度，星之高度七十六度，則求得之弧必爲十六度，求得之弧乃星入地最深度，與高度相加折半爲星距極度。減星距天頂十四度得二度，與九十度相加折半得四十六度，轉減九十度得四十四度，較三十度多十四度。敢問其法果不密乎？抑別有故乎？

答曰：此法必北極出地不滿四十五度，星過正午在天頂南，又必爲赤道北之星，則合。不如是，則不合。今所取星，其正午點在天頂北，故不合也。今爲改其法曰：星在赤道北，則大矢爲一率，正矢爲二率，高度正弦爲三率，求得四率爲星入地最深度正弦，查表得度。視星之正午在天頂北，則與高度相減，折半爲北極出地度。在天頂南，則與高度相加，以減一百八十度，餘折半爲北極出地度。星在赤道南，則正矢爲一率，大矢爲二率，高度正弦爲三率，得四率爲深度正弦，查表得度。攷星之最深點在地底點北，則以加高度，以減一百八十度，折半。在地底點南，則與高度相減折半，俱得北極出地度。如此，則任測一星俱可推矣。

或問曰：《赤水遺珍》弧三角三邊求角，法以三弧之和折半爲半總，與角旁兩弧相較得二較弧，乃以角旁小弧正弦爲一率，小弧之較弧正弦爲二率，大弧之較弧正弦爲三

率得四率爲初數又以角旁大弧正弦爲一率初數爲二率半徑爲三率得四率爲末數以半徑乘末數開平方得半角正弦圖解不甚明晰願更詳言之

答曰此以天元推之理自明識別得角旁兩弧之正弦各爲半徑其距等圈內二半角正弦相乘積與二較弧正弦相乘積等立天元一爲半角正弦以角旁大弧正弦乘之半徑除之不除寄爲母得〇太 大弧正弦爲大距等圈內半角正弦內帶半徑爲母又以角旁小弧正弦乘天元半徑除之不除寄爲母得〇太 小弧正弦爲小距等圈內半角正弦內帶半徑爲母二正弦相乘得〇 〇元 小弧正弦 大弧正弦爲相乘積內帶半徑冪爲母〇寄左乃以二較弧正

率，得四率爲初數。又以角旁大弧正弦爲一率，初數爲二率，半徑爲三率，得四率爲末數。以半徑乘末數，開平方，得半角正弦。圖解不甚明晰，願更詳言之。

答曰：此以天元推之，理自明識。別得角旁兩弧之正弦，各爲半徑，其距等圈內二半角正弦相乘積與二較弧正弦相乘積等。立天元一爲半角正弦，以角旁大弧正弦乘之，半徑除之，不除，寄爲母，得〇太 大弧正弦 爲大距等圈内半角正弦。內帶半徑爲母。又以角旁小弧正弦乘天元，半徑除之，不除，寄爲母，得〇太 小弧正弦，爲小距等圈内半角正弦。內帶半徑爲母。二正弦相乘，得〇 〇元 小弧正弦 大弧正弦 爲相乘積。內帶半徑冪爲母〇寄左。乃以二較弧正弦相乘，又半徑冪通之，得小較正弦大較正弦半徑冪，爲同數，與左相消，得小較正弦大較正弦半徑冪○小弧正弦大弧正弦，實與隅俱以小弧正弦大弧正弦約之，得小弧正弦大弧正弦半徑冪小較正弦大較正弦○丅，開平方，得半角正弦。實之上爲分母，下爲分子。乃大較正弦與小較正弦相乘，又以半徑冪乘之，而以大小弧正弦相乘積除之也。若分言之，大小二較正弦相乘，以小弧正弦除之，以半徑乘之。又以大弧正弦除之，又以半徑乘之，乃開平方，則即西人之法也。

又問曰：兩距等半角正弦相乘之積，何以知其與兩較弧

正弦相乘積等也
答曰自三角心作三弧正交三邊分三邊爲六弧對邊二分卽二較弧也以三角心爲球頂點則六弧之切線合成一平三角形容一距等圈距等圈之半徑卽所作三弧之正弦六弧之切線亦卽距等圈之切線則角旁兩弧正弦及兩距等正弦成二同式三角形其面與六弧切線所成之面平行其邊交互成四率比例兩距等正弦相乘卽一四率相乘兩較弧正弦相乘卽二三率相乘故二積等也
甲乙丙弧三角形頂點之上視之其形如此求甲角自三角心作心子心丑心寅三弧從頂視之凡過頂之弧皆成直線正交三邊以三交

正弦相乘積等也？

答曰：自三角心作三弧正交三邊，分三邊爲六弧，對邊二分即二較弧也。以三角心爲球頂點，則六弧之切線合成一平三角形容一距等圈。距等圈之半徑，即所作三弧之正弦，六弧之切線亦即距等圈之切線，則角旁兩弧正弦及兩距等正弦成二同式三角形，其面與六弧切線所成之面平行，其邊交互成四率比例。兩距等正弦相乘，即一、四率相乘，兩較弧正弦相乘，即二、三率相乘，故二積等也。

甲乙丙弧三角形，頂點之上視之，其形如此。求甲角自三角心作心子、心丑、心寅三弧，從頂視之，凡過頂之弧，皆成直線。正交三邊，以三交

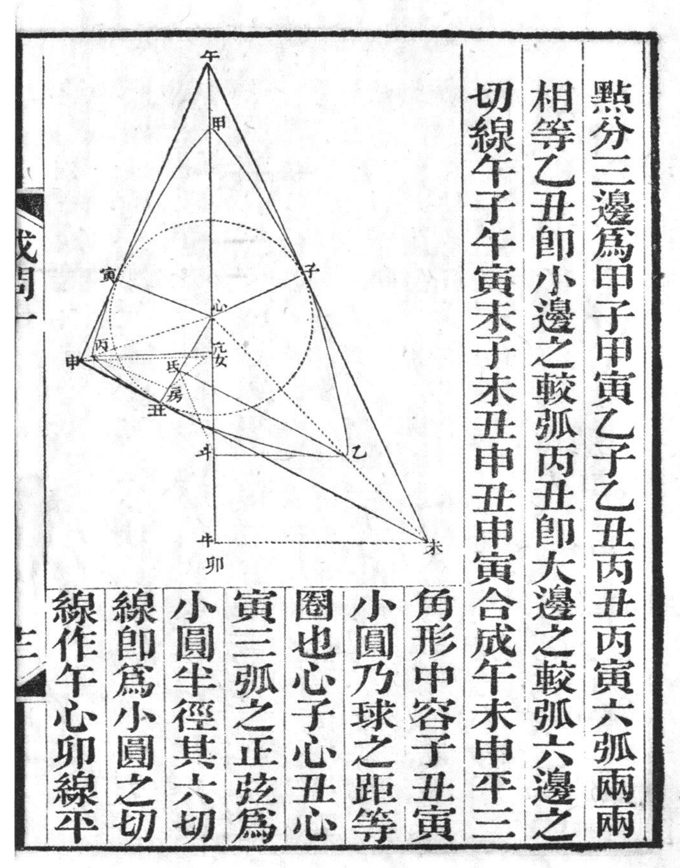
點分三邊爲甲子甲寅乙子乙丑丙丑丙寅六弧兩兩
相等乙丑卽小邊之較弧丙丑卽大邊之較弧六邊之
切線午子午寅未子未丑申丑申寅合成午未申平三
角形中容子丑寅
小圓乃球之距等
圈也心子心丑心
寅三弧之正弦爲
小圓半徑其六切
線卽爲小圓之切
線作午心卯線平

點分三邊爲甲子、甲寅，乙子、乙丑，丙丑、丙寅六弧，兩兩相等。

乙丑即小邊之較弧，丙丑即大邊之較弧。六邊之切線午子、午寅、未子、未丑、申丑、申寅，合成午未申平三角形，中容子丑寅小圓，乃球之距等圈也。心子、心丑、心寅三弧之正弦爲小圓半徑，其六切線即爲小圓之切線。作午心卯線平分乙甲丙弧角，亦平分未午申平角。乃作乙斗、丙亢二線，即兩距等半角正弦。作乙氐、丙房二線，即二較弧正弦。作斗氐、房亢二聯線，成乙斗氐、丙房亢二三角形，必同式。葢心乙斗與心丙房二句股形同式，乙心斗角爲心午子、心未子二角之和，等于心申丑之餘角。葢午未申三全角合之得半周，三半角必得一象限也。而丙心房即心申丑之餘角，與乙心斗角等。凡句股形有等角，必同式也。心乙氐、心丙亢二句股形亦同式。乙心斗、丙心房二角内各加一丑心斗角，爲二形之等角。乙斗氐形以乙氐、乙斗二大股爲二邊，丙房亢形以丙亢、丙房二小股爲二邊，氐乙斗、亢丙房二角又等，故二形必同式，故乙氐、丙房相乘與乙斗丙亢相乘等積也。平三角未牛與申女相乘，未丑與申丑相乘，亦等積。

或問曰：平三角以中垂線乘半底得面積，不知弧三角之面積亦可求否？

答曰：可。其法置半球，自頂點均分爲三百六十大分，每大分又均分爲六十中分，每中分又均分爲六十小分。有弧三角欲求其面積者，以三角之度相并，減去一百八十度，餘幾度幾分幾秒，即知其面積與幾大分幾中分幾小分等。此法歸安嚴君立峰所造，攷之密合，可信也。

又問曰：攷之之法若何？

答曰：球容四面、六面、八面、十二面、二十面諸體，體之邊皆

通弦也依通弦之弧背分球面爲各分其面積必皆等則
攷之易矣依四面體分之爲三角形四其面積等于一百
八十大分其三角皆一百二十度相并得三百六十度減
去一百八十度恰餘一百八十度也依六面體分之爲四
角形六每形對角分之爲三角形十二其面積等于六十
大分其二角皆六十度一角一百二十度相并得二百四
十度減去一百八十度恰餘六十度也依八面體分之爲
三角形八其面積等于九十大分其三角皆九十度相并
得二百七十度減去一百八十度恰餘九十度也依十二
面體分之爲五角形十二每形由中心作五對角弧作五

通弦也。依通弦之弧背分球面爲各分，其面積必皆等，則攷之易矣。依四面體分之，爲三角形四，其面積等于一百八十大分，其三角皆一百二十度，相并得三百六十度，減去一百八十度，恰餘一百八十度也。依六面體分之，爲四角形六，每形對角分之，爲三角形十二，其面積等于六十大分，其二角皆六十度，一角一百二十度，相并得二百四十度，減去一百八十度，恰餘六十度也。依八面體分之，爲三角形八，其面積等于九十大分，其三角皆九十度，相并得二百七十度，減去一百八十度，恰餘九十度也。依十二面體分之，爲五角形十二，每形由中心作五對角弧、作五

垂弧分之爲三角形一百二十其面積等于六大分其一
角九十度一角六十度一角三十六度相并得一百八十
六度減去一百八十度恰餘六度也依二十面體分之爲
三角形二十其面積等于三十六大分其三角皆七十二
度相并得二百十六度減去一百八十度恰餘三十六度
也累攷皆密合知其法非臆造也
或問曰弧三角兩弧夾一角求餘二角用切線分外角法
以兩弧半和之餘弦爲一率半較之餘弦爲二率半外角
正切爲三率得四率爲餘角半和之正切又以兩弧半和
之正弦爲一率半較之正弦爲二率半外角正切爲三率

垂弧分之，爲三角形一百二十，其面積等于六大分，其一角九十度，一角六十度，一角三十六度，相并得一百八十六度，減去一百八十度，恰餘六度也。依二十面體分之，爲三角形二十，其面積等于三十六大分，其三角皆七十二度，相并得二百十六度，減去一百八十度，恰餘三十六度也。累攷皆密合，知其法非臆造也。

或問曰：弧三角兩弧夾一角，求餘二角，用切線分外角法，以兩弧半和之餘弦爲一率，半較之餘弦爲二率，半外角正切爲三率，得四率，爲餘角半和之正切。又以兩弧半和之正弦爲一率，半較之正弦爲二率，半外角正切爲三率，

得四率爲餘角半較之正切前人未有圖解願詳其理
答曰此當列款明之
一凡弧三角若一角不變餘二角漸變其和恒等則其
較角愈小夾定角之二邊和亦愈小二角相等無較角
夾角之二邊和爲最小　如圖甲乙丙甲丁戊二弧三
角形同用一甲角即定角乙丙二角
和丁戊二角和相等丁戊之較角大
乙丙之較角小則甲丙甲乙二邊和
必小于甲丁甲戊二邊和理易明
二凡相對二弧二角其半較半和二正切同比例皆若

得四率，爲餘角半較之正切。前人未有圖解，願詳其理。

答曰：此當列款明之。

一、凡弧三角，若一角不變，餘二角漸變，其和恒等，則其較角愈小，夾定角之二邊和亦愈小。二角相等，無較角，夾角之二邊和爲最小。如圖，甲乙丙、甲丁戊二弧三角形同用一甲角，即定角。乙丙二角和、丁戊二角和相等，丁戊之較角大，乙丙之較角小，則甲丙、甲乙二邊和必小于甲丁、甲戊二邊和，理易明。

二、凡相對二弧二角，其半較半和二正切同比例，皆若

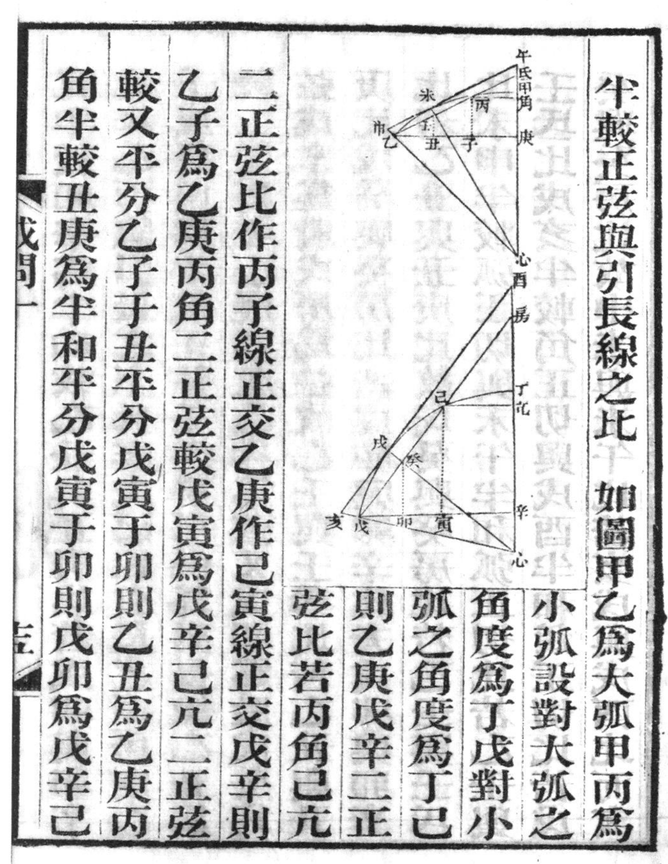

半較正弦與引長線之比。如圖，甲乙爲大弧，甲丙爲小弧。設對大弧之角度爲丁戊，對小弧之角度爲丁己，則乙庚、戊辛二正弦比，若丙角、己亢二正弦比。作丙子線正交乙庚，作己寅線正交戊辛，則乙子爲乙庚、丙角二正弦較。戊寅爲戊辛、己亢二正弦較。又平分乙子于丑，平分戊寅于卯，則乙丑爲乙庚丙角半較，丑庚爲半和。平分戊寅于卯，則戊卯爲戊辛己

亢半較卯辛爲半和故乙丑與丑庚比若戊卯與卯辛
比作乙丙線引長之至氐作戊己線引長之至房則乙
壬戊癸俱爲半較正弦壬氐癸房俱爲引長線乙丑爲
股乙壬爲弦乙庚爲股乙氐爲弦又戊卯爲股戊癸爲
弦戊辛爲股戊房爲弦故乙壬與壬氐比若乙丑與丑
庚比戊癸與癸房比若戊卯與卯辛比夫戊卯與卯辛
比若乙丑與丑庚比故戊癸與癸房比若乙壬與壬氐
比未申半較弧正切與未午半和弧正切比若乙壬與
壬氐比戊亥半較角正切與戊酉半和角正切比若戊
癸與癸房比故申未與未午比若亥戊與戊酉比而亥

亢半較，卯辛爲半和，故乙丑與丑庚比，若戊卯與卯辛比。作乙丙線引長之至氐，作戊己線引長之至房，則乙壬、戊癸俱爲半較正弦，壬氐、癸房俱爲引長線。乙丑爲股，乙壬爲弦；乙庚爲股，乙氐爲弦。又戊卯爲股，戊癸爲弦；戊辛爲股，戊房爲弦。故乙壬與壬氐比，若乙丑與丑庚比。戊癸與癸房比，若戊卯與卯辛比。夫戊卯與卯辛比，若乙丑與丑庚比，故戊癸與癸房比，若乙壬與壬氐比。未申半較弧正切與未午半和弧正切比，若乙壬與壬氐比。戊亥半較角正切與戊酉半和角正切比，若戊癸與癸房比。故申未與未午比，若亥戊與戊酉比，而亥

戊與戊酉比亦若乙壬與壬氐比也
三凡正弧三角對正角之弧其正切與正弦比若一角正切與又一角餘切比　正弧三角舊法有一角有對正角之弧求餘一角者以弧之餘弦爲一率半徑爲二率角之餘切爲三率得四率爲所求角正切夫餘弦與半徑比若正弦與正切比故弧之正弦正切與一角餘切一角正切同比例也
四凡和弧較弧之引長線二款與他弧共用一割線則他弧正切與此引長線比若他弧正弦與此半和弧正弦比他弧正切與此半較弧餘弦比若他弧正弦與此半

戊與戊酉比，亦若乙壬與壬氐比也。

三、凡正弧三角對正角之弧，其正切與正弦比，若一角正切與又一角餘切比。正弧三角舊法，有一角，有對正角之弧，求餘一角者，以弧之餘弦爲一率，半徑爲二率，角之餘切爲三率，得四率，爲所求角正切。夫餘弦與半徑比，若正弦與正切比，故弧之正弦正切與一角餘切一角正切同比例也。

四、凡和弧較弧之引長線二款。與他弧共用一割線，則他弧正切與此引長線比，若他弧正弦與此半和弧正弦比。他弧正切與此半較弧餘弦比，若他弧正弦與此半

和弧餘弦比。如圖，甲未爲半和弧，乙未爲半較弧，甲丙爲他弧，甲戊爲半和弧正弦，乙壬爲半較弧正弦，甲己爲他弧正弦，丁丙爲他弧正切，丁壬爲引長綫，同以丁心爲割線。心戊爲半和弧餘弦，心壬爲半較弧餘弦。丁丙與甲己比，若丁心與甲心比；丁壬與甲戊比，亦若丁心與甲心比。故丁丙與丁壬比，若甲己與甲戊比也。又壬心與戊心比，亦若丁心與甲心比。故丁丙與壬心比，若甲己與戊心比也。

詳觀右四款即可明此題之理夾角之二邊或相等或不
相等若所夾之角不變餘二角之和恒等一款則以二邊相
等爲根二邊相等自所夾角作垂弧平分爲相等二正弧
三角形則三款之又一角餘切乃此題之分角餘切即半
外角正切也三款之一角正切即此題半和角正切也四
款之他弧乃此題相等二邊之一即相等二邊之半和也
四款之半和弧半較弧則即不等二邊之半和半較也相
等二邊之半和其正弦正切比既若半外角正切與半和
角正切比三款又若不相等二邊之半和弧餘弦與半較弧
餘弦比四款故半和弧餘弦與半較弧餘弦比若半外角正

詳觀右四款，即可明此題之理。夾角之二邊，或相等或不相等。若所夾之角不變，餘二角之和恒等，一款。則以二邊相等爲根。二邊相等，自所夾角作垂弧，平分爲相等二正弧三角形，則三款之又一角餘切，乃此題之分角餘切，即半外角正切也；三款之一角正切，即此題半和角正切也。四款之他弧，乃此題相等二邊之一，即相等二邊之半和也；四款之半和弧、半較弧，則即不等二邊之半和半較也。相等二邊之半和，其正弦正切比，既若半外角正切與半和角正切比，三款。又若不相等二邊之半和弧餘弦與半較弧餘弦比。四款。故半和弧餘弦與半較弧餘弦比，若半外角正

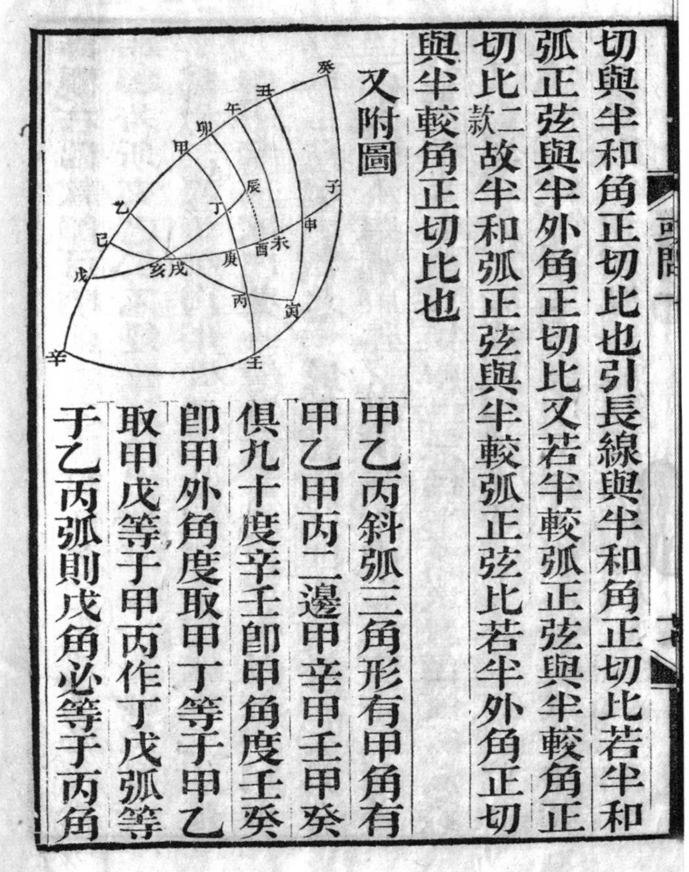

切與半和角正切比也引長線與半和角正切比若半和弧正弦與半外角正切比又若半較弧正弦與半較角正切比二款故半和弧正弦與半較弧正弦比若半外角正切與半較角正切比也

又附圖

甲乙丙斜弧三角形有甲角有甲乙甲丙二邊甲辛甲壬甲癸俱九十度辛壬即甲角度壬癸即甲外角度取甲丁等于甲乙取甲戊等于甲丙作丁戊弧等于乙丙弧則戊角必等于丙角

切與半和角正切比也。引長線與半和角正切比，若半和弧正弦與半外角正切比，又若半較弧正弦與半較角正切比。二款。故半和弧正弦與半較弧正弦比，若半外角正切與半較角正切比也。

又附圖

甲乙丙斜弧三角形，有甲角，有甲乙、甲丙二邊，甲辛、甲壬、甲癸俱九十度，辛壬即甲角度，壬癸即甲外角度。取甲丁等于甲乙，取甲戊等于甲丙。作丁戊弧等于乙丙弧，則戊角必等于丙角。

平分乙戊于己平分丁丙于庚作庚己弧此弧必平分乙丙弧于戊丁戊弧于亥又引長之必平分外角度壬癸于子故子癸爲半外角度乃取己午己未俱九十度作午未弧取戊卯戊辰各九十度作卯辰弧即丙角度取乙丑乙寅各九十度作丑寅弧即乙角度卯辰弧交己庚弧于酉丑寅弧交己庚弧于申辰酉寅申二弧必等何則亥辰酉戌寅申二三角形亥戌二角既等辰寅又俱爲正角亥辰戌寅二弧又等戌辰乙寅俱九十度所去戌亥乙戌二弧既等則餘二弧亦必等矣則辰酉寅申二弧不得不等矣故丑申卯酉俱爲半和角度午丑申未午卯酉未二四角形申酉二角既等丑午未及卯午未又俱爲

平分乙戊于己，平分丁丙于庚，作庚己弧，此弧必平分乙丙弧于戊、丁戊弧于亥。又引長之，必平分外角度壬癸于子，故子癸爲半外角度。乃取己午、己未俱九十度，作午未弧，取戊卯、戊辰各九十度，作卯辰弧，即丙角度。取乙丑、乙寅各九十度，作丑寅弧，即乙角度。卯辰弧交己庚弧于酉，丑寅弧交己庚弧于申，辰酉、寅申二弧必等。何則？亥辰酉、戌寅申二三角形，亥戌二角既等，辰、寅又俱爲正角，亥辰、戌寅二弧又等，戌辰、乙寅俱九十度，所去戌亥、乙戌二弧既等，則餘二弧亦必等矣。則辰酉、寅申二弧不得不等矣。故丑、申、卯、酉俱爲半和角度。午丑申未、午卯酉未二四角形，申酉二角既等，丑午未及卯午未又俱爲三正角，丑午、卯午二弧又相等，故丑、申、卯、酉亦相等也。甲己爲半和弧，與癸午等。甲癸、己午俱九十度故。己戊、己乙俱爲半較弧，與午卯、午丑等。戊卯、己午、乙丑俱九十度故。癸午未子四角形，癸、午、未三角俱正；卯午未酉四角形，卯、午、未三角俱正，乃作二四角合儀觀之，其比例相當之理顯然矣。

如圖，午角爲半和弧正切，午亢爲半較弧正切。尾癸爲半和弧正弦，尾心爲餘弦。氐卯爲半較弧正弦，氐心爲餘弦。卯女爲半和角正切，與房牛等。癸斗爲半外角正切，尾心半和弧餘弦。與氐心半較弧餘弦。比，若癸斗半外角正切。與房牛半和角正切。比，觀圖自明也。準二款，氐房與氐卯比，若房

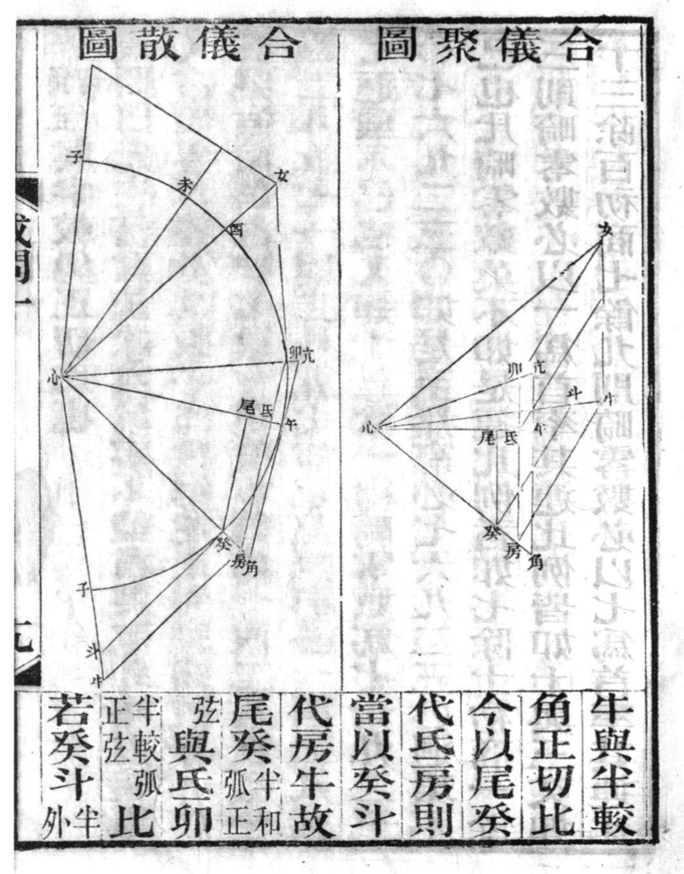

牛與半較角正切比。今以尾癸代氐房，則當以癸斗代房牛。故尾癸半和弧正弦。與氐卯半較弧正弦。比，若癸斗半外

合儀聚圖

合儀散圖

角正切。與半較角正切比也。

或問曰：先生嘗言法除實畸零不盡者，其數必爲迴環數。又言畸零不盡者，其數必爲無窮連比例。願聞其詳。

答曰：迴環數者，如七除一，得畸零數爲一四二八五七一四二八五七一四二八五七，如是至無窮，必一四二八五七迴環不已也。又如十三除一，得畸零數爲七六九二三〇七六九二三〇，如是至無窮，必七六九二三〇迴環不已也。凡畸零數，莫不如是。連比例者，如七除十，初商一，餘三，則畸零數必以一爲首率，其連比例皆如十與三。又如十三除百，初商七，餘九，則畸零數必以七爲首率，其連比

例皆如百與九凡畸零數莫不如是
或問曰梅氏方圓冪積末有橢圓體截積一條自註云訂
秝書之誤然梅氏法亦未密合橢圜體求截積果無法乎
答曰安在其無法也梅氏特未精思爾試以大矢爲一率
大矢加半徑爲二率小圓角爲三率得四率爲小分又以
小矢爲一率小矢加半徑爲二率大圓角爲三率得四率
爲大分一法半徑乘徑冪大矢冪除之爲一率小矢加半
徑爲二率全積爲三率得四率爲大分半徑乘徑冪小矢
冪除之爲一率大矢加半徑爲二率全積爲三率得四率
爲小分用此二法推之皆密合也

例皆如百與九。凡畸零數，莫不如是。

或問曰：梅氏《方圓冪積》末有“橢圜體截積”一條，自註云：“訂《曆書》[1]之誤”，然梅氏法亦未密合。橢圜體求截積果無法乎？

答曰：安在其無法也，梅氏特未精思爾！試以大矢爲一率，大矢加半徑爲二率，小圓角爲三率，得四率爲小分。又以小矢爲一率，小矢加半徑爲二率，大圓角爲三率，得四率，爲大分。一法，半徑乘徑冪，大矢冪除之爲一率，小矢加半徑爲二率，全積爲三率，得四率爲大分。半徑乘徑冪，小矢冪除之爲一率，大矢加半徑爲二率，全積爲三率，得四率爲小分。用此二法推之，皆密合也。

1 曆書，指《崇禎曆書》，入清後改爲《西洋新法曆書》。

或問曰幾何原本作圜内五邊形法似覺太緐曲不知更有簡法否
答曰亦嘗思得一法先作一切線等于半徑之半卽作一割線次以切線端爲心切點爲界旋規分割線爲二分次自圜心作半徑之垂線末自切點作線過割線分點至垂線卽五等邊形之一邊也
又問曰願聞其理
答曰凡理分中末線小分半大分和之正方五倍半大分之正方幾何原本十三卷三題半徑爲大分切線爲半大分割線卽小分半大分和也以切線減之則餘爲小分自圜心至末

或問曰：《幾何原本》作圜内五邊形法[1]，似覺太緐曲，不知更有簡法否？

答曰：亦嘗思得一法，先作一切線等于半徑之半，即作一割線。次以切線端爲心，切點爲界，旋規分割線爲二分。次自圜心作半徑之垂線。末自切點作線，過割線分點至垂線，即五等邊形之一邊也。

又問曰：願聞其理。

答曰：凡理分中末線，小分、半大分和之正方五倍半大分之正方。《幾何原本》十三卷三題。半徑爲大分，切線爲半大分，割線即小分、半大分和也。以切線減之，則餘爲小分。自圜心至末

1 見《幾何原本》卷四第11題。

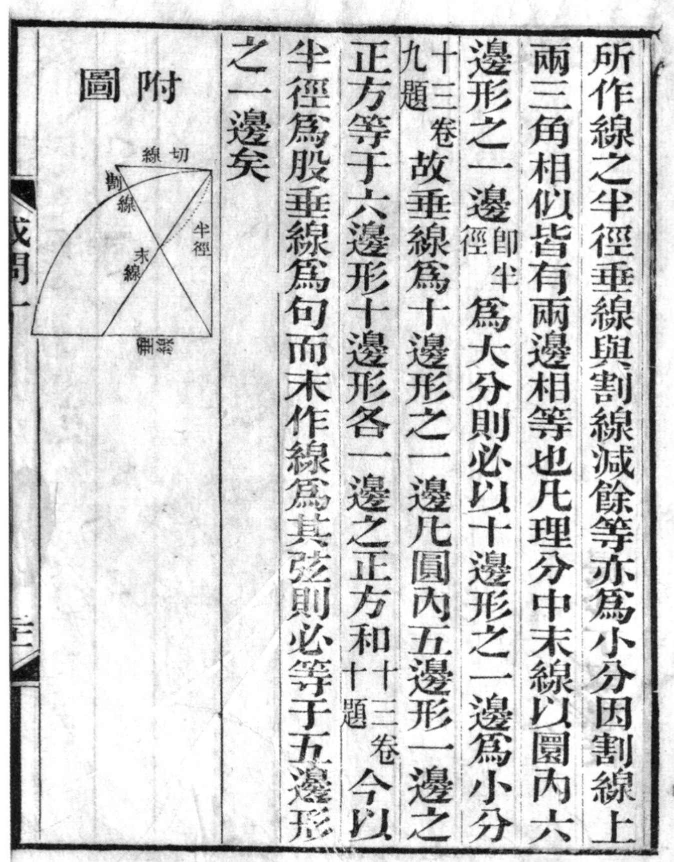

所作線之半徑垂線與割線減餘等，亦爲小分。因割線上兩三角相似，皆有兩邊相等也。凡理分中末線，以圜内六邊形之一邊即半徑。爲大分，則必以十邊形之一邊爲小分，十三卷九題。故垂線爲十邊形之一邊。凡圓内五邊形一邊之正方，等于六邊形、十邊形各一邊之正方和。十三卷十題。今以半徑爲股，垂線爲句，而末作線爲其弦，則必等于五邊形之一邊矣。

附圖

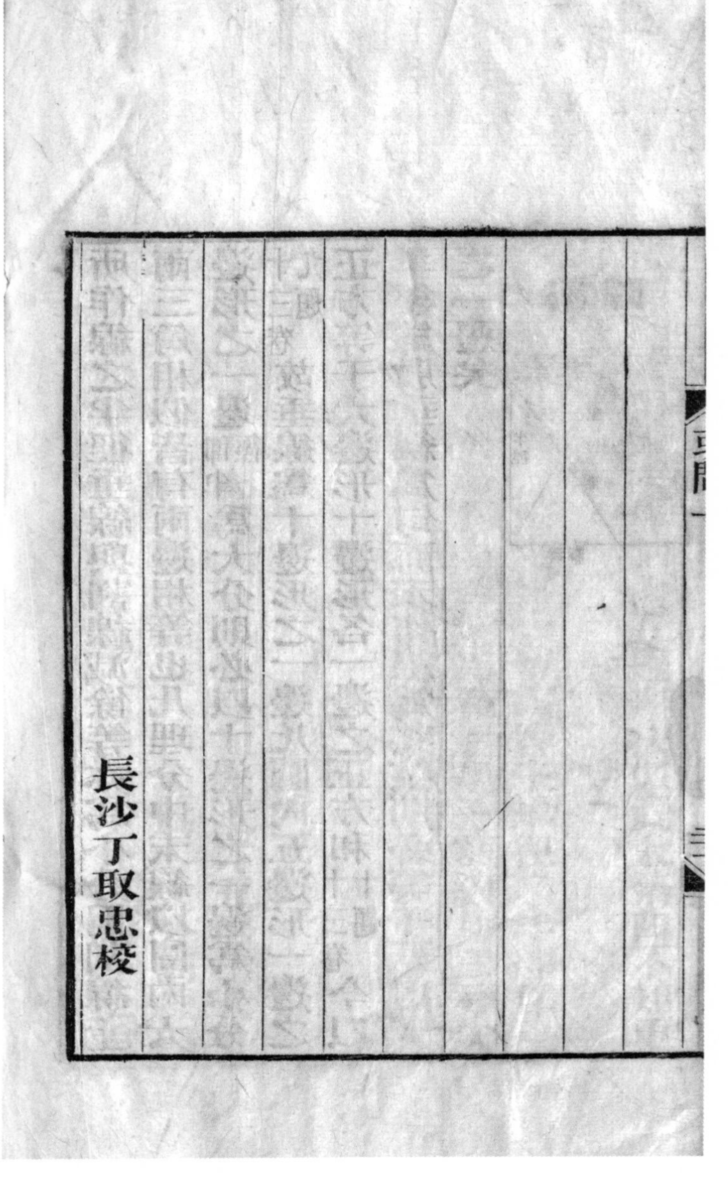

長沙丁取忠校

附録一　顧觀光《四元解序》[一] 丙午

四元之術，至明而失其傳。近得徐鈞卿、羅茗香諸公相繼闡發，始有蹊徑可尋。然按法求之，恒苦其難，而不適於用。約其大端，蓋有三焉。天物相乘，與地人相乘，竝用寄位，則冪與冪乘，推而上之，幾有無可位置之處。一也。剔消之法，以一式截分爲二，左右斜正，初無一定之規，非熟於法者，安能無誤？二也。次式、副式、通式及上中下諸式之名，任意作記，易茲學者之疑。三也。繙閱之暇，每欲改易算式，而其道無由。乙巳冬，海寧李君秋紉以所著《四元解》示余。余受而讀之，見其以綫面體釋四元，以綫面體之自乘再乘定算式，而相消所得，直命爲初消、次消、三消，則向所難之三事，均已無之。作而歎曰：心之神明，固若是之日出而不窮乎？非四元無以盡天元之變，非天元無以盡少廣之變，而非少廣之綫面體，則亦無以定四元之位，而直截發明其所以然。竊爲一言以蔽之曰：析堆垜成廣隅而已。古法置太極於中心，而環之以八，又環之以十六，其遞增也皆以八，堆垜之式也。新法置太極於一隅，而附之以三，又附之以五，其遞增也皆以二，廉隅之象也。置太極於中心，則上下左右動有牽制；置太極於一隅，則升降進退無往不宜。由是四元相乘皆有位，無寄位也；四元爲法皆可除，無剔消也。且其定位之圖既化諸乘方爲平方，相乘相消之圖又化諸乘方爲立方。反覆辨論，均能假象，以達難顯之情。何李君之心曲而善入如此！李君又有《弧矢啟祕》《對數探源》諸書，皆本天元之術，而引而伸之，實發前人所未發。余冀其悉合而傳之，以爲言算者一大快也。

[一] 據古今算學叢書本《四元解》録文。

附録二　顧觀光《對數探原序》[一]

《對數探原》者，海甯李君秋紉所著也。西人對數之表，以加減代乘除，用之甚易而造之甚難。李君巧借諸乘尖堆以定其數，又化諸乘尖堆爲同高同底之平尖堆，以圖其形。由是遞加遞除，而諸對數指顧可得。精思所到，生面獨開矣。究其立法之原，不越乎天元以虛求實之理，是故尖堆之底即天元也，尖堆之高即正數也。平分其高爲若干分，依分各作横線以截其積，而對數之法由之以生，何也？對數之首位，自一至九止矣。一之對數爲〇，而百億之對數亦爲〇，故尖堆下段之積不可求，而總積亦不可求，非無積也。正以其大之極，而一至九之數不足以名，故反命爲〇，此盈虛消息如環無端之妙也。二至十之共積爲一，十一至一百之共積爲一，一百一至一千之共積亦爲一，推知至於萬億，無不如是，此尖堆漸上漸狹、漸下漸濶之理也。以加倍代自乘，則二段之積不得不同於三四兩段之積；以三因代再乘，則二段之積不得不又同於五六七八四段之積。此尖堆二段以上積數相等之理也。尖堆之底無盡，積亦與爲無盡。而求兩對數較，則所得皆爲最上一段之積，故二十尖堆已足當億萬。尖堆之用，西人不達乎此，乃用正數屢次開方、對數屢次折半以求之，亦識流而昧其原矣。《易》不云乎：『易則易知，簡則易從。』李君渺慮凝思，無幽不啟，蓋實有以通易簡之原而體神明之撰者。西人見之，應亦自悔其徒勞也。是爲序。金山顧觀光。

[一] 據指海本《對數探原》録文。

附録三　諸可寶《疇人傳三編·李善蘭傳》[一]

李善蘭，字壬叔，號秋紉，海寧人。諸生。曾從長洲老儒陳徵君奐受經，於辭章訓詁之學雖皆涉獵，然好之終不及算學。故算學用心極深，其精到處自謂不讓西人，抑且近代罕匹。方年十齡，讀書家塾，架上有古《九章》，竊取閱之，以爲可不學而能，從此遂好算。應試杭州，得《測圓海鏡》《句股割圜記》以歸，其學始進。三十後，所造漸深，因思割圜法非自然，深思得其理，時有心得，輒復箸書。與同郡戴處士煦、南匯張明經文虎、烏程徐莊愍公、汪教諭曰楨、歸安張茂才福僖，及竝世明算之士皆相善，時有問難。咸豐初，客上海，識英吉利文士偉烈亞力、艾約瑟、韋廉臣三人，從譯諸書。十年，在莊愍幕府，粤匪弄兵，吴越淪陷。同治改元，乃從湘鄉文正公安慶軍中，相依數歲。七年，用湘陰郭侍郎嵩燾薦舉，徵入同文館。文正資送之應詔至都，奏派算學總教習。敍勞積階至三品卿銜、户部郎中、總理各國事務衙門漢章京。光緒十年卒於官，年垂七十矣。

京卿之學會通中西，序《測圓海鏡》云：『《魯論》記孔子之言曰：「參乎，吾道一以貫之。」又曰：「賜，女以予爲多學而識之者歟？非也，予一以貫之。」此聖人傳道之要旨，自曾子、子貢而外，莫得而聞焉。顧聖學始于志道，終于遊藝，故不獨道有一貫，藝亦有焉。元李敬齋先生箸《測圓海鏡》，每題皆有法有草。法者，本題之法也。草者，用立天元一曲折以求本題之法，乃造法之法，法之源也。且算術大至躔離交食，細至米鹽瑣屑，法甚繁已。以立天元一演之，莫不能得其法，故立天元一者，算學中之一貫也。明顧應祥《海鏡釋術》，但演諸開方法而去其細草，重櫝輕珠，殊可笑焉。善蘭少習《九章》，以爲淺近無味，及得讀此書，然後知算學之精深，遂好之至今。後譯西國代數、微分、積分諸書，信筆直書，了無疑義者，此書之力焉。蓋諸西法之理，即立天元一之理也。今來同文館，即以此書課諸生，令以代數演之，則合中西爲一法矣。丁君冠西欲以聚珍板印古算學，問余何書最佳。余曰：「莫如《測圓海鏡》。」丁君曰：

[一] 據諸可寶《疇人傳三編》卷六録文，清光緒二十二年（一八九六）上海璣衡堂石印本。

「君之學，得力此書最多，將以報私淑之師耶？」余曰：「然。然中華算書，實無有勝于此者。請讀阮文達公之序，始知非余阿私所好也。」」

自譔諸書，惟《羣經算學考》未卒業而燬於兵，餘皆刻于金陵，都爲《則古昔齋算學》，凡十三種，二十有四卷。

曰《方圓闡幽》一卷，專言理而不言數，凡十條。

曰《弧矢啓祕》三卷，則以尖錐立術，而弧背八線皆可求。

曰《對數探源》二卷，亦以尖錐截積起算，先明其理，次詳其法。自序云：『正數以乘除爲比例，對數以加減爲比例。正數連比例之率，以前率與後率遞減之，則所餘者必爲齊同之數。是故有對數萬，求其逐一相對之正數，則爲連比例萬率，其理夫人而知之也。有正數萬，求其逐一相對之對數，則雖歐羅巴造表之人，僅能得其數，未能知其理也。間嘗深思得之，歎其精微玄妙，且用以造表，較西人簡易萬倍，然後知言數者之不可不先得夫理也。』

曰《垛積比類》四卷，以立天元一詳演細草。序云：『垛積爲少廣一支，而元郭太史以步躔離，近汪氏孝嬰以釋遞兼，董氏方立以推割圜，西人代數微分中所有級數，大半皆是，其用亦廣矣哉。顧歷來算書中不恆見，惟元朱氏《玉鑑》茭草形段、如象招數、果垛疊藏諸門爲垛積術。然其意在發明天元一，故言之不詳，亦無條理。汪氏、董氏之書有條理矣，然一但言三角垛，一但言四角垛，餘皆不及，則亦不備。今所述有表有圖有法，分條別派，詳細言之，欲令習算家知垛積之術，於九章外別立一幟，其説自善蘭始。』

曰《四元解》二卷。序云：『汪君謝城以手抄元朱世傑《四元玉鑑》三卷見示，天元之外，又有地元、人元、物元，書中每題僅列實、方、廉、隅諸數，無細草，讀之茫然。深思七晝夜，盡通其法，乃解明之。先釋列位，及加、減、乘、除相消諸法，復以天物相乘、人地相乘諸數，無可位置，爲改定算格。取首四問，各布一細草，且明開方之法。恐初學仍不能通，復取細草，逐節繪圖詳釋之。術雖深，讀此可豁然矣。』

曰《麟德術解》三卷。序云：『元郭太史《授時術》，中法號最密。其平、立、定三差，學曆者皆推爲剏獲，不知《麟德術》盈朒、遲速二法，已暗寓平、定二差於其中，郭氏特踵事加密耳。竊謂僅加立差猶未也，必欲合天，當再加三乘、四乘諸差。後世有好學深思之士，試取我説而演之，其密合當不在西人本輪、均輪、橢圓諸術下。而李氏實開其端，剏始之功又何可没也？暇日取史志盈朒、遲速二法詳論之，以質世之治中法者。』

曰《橢圜正術解》二卷、《新術》一卷、《拾遺》四卷。序云：『新法盈縮遲疾，皆以橢圜立算。徐君青中丞謂其取徑迂回，布算繁重，且皆係借算，非正術也。因撰是卷，法簡而密，尤便對數，駕過西人遠矣。但各術之理，俱極精深，恐學者驟難悟入。客窗多暇，輒逐術爲補圖詳解之。』

曰《火器真訣》一卷。序云：『凡鎗礮鉛子，皆行抛物線，推算甚繁，見余所譯《重學》中。欲求簡便之術，久未能得。冬夜少睡，復于枕上反覆思維，忽悟可以平圓通之，因演爲若干款，依款量算，命中不難矣。』

曰《對數尖錐變法釋》一卷。序云：『善蘭昔年作《對數探源》二卷，明對數之積，爲諸乘方合尖錐，金山錢氏刊入《指海》中。後與西士遊，譯泰西天算諸種，其言雙曲線與漸近線中間之積即對數積。核其數與善蘭所定諸乘方尖錐合，而其求對數諸較，則法又不同。蓋善蘭所用正法也，西人所用變法也。不明其故，幾疑二法所用之根不同，故特釋之，以解後世學者之惑。』曰《級數回求》一卷，則明代數者。序云：『凡算術用級數推者，有以此推彼之級數，即可求以彼推此之級數。設數題如法演之，爲一切級數互求之準繩。』

曰《天算或問》一卷，則記友人門弟子答問之語，擇其理之精者，録存于卷。

其後又附《考數根法》一卷。數根者，惟一可度而他數不能度之數也。立法凡四，則可補《幾何》之未備云。

至於所譯泰西算書提要鉤元，亦詳自序。《幾何原本》後九卷續譯序云：『泰西歐几里得譔《幾何原本》十三卷，後人續增二卷，共十五卷。明徐、利二公所譯，其前六卷也，未譯者九卷。卷七至卷九論有比例無比例之理，卷十論無比例，十三線，卷十一至十三論體，十四、十五二卷亦論體，則後人所續也。無七、八、九三卷，則十卷不能讀；無十卷，則後三卷中論五體之邊不能盡解。是七卷以後皆爲論體而作，即皆論體也。自明萬曆迄今，中國天算家願見全書久矣。道光壬寅，國家許息兵與泰西各國定約。此後西士願習中國經史，中士願習西國天文算法者，聽聞之心竊喜。歲壬子來上海，與西士偉烈君亞力約續徐、利二公未完之業。偉烈君無書不覽，尤精天算，且熟習華言。遂以六月朔爲始，日譯一題。中間因應試、避兵諸役，屢作屢輟，凡四歷寒暑，始卒業。是書泰西各國皆有譯本，顧第十卷闡理幽元〔一〕，非深思力索不能驟解，西士通之者亦尟。故各國俗本掣去七、八、九、十四卷，六卷後即繼以十一卷。又有前六卷單行本，俱與足本竝行。各國言語文字不同，傳録譯述，既難免參錯，又以讀全書者少，翻刻譌奪，是正無人，故夏五三豕，層見叠出。當筆受時，輒以意匡補。偉烈君言異日西士欲求是書善本，當反訪諸中國矣。甫脱稾，韓君緑卿寓書請損資上板，以廣流傳，即以全稾寄之。顧君尚之、張君嘯山任校覈。閲二年功竣，韓君復乞序之。憶善蘭年十五時，讀舊譯六卷，通其義，竊思後九卷必更深微，欲見不可得。輒恨徐、利二公之不盡譯全書也，又妄冀好事者或航海譯歸，庶幾異日得見之。不意昔所冀者今自爲之，其欣喜當何如耶！雖然非國家推恩中外，一視同仁，則懼干禁網不敢譯；非偉烈君深通算理，且能以華言詳明剖析，則雖欲譯無從下手；非韓君力任剞劂，嘉惠來學，張、顧二君同心襄力，詳加讐勘，則雖譯有成書，後或失傳。凡此諸端，不謀麐集，實千載一時難得之會。後之讀者，勿以是書全本入中國爲等閒事也。』

〔一〕元，當作「玄」，避康熙「玄燁」諱改。

又《重學》二十卷，坿《曲綫説》三卷。序云：『歲壬子，余遊滬上，將繼徐文定公之業，續譯《幾何原本》。西士艾君約瑟語余曰：「君知重學乎？」余曰：「何謂重學？」曰：「幾何者，度量之學也。重學者，權衡之學也。昔我西國以權衡之學制器，以度量之學考天，今則制器考天皆用重學矣，故重學不可不知也。我西國言重學者，其書充棟，而以胡君威立所箸者爲最善，約而該也。先生亦有意譯之乎？」余曰：「諾。」于是朝譯《幾何》，暮譯《重學》，閲二年同卒業。韓君緑卿既任刻《幾何》，錢君鼎卿亦請以《重學》付手民，同時上板，皆印行，無幾同燬于兵。今湘鄉相國爲重刊《幾何》，而制軍肅毅伯亦爲重刊《重學》，又同時得復行于世。自明萬曆迄今，疇人子弟皆能通幾何矣，顧未知重學。重學分二科：一曰靜重學。凡以小重測大重，如衡之類，靜重學也；凡以小力引大重，如盤車轆轤之類，靜重學也。一曰動重學。推其暫，如飛礮擊敵，動重學也；推其久，如五星繞太陽，月繞地，動重學也。靜重學之器凡七：桿也，輪軸也，齒輪也，滑車也，斜面也，螺旋也，劈也。而其理維二：輪軸、齒輪、滑車，皆桿理也；螺旋、劈，皆斜面理也。動重學之率凡三：曰力，曰質，曰速。力同則質小者速大，質大者速小；質同則力小者速小，力大者速大。靜重學所推者，力相定。或二力方向同定于一線，或二力方向異定于一點。動重學所推者，力生速。凡物不能自動，力加之而動。若動後不復加力，則以平速動；若動後恆加力，則以漸加速動。而其理之最要者有二：曰分力、并力，曰重心，則靜、動二學之所共者也。凡二力加于一體，令之靜，必定于并力線；令之動，必行于并力線。且物之定，必定于重心；物之動，必行于重心線，并力線必經過重心也。又凡物旋動，必環重心，地動是也。二物相連而相繞，必環公重心，月地相攝而動是也。故分力、并力及重心，爲重學最要之理也。胡氏所著凡十七卷，益以《流質重學》三卷，都爲二十卷。制器考天之理，皆寓于其中矣。嗚呼！今歐羅巴各國日益强盛，爲中國邊患，推原其故，制器精也。推原制器之精，算學明也。曾、李二公有見于此，亟以此付梓。上好之，下必有甚焉者。異日人人習算，制器日精，以威海外各國，令震攝奉朝貢，則是書之刻，其功豈淺尠哉？』

又《代微積拾級》十八卷。序云：『中法之四元，即西法之代數也。諸元、諸乘方、諸互乘積，四元别以位次，代數别以記號，法雖殊，理無異也。我朝康熙時，西國來本之、奈端二家，又創立微分、積分二術，其法亦借徑於代數，其理實發千古未有之奇祕。代數以甲、乙、丙、丁諸元代已知數，以天、地、人、物諸元代未知數。微分、積分以甲、乙、丙、丁諸元代常數，以天、地、人、物諸元代變數。其理之大要，凡線、面、體皆設爲由小漸大，一刹那中所增之積，即微分也。其全積，即積分也。故積分逐層分之爲無數微分，合無數微分仍爲積分。其法之大要，恆設縱、横二線，以天代横線，以地代縱線，以𢓍代横線之微分，以彵代縱線之微分。凡代數式，皆以法求其微係數，係於𢓍或彵之左，爲一切線、面、體之微分。故一切線、面、體之微分與縱、横線之微分，皆有比例，而疊求微係數，可得線、面、體之級數曲線之諸異點，是謂微分術。既有線、面、體之微分，可反求其積分。而最神妙者，凡同類諸題，皆有一公式，而每題又各有一本式。公式中恆兼有天地，或兼有𢓍彵，但求得本式中天與𢓍之同數，或地與彵之同數以代之，乃求其積分，即得本題之全積，是謂積分術。由是一切曲線，曲線所函面曲面，曲面所函體，昔之所謂無法者，今皆有法。一切八線求弧背，弧背求八線，真數求對數，對數求真數，昔之視爲至難者，今皆至易。嗚呼！算術至此，觀止矣，蔑以加矣。羅君密士，合衆之天算名家也，取代數、微分、積分三術，合爲一書，分款設題，較若列眉，嘉惠後學之功甚大。偉烈君亞力聞而善之，亟購求其書，請余共事譯行中國。偉烈君之功，豈在羅君下哉？是書先代數，次微分，次積分，由易而難，若階級之漸升。譯既竣，即名之曰《代微積拾級》，時《幾何原本》刊行之後一年也。』

又《談天》十八卷。序云：『西士言天者曰：「恆星與日不動，地與五星俱繞日而行。故一歲者，地球繞日一周也。一晝夜者，地球自轉一周也。」議者曰：「以天爲靜，以地爲動，動靜倒置，違經畔道，不可信也。」西士又曰：「地與五星及月之道俱係橢圜，而歷時等，則所過面積亦等。」議者曰：「此假象也。以本輪、均輪推之而合，則設其象爲本輪、均輪；以橢圜面積推之而合，則設其象爲橢圜面積。其實不過假以推步，非真有此象也。」竊謂議者未嘗精心攷察，而拘牽經義，妄生議論，甚無謂也。古今談天者，莫善於子輿氏「苟求其故」之一語，西士蓋善求其故者也。舊法火、木、土皆有歲輪，而金、水二星則有伏見輪。同爲行星，何以行法不同？歌白尼求其故，則知地球與五星皆繞日，火、木、土之歲輪因地繞日而生，金、水之伏見輪則其本道也，由是五星之行皆歸一例。然其繞日非平行，古人加一本輪推之不合，則又加一均輪推之。其推月且加至三輪、四輪，然猶不能盡合。刻白爾求其故，則知五星與月之道皆爲橢圜，其行法面積與時恆有比例也。然俱僅知其當然，而未知其所以然。奈端求其故，則以爲皆重學之理也。凡二球環行空中，則必共繞其重心。而日之質積甚大，五星與地俱甚微，其重心與日心甚近，故繞重心即繞日也。凡物直行空中，有他力旁加之，則物即繞力之心而行。而物直行之遲速與旁力之大小，適合平圜率，則繞行之道爲平圜；稍不合，則恆爲橢圜。惟歷時等，所過面積亦等，與平圜同也。今地與五星本直行空中，日之攝力加之，其行與力不能適合平圜，故皆行橢圜也。由是定論如山，不可移矣。又證以距日立方與周時平方之比例，及恆星之光行差、地道半徑視差，而地之繞日益信。證以煤坑之墜石，而地之自轉益信。證以彗星之軌道，雙星之相繞，多合橢圜，而地與五星及日之行橢圜益信。余與偉烈君所譯《談天》一書，皆主地動及橢圜立說。此二者之故不明，則此書不能讀，故先詳論之。』

又京卿所譯西書，尚有《植物學》一種，凡八卷，無關算術，不具詳焉。《舒藝室詩存》注、同文館本《測圓海鏡》、《則古昔齋算學》、《幾何原本全書》、《重學》坿《曲線説》、《代微積拾級》、《談天》。

論曰：李京卿邃于數理，專門名家，用算學爲郎，王公交辟，居譯署者幾二十年，勳階比秩卿寺，遭遇之隆，近代未之有也。夫其聰强絶人，蓋有天授。讀所譔譯諸書，剖析入微，奧窔盡闢，體大而思精，言簡而義賅，其爲薄海内外所傾倒也宜已。嘗聞治算之要，理與數也云爾。加、減、乘、除、開方也者，法也，有理焉。堆垛、招差、天元、四元，與夫對數、代數、微分、積分也者，所以用法之法也，是術也，而數起矣。數有萬變，理惟一原。術無論古今中西新舊也，其皆能舍加、減、乘、除、開方，而他有所用法乎？是故異者其名耳，而其實正同也。同者何，理而已矣。執理之至簡，馭數之至繁。衍之無不可通之數，抉之即無不可窮之理，人胡爲相畛域哉？昔者借根方法進呈，聖祖仁皇帝諭蒙養齋諸臣曰：『西洋人名此書爲阿爾熱巴拉，案原本作「八達」，謹据西法改正。譯言東來法也。』於是悟借根之出天元。梅氏發之於前，今知變四元爲代數，京卿證之於後。如于《重學》卷中附天元數草，課同文館生，演《海鏡》以代數，非欲學者因此識彼，究其一致乎？自得京卿，而梅氏之説弗湮。亦有梅氏，而京卿之説益信。立言不朽，此類是也。吾知天下後世之讀京卿書者，謂其心爲梅氏所共見之心，而其義爲梅氏所未及之義，論其世可想見其爲人，必曰梅氏以後，一人而已。阿好云乎哉，豈弗盛歟？

後記

古籍是中華優秀傳統文化的主要載體。十八大以來，以習近平同志爲核心的黨中央站在實現中華民族偉大復興的戰略高度，對傳承和弘揚中華優秀傳統文化作出了一系列重大決策部署。二〇二二年政府工作報告中指出『傳承弘揚中華優秀傳統文化，加強文物古籍保護利用和非物質文化遺產保護傳承』。四月十一日，中共中央辦公廳、國務院辦公廳專門印發《關於推進新時代古籍工作的意見》，特别指出：深度整理研究古代科技典籍，傳承科學文化，服務科技創新。推進古籍數字化，積極對接國家文化大數據體系，實現古籍數字化資源彙聚共用。積極開展古籍文本結構化、知識體系化、利用智能化的研究和實踐，加速推動古籍整理利用轉型升級。四月二十五日，習近平總書記在中國人民大學考察調研時指出：要運用現代科技手段加強古籍典藏的保護修復和綜合利用，深入挖掘古籍蘊含的哲學思想、人文精神、價值理念、道德規範，推動中華優秀傳統文化創造性轉化、創新性發展。要精心保護好古籍資源，逐步推進數字化，讓更多的人受到教育、得到啟迪。要加强學術資源庫建設，更好發揮學術文獻信息傳播、搜集、整合、編輯、拓展、共享功能，打造中國特色、世界一流的學術資源信息平臺，提升國家文化軟實力。總書記的指示爲推動古籍整理研究工作高質量發展指明了方向。日前全國古籍整理出版規劃領導小組印發實施《二〇二一—二〇三五年國家古籍工作規劃》，特别是將古籍數字化作爲新時代古籍工作的重要增量和工作著力點。這給從事中國古代數學典籍、科技典籍整理研究的工作人員增添了極大的信心。

我於二〇〇一年進入内蒙古師範大學科學史與科技管理系學習數學史。師大科學史以數學史研究見長，早期學術研究、人才培養均集中在數學典籍研究，代表性的成果有《中華傳統數學文獻精選導讀》《中國數學史大系·副卷第二卷·中國算學書目彙編》等。記得入學時學科奠基人李迪教授教導我們如何做數學史時指出：數學史研究對象是古老的，甚至是數千年前的，但是思路和方法要現代化，整個世界科學技術飛快發展的形勢逼著我們非這樣進入二十一世紀不可。我們一定要有足夠的思想準備，自覺地進入現代化的新時代。至少有下列幾點應當考慮。

第一，研究手段和方法的電腦化、網絡化，儘量改變手工操作的方式。不限於對現代發表的研究論著要入網，而且要把原始資料，如古代的書目（包括藏書地點）、有關文物目録也要上網。至於對研究内容的整理分析、統計等，同樣要這樣做。

第二，建立數學發展的數學模型，需要進行統計，找到規律性，給出含有相關參數的數學表達式，也就是用定量的方法描述中國數學的發展情形。

第三，用新方法寫出全新的中國數學史著作，無論是表述方式還是文字載體都與以往的不同。

第四，在一定時期，手工操作不能完全廢止。

二十一世紀之初，李迪教授立足全球信息化時代的到來，提出了數學典籍現代化整理與研究工作的綱領性意見，指出了師大數學史發展方向。在師大數學史治學風格影響下，我也是從數學典籍入手進行數學史學習和研究工作，畢業論文是對中國第一部三角學著作《大測》開展研究，相關成果彙集成《〈大測〉校釋》一書出版。工作後承擔了國家重大文化出版工程——《中華大典》中《數學典·會通中西算法》副主編和三角、明末清初數學家數學典籍兩個總部的主編。投入到《中華大典·數學典》編纂工作中，才對數學典籍整理有了更深的認識。

與一般古籍整理工作相比，數學典籍存在自身獨特性。首先數學典籍特殊之處在於用古文字或者特殊符號標識專屬數學含義的名詞術語，這在一般古籍整理中很少能涉及，不容易進行數學古籍專有名詞標注釋義；而數學典籍中的數學符號，通常整理方法是畫出圖形，再以圖片的形式插入，至今尚未能實現古籍數學符號數字化録入；遇到典籍中的算法、公式、運算步驟等純數學内容，無法關注到上下文數理邏輯關係而進行科學斷句，例如我在校勘《大測》時遇到『八十五分之一』這一簡單的運算，如果不是將有關術文演算一遍，是不可能判斷分子是『五』『十五』還是『八十五』，也就不可能進行準確斷句。由於目前古籍數學符號缺少對應的計算機字符編碼，數學符號或演算過程以圖片的方式保存，無法實現全文本數字化。所以當時啓動《中華大典·數學典》工作之初，是做了數字化的基礎工作的，但是由於始終無法突破數學符號、算式的數字化録入，導致數學典籍全文數字化工作未能達到預期目標。我當時率先拿出《中華大典·數學典·會通中西算法分典》中《三角》總部樣章，送大典辦審核通過後，編纂體例和方法推行到《數學典》各個分典應用。編纂《三角》總部有一項很繁重的工作，就是對古代三角函數表函數值進行校勘，我們將計算機科學技術引入數學典籍整理工作中，得以對數十部三角函數表、三角函數對數表中數十萬數據進行校勘，這一工作還申請到教育部高等學校博士學科點專項科研基金：中國近代三角算法複雜度分析。這是我們團隊關於數學典籍數字化的起點。

《中華大典·數學典》編纂完成，進一步推動團隊數學典籍數字化工作的發展。作爲數學史研究者，一旦可以將典籍中的數學符號、算法、公式以編碼的形式進行録入，就可以很好地處理數學古籍中的符號、算法和知識體系，有利於對中國數學史開展定量分析。尤其在數字化時代，數學典籍也可以有效融入新媒體傳播矩陣，促進中華優秀傳統數學文化的傳播。爲了系統性解決上述問題，内蒙古師範大學組建『中國與周邊國家數學典籍研究中心』和『中國數學典籍數字化研究團隊』。該中心啓動『大哉言數』項目，團隊成員深入貫徹落實總書記關於古籍整理的指示精神，在李迪先生數學典籍整理現代化四點要求的基礎上，結合數智時代技術手段，根據古籍數學內容特徵，創立基於古籍數學符號形成的核心編碼，用於識別、存儲、共用全套解決方案。同時構成前端數學古籍採集輸入、符號識別保存，後端資料處理、內容管理、繪製圖譜等。

『大哉言數』團隊將數學典籍數字化分爲：文本處理、元數據規範化、知識圖譜繪製和數學古籍知識庫建設四個模塊。

（一）文本處理。主要實現數學古籍全文本的數字化，在國家標準代碼GB—二三一二的基礎上，收録三六三個古籍數學符號，通過預留接口（API），創建Office和WPS相容的軟件，實現數學符號的自由輸入和編輯。

（二）全文本數字化完成之後，需要對文本內容進行分析整理，遵循準確性和科學性，確定數學古籍知識單元、專業術語、古今關聯詞語等元數據規範。

（三）抽取數學古籍知識點，邏輯關係，按照數學邏輯依次歸納，可視化和結構化描述知識體系，最終建立系統性的數學知識圖譜。

（四）整合數學古籍相關的信息形成知識網路，結合多媒體數字化信息，進行數字化加工，最終構建起數學古籍知識庫。

『大哉言數』團隊目前已經成爲內蒙古自治區應用數學中心和內蒙古自治區中華優秀傳統文化傳承弘揚重點實驗室重要成員。

團隊組建後以李善蘭《則古昔齋算學叢書》爲研究對象，嘗試進行數學古籍數字化系統性解決方案和標準化工作。《則古昔齋算學叢書》由十三種數學、天文學典籍組成，團隊分工如下：

《方圓闡幽》一卷（浙江科技學院薛有才教授）

《弧矢啟秘》二卷（內蒙古師範大學張升副教授、王鑫義博士）

《對數探源》二卷（內蒙古師範大學張升副教授）

《垛積比類》四卷（內蒙古師範大學張升副教授承擔卷一、卷二；內蒙古師範大學王鑫義博士承擔卷三、卷四）

《四元解》二卷（浙江科技學院沈建偉、薛有才教授）

《麟德術解》三卷（內蒙古師範大學張祺副教授）

《橢圓正術解》二卷（包頭師範學院徐君副教授）

《橢圓新術》一卷（包頭師範學院徐君副教授）

《橢圓拾遺》三卷（包頭師範學院徐君副教授）

《火器真訣》一卷（內蒙古師範大學董傑教授）

《對數尖錐變法釋》一卷（內蒙古師範大學張升副教授）

《級數回求》一卷（內蒙古師範大學張升副教授）

《天算或問》一卷（内蒙古師範大學董傑教授）

導言、後記以及全書統稿由董傑完成。

非常感謝中國科學院自然科學史研究所張柏春所長和研究所圖書館孫顯斌館長的支持，古籍整理工作得以納入《中國科技典籍選刊》第六輯，並得到國家古籍整理出版基金資助。内蒙古師範大學王鑫義博士以及我的研究生楊承對叢書進行通篇校對，索昱老師協助進行研發、校對工作。中國科學院自然科學史研究所高峰副研究館員核對版本，校改多處文字，補充數條校勘記，審閱全書並提出了非常好的修改意見。湖南科學技術出版社楊林編輯以高度的責任心承擔了本書極爲複雜的編校工作。中國科學院數學與系統科學研究院李文林研究員、中國科學院自然科學史研究所郭書春研究員、中國科技館王渝生研究員、上海交通大學紀志剛教授、清華大學馮立昇教授以及内蒙古師範大學羅見今教授、郭世榮教授均對團隊工作給予指導和幫助。在此一併表示衷心感謝！本書得以完成和出版，得到内蒙古社會科學基金後期資助項目：《則古昔齋算學叢書》校勘（二一HQ一六）和内蒙古師範大學基本科研業務費專項資金（二〇二二JBTD〇一六）資助。書中疏漏之處在所難免，懇請諸位同仁給予指正。

中國數學典籍是中華科技文明的載體，它見證著中華輝煌的科技成就。中國數學典籍開展數字化整理研究工作，有助於更加準確的認知中國傳統數學的體系和發展脈絡。此次還將數學典籍的整理方法應用在天文典籍的整理工作中，有助於推動中國古代科技典籍的數字化進程。

新時代下，内蒙古師範大學中國數學典籍數字化研究團隊以中國爲觀照、以時代爲觀照，以強化決策服務、彰顯優勢特色爲主要方向，秉持李迪先生『勤、專、恒，交流、合作，有目標』的治學之道，在前人已有研究基礎上，充分利用先進技術，期望最終實現中華數學典籍全民共享，數字化成果全景應用的學術目標，在中華民族偉大復興的歷程中實現全國高校黃大年式教師團隊——内蒙古師範大學中國科學技術史教師團隊的作爲。

董傑

二〇二二年十月十二日

於呼和浩特

圖書在版編目（CIP）數據

則古昔齋算學（上、下）/［清］李善蘭撰；本書整理組整理．— 長沙：湖南科學技術出版社，2023.8
（中國科技典籍選刊．第六輯）
ISBN 978-7-5710-1967-9

Ⅰ．①則… Ⅱ．①李… ②本… Ⅲ．①天文計算—中國—清代 Ⅳ．①P114.5

中國版本圖書館CIP數據核字(2022)第233390號

中國科技典籍選刊（第六輯）
ZEGUXIZHAI SUANXUE（XIA）
則古昔齋算學（下）
撰　　者：[清]李善蘭
整　　理：本書整理組
出 版 人：潘曉山
責任編輯：楊　林
出版發行：湖南科學技術出版社
社　　址：湖南省長沙市開福區芙蓉中路一段416號泊富國際金融中心40樓
网　　址：http://www.hnstp.com
郵購聯係：本社直銷科 0731-84375808
印　　刷：湖南省眾鑫印務有限公司
（印裝質量問題請直接與本廠聯係）
廠　　址：湖南省長沙縣榔梨街道梨江大道20號
郵　　編：410100
版　　次：2023年8月第1版
印　　次：2023年8月第1次印刷
開　　本：787mm×1092mm　1/16
本册印張：22
本册字數：422千字
書　　號：ISBN 978-7-5710-1967-9
定　　價：680.00圓（共兩册）